21世纪大学公共数学系列教材

大学文科数学简明教程

● 严守权　姚孟臣　编著

U0363950

中国人民大学出版社
·北京·

世 纪
大学公共数学系列教材

总　序

　　进入 21 世纪以来,现代科学技术大潮汹涌澎湃,深刻地影响到人类社会的进步和发展.新的时代呼唤新的高素质的人才,呼唤教育有更多的创新和更大的发展.

　　在诸多教育中,数学教育具有特殊地位和作用.数学作为科学的"皇后"、一门具有丰富内容的知识体系,在其发展过程中,与其他学科交叉渗透,广泛应用,已成为科学发展的强有力的工具和原动力.数学以其特有的哲学属性,又是人们的思维训练的体操.正如美国国家研究委员会在一份名为《人人关心数学教育的未来》的专题报告中指出的,"数学提供了有特色的思考方式,包括建立模型、抽象化、最优化、逻辑分析、从数据进行推断,以及运用符号,等等.它们是普遍适用并且强有力的思考方式.运用这些思考方式的经验构成了数学能力——在当今这个技术时代日益重要的一种智力,它使人们能批判地阅读,能识别谬误,能探察偏见,能估计风险,能提出变通办法.数学能使我们更好地了解我们生活在其中的充满信息的世界.""数学在决定国家的各级人才的实力方面起着日益重要的作用."同样的,数学是一种文化,一门艺术,同样可以为人们提供美的熏陶.多年来,我国高校的数学教育为了适应新形势,已经由以自然学科为主的部分专业扩展到包括人文社科专业在内的所有学科,课程建设和教学改革广泛而深入,硕果累累.

　　教材建设是教学改革的核心,为了进一步推动我国高等教育数学课程的建设和发展,我们组织国内权威领域学科带头人以及具有发展潜力的中青年骨干编写并推出了"21世纪大学公共数学系列教材".系列教材的宗旨是,面向世界,面向未来,面向现代化,总结和巩固我国高等教育长期以来数学课程改革和教材建设的成果,更好地发挥数学教育的工具功能、数学素质教育功能、文化修养功能.

　　系列教材将涵盖理、工、医、农、经济学、管理科学、人文社科等多学科,在总体把握数学教育的功能定位的基础上,充分考虑不同学科的特点和需求,区分出不同层次和侧重点,并参照相关专业通行的教学大纲编写.例如,理、工学科的公共数学课同时是专业基础课,更要注重课程的工具功能,更强调与后续课程的有机衔接,而人文社科则更侧重于发挥其文化素质教育的功能.

系列教材力求将传统和创新相结合.相对而言,公共数学课程所涉及的内容一般属于较为成熟的数学知识体系,具有简洁、严谨和逻辑性强的特点.历史上也不乏具有这种风格特色、广受欢迎的教材.我们在借鉴和坚持传统优秀教材特色的同时,注意加入新的因素,主要目的是:使内容更能适应各个学科发展和创新的需要;使结构更加优化便于施教;使形式更为多样化、立体化,教学手段更为丰富.

　　我们深知,一部好的数学教材不仅需要对数学学科的深刻理解,而且要基于长期的教学实践的积累和锤炼,尤其是需要作者的专业水准和敬业精神.我们能有幸邀请到一批国内权威领域学科带头人以及具有发展潜力的中青年骨干参与编写工作,是难能可贵的,这也是我们能够推出高质量的系列教材的根本保证.

编者的话

　　20 世纪 90 年代我国高等学校各文科专业开始陆续开设数学课程,如今已经遍地开花,大学文科生要学数学基本上已经形成共识.随着时间的推移,大学文科数学的课程建设和改革也在不断深入,其特点之一是课程设置更加考虑到不同文科专业对数学基础课程要求的差异性,教学内容和教学时数也呈现多样性.《大学文科数学简明教程》(以下简称《简明教程》)正是适应这种变化而编写的一本教材.主要满足学时数为一学期或更少的文科数学课程的需要.本书作者多年在北京大学、中国人民大学从事文科数学的教学和研究工作,以往所编写的文科数学教材均已列入国家级规划教材.因此,《简明教程》也可看作现有规划教材的简写本.

　　《简明教程》仍定位于大学文科文化素质教育的基础课程,同时也兼顾部分文科专业对于数学应用的需要.在大量调研的基础上,《简明教程》充分考虑到国内各文科专业的特点,最终将课程内容确定为由一元函数微积分和概率论与数理统计两部分构成,其中微积分共分四章,即第一章函数、第二章极限与连续、第三章一元函数微分学、第四章一元函数积分学,其中概率论与数理统计共分两章,即第五章初等概率论、第六章数理统计基础.我们认为,微积分贴近现实生活,又便于对数学知识的再学习和扩展,并且承载了诸多近现代数学文化和数学思想,将其作为不同类型的文科学生学习数学的入门篇和基础篇是适宜的.由于人文社会科学研究的对象绝大多数是随机的,文科学生应该具备一定的观察和研究随机现象的手段和方法,因此,我们把概率论与数理统计作为文科学生学习数学的基础篇和应用篇,也反映了许多文科专业在课程设置时提出的要求.

　　为了体现文科学生文化素质教育的功能定位,《简明教程》将重点放在对数学的基本思想、基本概念和基本原理的介绍和描述上,并辅以必要的历史背景、直观背景和应用背景.为了保证数学知识体系的完整性、系统性和严密性,《简明教程》保留了必要的推理证明和基本算法,对其余部分均作弱化处理,如积分部分删去第二换元积分法和分部积分法,以及复杂函数类型的积分运算,只保留用凑微分法作简单的积分运算,在不影响理解和掌握积分概念和应用的前提下,降低了学生学习的难度.

在结构上,采用了模块化处理的方式,全书六章内容相对独立,同时相互间又存在一定的逻辑关系,使用时可根据不同专业特点进行调整组合.如果周学时为2~3学时,可选择前四章微积分部分,其中第一章集合的概念和第四章的无穷积分(主要用于为概率论与数理统计作铺垫),及第三章的导数应用的去留均可灵活掌握.如果周学时为4学时,则可完成全书的讲授,其中部分内容也可调节,如导数和积分的应用部分.在内容选择上,《简明教程》充分考虑到学生进一步学习和扩展数学知识的需要,在一些知识点留有一定空间,如在极限部分给出无穷小阶的概念;在导数部分,给出导数应用的基本定理——微分学中值定理的直观表述;在积分部分给出微元法的思想和原理、微分方程的概念;在概率论与数理统计部分给出研究随机现象较为系统的方法和概念、随机变量及其分布的概念和数字特征、数理统计的基本理念及参数估计和假设检验的基本原理等.这些内容虽然笔墨不多,点到为止,但为基础较好并有一定学习兴趣和能力的学生提供了探研、充实知识的方向.

如何把握《简明教程》难度,也是教材编写过程中必须要认真考虑到的问题.为了适应绝大多数文科学生的数学基础和学习能力,我们在写作风格上,行文力求简洁、质朴、流畅.在表述数学概念时,注意既要保证其严密规范,又要更加通俗、清晰并辅以必要的直观背景.降低难度的着力点是在运算部分,《简明教程》只保留在传统的高等数学中能够体现数学的基本概念、基本思想和基本应用的运算,相对应的习题难度都有较大程度的降低.

多年的教学经验告诉我们,文科学生对大学文科数学的认知程度和学习积极性对于课程的教学效果有很大影响.在我们编写的导言中说明了文科学生为什么要学习数学以及数学与数学文化、数学与数学思维、数学与人文社会科学、数学与数学教育的关系,现将其相关内容作为本书的导言,希望同学们能够认真一读,我们相信会对了解数学、学习这门课程有所帮助.

在本书的编写出版过程中,张伦传、徐西林老师参与并做了很多工作,提供了很大帮助,中国人民大学出版社的李丽娜也为此做了大量调查研究和前期的准备工作,在此我们一并向他们表示衷心的感谢.

编 者

2013 年 12 月

导　言

　　本书是专门为纯文科类,即文史、哲学、法律、语言类等专业编写的大学数学教材.纯文科类专业的学生为什么要学习数学,数学与我们的专业有什么关系? 这是同学们常常提出的一个问题.长期以来,人们往往习惯上把数学学科看作一门自然学科,或者是一类解决工程技术问题的工具性很强的学科,似乎与人文社科相离甚远.因此,同学们提出疑问并不难理解.数学学科究竟是什么学科? 数学与人文社会科学究竟有什么关系? 数学思维有什么特点? 了解相关问题,对于明确大学数学的学习目的、培养学习情趣、增强学习能力是非常必要的.

一、关于数学与数学文化

　　数学是一门历史最悠久、最古老的学科,恩格斯曾经把数学定义为关于现实世界中数量关系与空间形式的科学.20 世纪 80 年代开始根据现代数学的发展,数学又被定义成内涵更为广泛的关于模式的科学.根据考古发现,大约 11 000 年前就有人造数字系统存在,但数学作为一门独立的知识体系则起源于公元前 6 世纪的古希腊,当地有一个著名的学派叫毕达哥拉斯学派,在他们看来客观世界是按照数学的法则创造的,数学的规律就是宇宙格局的精髓,数学是开启宇宙奥秘的钥匙.传说中的学派创建人毕达哥拉斯是古希腊的哲学家、数学家、音乐理论家、天文学家,他的哲学基础就是"万物皆数",将数看作万物的本源.学派最具影响的另一个人物是哲学家柏拉图,他突出强调数学对哲学和了解宇宙的重要作用,认为只有数学才能领悟物理世界的实质和精髓.在毕达哥拉斯学派的影响下,其后延续几百年,一大批古希腊数学家,如亚里士多德、欧几里得、阿基米德等,为了通过揭示数的奥秘来探索宇宙永恒的真理,积极开展广泛的数学研究,他们强调要使数学强有力,就必须在一个抽象概念中表示实物的本质特征.他们第一次引入独立的数学对象,将数学向理性科学方面迈出了第一步.他们率先将严密推理系统化,建立了公理化体系,从而使数学研究具备了严密性和抽象性.他们最早提出了归纳法和反证法,发展了穷竭法,同时在几何学、三角学、代数学等领域取得了一系列重大的成果,直到现在,欧几里得的《几何原本》仍然是学习几何学的范本,是公认的世界上印刷次数最多的教科书.从源头上说,数学与哲学是相辅相成、交汇发展的,某种程度上,数学也可以看作脱离数量意义的哲学,历史上众多数学家的哲学修养都很深,不乏哲学名家、大师级人物,如柏拉图、莱布尼茨、笛卡儿、庞加莱、康德等.这说明数学与人文科学的联系源远流长.

数学源于客观世界,又非物质世界中的真实存在,而是人类抽象思维的产物,因此,数学具备文化特征.从本质上看,数学对对象的抽象,与文学作品的虚构性十分相似,鲁迅笔下的阿Q、孔乙己,几何学中的点、线、面,在实际生活中未必客观实在,但都是现实世界的反映,同属于创造性的艺术,正如英国作家哈代所说:"数学家的作品肯定和画家或诗人的一样美,数学概念一定和颜色或文字一样和谐."实际上,数学家写出传世文学佳作的也不乏其人.数学的文化特征还表现在不同地域、不同民族的数学发展也能折射出各自的人文差异,例如古希腊注重理性思维的数学传统,而古代中国则注重于实用性的数学方法论的数学传统.在西方,数学家怀尔德曾经这样描绘过各民族的数学特点:"法国数学偏爱函数论,英国数学家对应用感兴趣,德国着重于数学基础,意大利对几何感兴趣,而美国的数学则以其抽象特征著称."另一方面,数学兴衰同样与社会政治环境和文化气氛紧密相关.西方数学史上最为漫长的黑夜就发生在古希腊之后的中世纪,在长达1000年的时间内,欧洲社会陷入愚昧和宗教狂热之中,数学被禁锢在神学范畴之内,几乎没有新的数学成果出现.数学发展的新机遇则是在16世纪的文艺复兴时期,文艺复兴实质上是古希腊文化的复兴,也是古希腊数学的理性精神的复兴.文艺复兴以及随后的资本主义产业革命中,力学、天文学、物理学、光学等领域提出的实际问题促成了17世纪牛顿、莱布尼茨对微积分的创立,标志着初等数学(常量数学)时代的结束,以及近代数学(即变量数学时代)的开始;到了19世纪,高斯、鲍耶和罗巴切夫斯基又创立了非欧几何学,从根本上改变了人们对数学性质的理解以及对它和物质世界关系的理解,把数学的研究从直观、经验的局限中解放出来,推动数学向更广泛、更抽象、更理想化的方向发展,开启了现代数学发展的起点.

因此,无论从源头上说,或是从数学的文化属性上说,数学是一种文化.正如数学家赫尔希所认为的:数学既不存在于观念世界中,也不存在于人的大脑里,它既不具有物质性质,也不具有精神性质,而是具有社会性质,"如法律、宗教、货币一样,是文化的一部分,历史的一部分".美国《科学》特约主编斯蒂恩更为明确地指出:"数学……在人类特性和人类历史中,它的地位绝不亚于语言、艺术或宗教."因此,就学科分类而言,英国《大不列颠百科全书》把数学和逻辑、历史、人文科学和哲学放在一起,作为人类文化科学知识的几大类别,正是反映了数学学科的文化属性.关于数学与现代文化的关系,数学家M.克莱因指出:"数学一直是形成现代文化发展的主要力量,同时也是这种文化极其重要的因素","如果我们对数学的本质有一定了解,就会认识到数学在形成现代生活的思想中起重要作用这一断言并不是天方夜谭."我国数学家齐民友则认为:"没有现代的数学就不会有现代的文化,没有现代数学的文化是注定要衰落的."显然,作为人文社科专业的学生,了解数学的文化属性,并学习必要的数学知识,是学习人类文化传统和历史的一个重要内容,对于加强专业基础、拓展专业视野是十分必要的.

二、数学与数学思维

把数学作为文史各专业必修课程的又一个重要因素,是数学教育对人的思维进行训练的重要性.数学是对人的思维进行训练的体操,美国国家研究委员会在一份名为《人人关心数学教育的未来》的专题报告中写道,"数学提供了有特色的思考方式,包括建立模型、抽象化、最优化、逻辑分析、从数据进行推断,以及运用符号,等等.它们是普遍适用并且强有力的思考方式.运用这些思考方式的经验构成了数学能力——在当今这个技术时代日益重要的一种智力,它使人们能批判地阅读,能识别谬误,能探察偏见,能估计风险,能提出变通办法.数学能使我们更好地了解我们生活在其中的充满信息的世界.""数学在决定国家的各级人才的实力方面起着日益重要的作用."美国国家研究委员会由来自美国科学院、美国工程科学院、美国医学研究院的委员组成,具有很高的权威性,《报告》指出了数学思维的特点及数学能力在人才综合素质中占有的分量,同时强调了数学教育在人才培养中的特殊地位,值得认真思考.那么,数学思维应该包括哪些主要内容? 了解这些内容和特点,将有助于我们在学习数学的过程中有意识地加强数学的思维训练,增强数学能力.

1. 数学思维的严密性、逻辑性和公理化方法.

逻辑思维是数学思维的主体,逻辑性是数学思维最显著、最重要的特征.从某种程度上说,逻辑也是数学的生命.从数学发展的历史看,许多文明古国在早期数学的发展过程中,都各自有过辉煌的成就,我国古代流传下来的数学巨著《九章算术》记载的许多数学的发现都早于古希腊,即便如此,我们仍然把古希腊定为数学学科产生的源头,其中的一个重要因素是数学与古希腊卓越的逻辑学的结合,形成了严密的逻辑体系.就思维形态而言,数学与文学艺术均属于创造性的艺术,但不同的是数学属于科学的范畴.一种数学概念或理论,最初可能是个人的自由创造,但一旦这些概念或理论的正确性经过逻辑地证明确认,将具有超越个体的普遍性和一义性,与整个数学系统产生前后一贯的逻辑体系.由于整个数学系统是按照逻辑法则建构的,因而数学的发展不是用破坏和取消原有理论的方式进行的,而是用深化和推广原有理论的方式,用以前的发展作准备而提出的概括理论的方式进行的.正如数学家汉克尔所说:"在大多数科学里,一代人要推倒另一代人所修筑的东西,一个人所树立的另一个人要加以摧毁,只有数学,每一代人都能在旧建筑上增添一层楼."这就是为什么数学能够成为科学的龙头,各种学科都必须在数学的驾驭下发展的根据.

具体地说,数学逻辑思维,就是要求思维过程必须遵循形式逻辑的基本规律,即同一律、矛盾律、排中律、充足理由律.其中同一律要求思维过程中概念的确定性;矛盾律不允许思维中出现矛盾,是形式逻辑的精华.由矛盾律生成的归谬法就是强有力的推理方法,毕达哥拉斯用归谬法很容易地证明了$\sqrt{2}$不是有理数,而罗巴切夫斯基运用归谬法建构了非欧几何学,这些都是归谬法应用的经典范例.排中律,即在同一时间、同一关系下,同一对象对某个性质或者具有或者不具有,不会出现第三种可能性;充足理由律,即只要条件充分,必然有准确的结论.

公理化方法,是逻辑思维发展的高级阶段,其特点就是选取尽可能少的一组原始概念和不加证明的一组公理,并以此为出发点,应用逻辑推演,将某个数学分支发展成一个演绎系统.欧几里得,通过收集整理前人的研究成果,巧妙设计构造了欧氏几何,就是这种方法应用的成功范例.数学的严密化正是通过各个分支的公理化来完成的.科学家爱因斯坦曾经指出:"一切科学的伟大目标,要从尽可能少的假说或者公理出发,通过逻辑演绎,概括尽可能多的经验事实."公理化为实现这一目标提供了一个有效的途径,因此,公理化的方法也被看作是对理论进行整理和表述的最佳形式,目前已广泛地应用于包括人文社科在内的各个领域,其意义已远远超出数学范畴.数学家希尔伯特说:"的确,不管在哪个领域,对任何严正的研究精神来说,公理化方法都是并且始终是一个合适的不可缺少的助手;它在逻辑上是无懈可击的,同时是富有成果的;因此它保证了研究的完全自由.""在一个理论的建立一旦成熟时,就开始服从于公理化方法,……通过突进到公理的更深层次……我们能够获得科学思维的更深入的洞察力,并弄清我们的知识的统一性."

大学数学教育是数学逻辑思维训练的主要途径,通过学习一个数学概念,推导或证明一个命题,求解一个习题,只要我们认真把握,都是增强自身逻辑思维能力的一个机会.另外,做好数学学习的阶段性总结,及时将知识进行梳理、逻辑建构并形成一个前后一贯的知识系统,也是体验公理化方法、增强学习能力的一次有益尝试.

2.数学思维的抽象性和符号化方法.

抽象性是数学的基本特征,不仅数学概念是抽象的、思辨的,而且数学的方法也是抽象的、思辨的.因为要使数学更强有力,就必须在一个抽象概念中包含它所表示的实物的本质特征,例如,数学上的直线必须包括拉伸的绳子、直尺边、田地的边和光线的路径,于是,直线没有粗细、颜色、分子结构和绷紧度之分.正如列宁所说:"一切科学的(正确的、郑重的、不是荒唐的)抽象,都更深刻、更正确、更完全地反映着自然."数学正是运用抽象思维去把握客观实在.根据抽象层次不同,数学抽象可以进一步分为:弱抽象、强抽象、构象化抽象、公理化抽象四种形式.数学的发展在很大程度上只能借助更高层次的抽象得以实现.数学抽象思维的一个应用实例是"哥尼斯堡七桥问题".哥尼斯堡地形如图示:

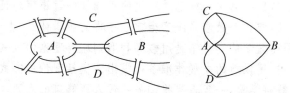

A,B 是河中的两个小岛,小岛与两岸之间有七桥相连,问题是能否不重复地一次走遍这七座桥?数学家欧拉在回答这个问题时,将两座小岛和两岸抽象为四个点,七座桥则变为这四点之间的连线,问题就转化为能否一笔将图形画出来的问题.其前提是除了起点和终点外,其余各点必须有偶数条线相汇,因此答案是否定的.数学抽象不仅解决了七桥问题,而且开创了一个新的数学分支——拓扑学研究的先河.

数学的另一特征是它的符号语言.如同音乐利用符号来代表和传播声音一样,数学也用符号来表示数量关系和空间形式.由于数学符号具有抽象性、精确性、规范性、通用性、开放性,因而它已经成为一种世界上通用的语言,而且随着社会的数学化程度的提高,数学语言已成为人类社会中交流和贮存信息的重要手段.数学语言十分严密简洁,不仅有助于提高思维效率,有利于触发人的思维创造性,而且常常是深奥理论的源泉.也正如莱布尼茨指出的:"数学之所以如此有成效,之所以发展极为迅速,就是因为数学有特制的符号语言."从某种意义上说,一门学科数学符号化的程度,常常是这门学科是否成熟的标志.一个人能否准确运用数学符号和进行符号化的思维,也常常是数学思维能力的一种体现,如今数学语言为社会科学语言注入了活力并逐步成为社会科学语言中的重要组成部分,渗透到现代社会的各个信息系统之中,在数学学习的过程中大学应该重视这种能力的培养.

3.数学思维的模型化方法.

数学模型化方法是对某种事物或现象中数量关系和空间形式进行数学概括、描述和抽象的基本方法,是应用数学最本质的思维方法之一,也是数学科学联结其他非数学科学的中介和桥梁.由于数学应用的广泛性,许多数学家都把数学看作是模式的科学.数学家则像画家和诗人一样,是模式制造家.数学家、哲学家怀特海认为:"模式具有重要性的看法与文明一样古老.每一艺术都奠基于模式的研究.""社会组织的结合力也依赖于模式的保持;文明的进步也侥幸地依赖于这些行为模式的变更.""数学对于理解模式和分析模式之间的关系,是最强有力的工具.""数学的本质特征就是从模式化的个体做抽象的过程中对模式进行研究."随着社会的进步和数学化程度的提高,数学模型化已经成为把握并预测自然界和人类社会变化与发展的一种趋势,在欧洲,人文科学和社会科学把模型化称为结构主义的运动,并论证了所有范围的人类行为与意识都以某种形式的数学结构为基础,在美国,社会科学自称有更坚实、定量的东西,也是用数学模型来表示的.数学模型化大致要经过建模、解模、应用三个阶段,分别属于归纳思维、演绎思维、发散思维三种不同的思维形式,大学数学将通过典型实例介绍数学建模的过程,同学们也可以在求解应用题的过程中得到相关的训练.

4. 数学思维的美学思想.

数学是人类理性思维的产物,是创造性的艺术,这也就奠定了数学的美学基础.数学是美学四大中心建构(史诗、音乐、造型和数学)之一,事实上,数学与艺术之间有许多相通之处,比如,音乐被人称为感性的数学,而数学又被称为理性的音乐.数学美不是什么虚无飘渺、忽有忽无的东西,也不是某种纯粹主观、不可捉摸的东西,而是有确定的客观内容的,从历史角度看,对称美、统一美、简单美、奇异美可被看作数学美的主要内容.长期以来,数学为之努力的目标就是:将杂乱整理为有序、使经验升华为规律、寻求各种物质运动的简洁统一的数学表达等,这都是数学美的体现,是数学中一种公认的评价标准,体现了人类对美感的追求.数学美是人的审美观素质的一部分,对人精神世界的陶冶起到了潜移默化的影响.随着人类文明的发展和科学的进步,数学美学思想正在逐渐被人们认识,这也是今后的数学教育亟待加强的.

5. 数学思维的创造性和创新精神.

数学是一门创新的艺术,这是因为数学研究对象并不一定具有明显的直观背景,而是各种量化模式,数学的本质在于自由,这种自由为人们的创造性才能的发挥提供了最为理想的场所.因此,创新精神始终渗透于、体现于整个数学活动之中.数学的创新除了现实社会发展的需要,还源于内在因素,追求数学美就是其中的一个深层动力.真理总是简单的.牛顿和莱布尼茨创立微积分,目的就是要把原散于各种特殊问题的求解方法统一为一种可用的普遍性的方法.在其他科学领域,爱因斯坦创立狭义相对论的动机之一就是希望把牛顿的经典力学与麦克斯韦尔的电动力学统一起来.物理学家狄拉克关于正电子的预言也源于他对对称性的追求.正如数学家冯·诺伊曼指出的:"归结到关键的论点,我认为数学家无论选择题材还是判断成功的标准主要都是美学的."从思维角度考虑,数学创新过程特别要强调数学的直感、归纳类比、灵感思维和猜想的重要性,因为这是数学创造性思维的最有活力的精华部分.数学大厦常常是修好了楼层再打地基,微积分创立之初,虽在应用领域取得极大成功,但理论基础极不稳固,为完成其严密化,几十位数学家就花费了 200 多年时间.数学在创新中曾多次出现悖论,遭遇危机,而数学正是在不断对危机和悖论的处理过程中才成熟发展起来的.这其中充满了逻辑思维和非逻辑思维的辩证统一、发散思维和收敛思维的辩证统一.

除了以上列举的数学思维的内容外,还有其他一些内容,如辩证思维、对偶思想等,数学思维方法是解决问题的艺术.我国数学教育家高隆昌指出:一个具有"数学思维"修养的人常常具有以下特点:①在讨论问题时习惯于强调定义(界定概念),强调问题存在的条件;②在观察问题时,习惯于抓其中的(函数)关系,在微观(局部)认识的基础上进一步作出多因素的全局性(全空间)考虑;③在认识问题时,习惯于将已有的数学概念(如对偶、相关、随机、泛函、非线性、周期性、混沌等概念)广义化,用于认识现实中的问题,比如他们会看出价格是商品的对偶,效益是公司的泛函,等等.

三、数学与人文社会科学

马克思曾经指出:"一门科学只有在成功地应用数学时,才算达到了真正完善的地步."马克思所说的科学"真正完善"的时代已经到来.其中最先成功应用数学的是自然科学,尤其是 17 世纪后,微积分创立不久,就成功地预测了哈雷彗星的再现,准确地说明了行星的运动和图像,在力学、工程学、天文学等领域显示出了强大的威力.以至于人们认为数学是自然科学的一个分支.相对而言,在相当长的一段时间里,人文社科的研究领域中难以见到数学的踪影,人类进入 19 世纪后,尤其是 20 世纪,情况发生了变化,数学开始进入几乎所有的学科领域,曾经被恩格斯认为数学"为零"的生物学科,分子生物学、基因理论、生态学、生物动力学等都离不开数学,生物数学已经成为应用数学各分支中最振奋人心的前沿之一.这种变化在人文社科领域同样显得突出,在许多曾经被认为很难用到数学的人文社科领域,数学的应用已经发展到不懂数学的人望尘莫及的阶段.1971 年美国学者卡尔.多伊奇等人在《科学》杂志上发表了一项研究报告,列举了 1900—1965 年在世界范围内社会科学方面的 62 项重大成就,1980 年又补充 77 项,其中数学化的定量研究占相当大的比例.可以说,数学与人文社会科学的联系已不仅仅停留在文化范畴或思维方式方面,如同其他学科一样,人文学科发展到这样一个阶段,要成为名副其实的"现代科学",一个决定步骤就是使自己"数学化".数学已经直接成为人文社会科学研究中必不可少的工具.

在人文社会科学中,与数学结合最广泛、最紧密的是经济学.由于任何经济活动都离不开数字,因此也离不开数学.甚至有的专家认为,经济学要成科学,就必须是一门数学科学.思想家、政治家也同为伟大的经济学家的马克思在研究经济学的过程中,就十分重视数学知识的学习,1865 年 5 月 20 日,马克思在给恩格斯的一封信中写到:"在工作之余,我就搞搞微分学."他不仅研究了牛顿、莱布尼茨,而且研究了微积分产生后一个多世纪内一批数学家的工作,并有许多精辟的见解.马克思在 1882 年 11 月 22 日给恩格斯的另一封信中就对微积分发展作出过深刻而准确的概括,说到:"这种方法始于牛顿和莱布尼茨的神秘方法,继之以达朗贝尔和欧拉的唯理论的方法,终于拉格朗日的严格代数方法……"马克思在数学方面的极高造诣,无疑对他在哲学、经济学上取得的巨大成就有着重大影响.数学与经济学的结合始于 17 世纪中叶,以英国古典政治经济学创始人配第的著作《政治算术》发表为标志.19世纪中叶,伴随近代数学的发展,数学与经济学的结合进入"蜜月"期,两个学科相互渗透,产生了许多重要的经济学理论、模型和边缘交叉学科,如数理经济学、计量经济学、经济控制论等.标志着经济学研究最高水平的诺贝尔经济学奖自 1969 年设立至今共 30 多届,获奖项目几乎全都与数学相关,而获奖人许多是以数学家身份从事研究的,如凯恩斯,也不乏数学大师,如冯·诺伊曼,其中的数学运用几乎到了极致.

数学与语言学的结合是数学成功应用的又一范例.法国数学家哈答玛曾说:"语言学是数学和人文科学之间的桥梁."利用数学方法可以开展对语言学中字频、词频、方言、写作风格等方面的研究,例如,利用统计方法可以鉴定莎士比亚新诗真伪,判断《红楼梦》后四十回是否为曹雪芹的原作.计算机的出现进一步促进了数学与语言学的研究,数学渗透到了形态学、句法学、词汇学、语言学、文字学等各语言学分支,形成了许多交叉学科,如应用数理语言学、统计语言学、代数语言学等.数学、语言学和计算机的结合,实现了机器对文字和语音的自动翻译.

对于历史学科,有意识地系统地利用数学方法始于20世纪的上半叶至20世纪50年代,统称为计量史学.20世纪60年代以后计算机广泛应用,计量史学的研究领域从最初的人口史、经济史扩大到社会史、政治史、文化史、军事史等方面,应用计量方法的历史学家日益增多,有关计量史学的专业刊物、论文和专著不断涌现,20世纪70年代中期,计量史学已成为国际史学研究中最庞大的流派,发展是极为迅速的.计量化使历史学研究的对象从传统的以个人和事件为中心的政治史向以大众和过程为主体的总体史和综合史的转移成为可能.同时计量化将有助于进一步收集整理、挖掘利用过去不为人重视或不曾很好利用的历史资料,从而开辟研究的新领域.计量化将数学语言和方法引入史学研究,定量和定性方法的有机结合使历史学趋于严谨、精确,无疑将大大推动历史学的研究.

与经济学、语言学、历史学等学科相比,在政治学、社会学、法学等领域数学应用的发展相对比较缓慢,这些领域的成熟有待于数学的进一步高度发展,但也早有了许多有趣和有用的结果.例如,在政治学中,任何一个国家、一个社会团体或者一个股份制企业都会涉及选举权力机构或通过投票决策的问题.利用数学模型,可以使定量与定性相结合,研究比较不同的选举制度和具体的选举方法,以保证选举和投票结果合理公正.在政治社会学科,相关的社会选择、投票体制委员会决策、联盟行为和策略的相互作用等课题的研究,已经形成了数学的一个主要分支.在社会学、人口学领域,早在18世纪中叶,西方的"政治算术学派"就利用统计学研究人的出生与死亡问题,研究了婚姻的数量和居民的密度与富裕程度的依赖性,研究了影响生育能力的各种原因,分析了死亡与城市和农村生活条件、居民密度、流行病的依赖关系.现在社会统计学已经成为社会学研究必备的知识.在法学中,建立在数学基础上的指纹识别和基因测试等现代侦查手段已经成为侦案断案的强有力的工具.数学的逻辑推理、公理化方法和数理统计方法等也广泛地应用于法学研究,法学专业招收数学专业为背景的研究生已不再是新闻.

在其他学科,如哲学、逻辑学、心理学、艺术等领域,数学的应用更是不言而喻的.客观地讲,目前人文社科领域数学的应用是很初步的,一方面是由于人文社科领域包含价值意识等许多不确定的因素,问题远比其他学科复杂,在其他学科得到成功应用的数学工具不能简单地被套用.另一方面由于历史的原因,从事人文社科研究的人员缺乏必要的数学知识,而数学家也很少与人文社科研究人员沟通.很多数学家指出人文社科的基本特征乃至整个社会的基本特征与现代数学的基本特征十分相似,人文社科领域应该是数学,特别是现代数学或未来数学发展的很好的背景空间和应用领地.人文社科的学生应该面向未来,学习掌握必要的数学工具,推动本学科数学化的进程.

四、数学与数学教育

数学家兼哲学家怀特黑曾经在1939年预言:"在人类思想领域里具有压倒性的新情况,将是数学地理解问题占统治地位."人类社会进入21世纪以来,科学技术日新月异,科学的数学化和社会的数学化都在加速,怀特海的预言正在变成现实.邓小平同志提出:"教育要面向未来,面向世界,面向现代化."鉴于数学对人的综合素质的提高和发展的重要性,许多国家都因此把加强数学教育作为增强综合国力、推行人才战略的一个重要内容,并逐渐形成共识.美国国家研究委员会指出,"在技术发达的社会里,扫除数学盲已经代替昔日的扫除文盲的任务".我国也强化了数学教育在教育中的地位,大学文科学生不学数学已经成为历史,在一些文科专业,根据自身发展的需要对数学课程的要求难度还在不断提升.

需要指出的是,要将数学教育的功能充分发挥,还需解决许多认识问题.如谈到数学教育,人们往往关注与专业的结合,即强调其工具功能,这是不容置疑的,但是不够全面.由于历史的原因,与国外相比,我国人文科学与数学的结合滞后,许多专业教学与研究的内容和方法中数学的应用还是空白,因此有人认为数学无用,而轻视数学教学,显然是无视新时期世界上各学科的数学化趋势,也与邓小平同志关于教育的"三个面向"精神相悖.还有的人谈到数学教育,就会联想到一连串抽象的定理和推导,或者是变幻莫测的数学技巧,因此有一种畏惧感,显然这是一种误解.数学家指出:"数学学科并不是一系列的技巧,这些技巧只不过是它微不足道的方面,它们远不能代表数学,就如同调配颜色远不能当作绘画一样.技巧是将数学的激情、推理、美和深刻的内涵剥落后的产物."上述种种想法的出现,一方面说明许多人对什么是数学、什么是数学教育缺乏全面的了解,另一方面也反映了长期以来,我们的数学应试教育的弊端.日本数学教育家在谈到数学教育时说,他的学生接受的数学知识由于不用,毕业后一两年就很快忘掉了,然而,不管从事什么业务工作,唯有深深地铭刻于头脑中,数学精神、数学的思维方法、研究方法、推理方法和着眼点(若培养了这个素质的话)才能随时随地发生作用,受益终身.他强调最重要的是数学精神、思想、方法,而数学知识是第二位的,他的话很值得我们思考.

作　者

2013 年 12 月

目　录

第一章

函　数

变量数学研究的是运动变化中的量的变化规律以及各量之间的相互依存关系,这种关系就是函数关系.函数是微积分学研究的对象,是高等数学重要的基本概念之一.本章将介绍函数的一般概念及其有关内容.

§1.1　函数概念

一、集合与实数集

由于微积分只限定在实数范围内研究函数,因此我们先来简单回顾集合和实数集的相关知识.

1.集合的概念

所谓"集合"是由一些确定的具有一定属性并且彼此可以区分的对象或事物构成的全体,其中组成集合的每一个对象或事物称为该集合的元素.如以下几个例子.

例1　全国 2013 年入学的全体本科生构成一个集合.

例2　所有有理数构成一个有理数数集.

例3　满足二次方程 $x^2-3x+2=0$ 的全体实数构成一个解集.

集合通常用大写字母 $A,B,C,\cdots$ 表示,元素用小写字母 $a,b,c,\cdots$ 表示.如果元素 a 是集合 A 的元素,则称 a 属于 A,记作 $a\in A$;如果 a 不属于 A,记作 $a\notin A$(或 $a\overline{\in}A$).

由研究对象的全体构成的集合称为**全集**,记作 Ω,全集的确定一般要根据所讨论的问题来决定.

不含任何元素的集合称为空集,记作 $\varnothing$.方程 $x^2+1=0$ 的实根组成的解集就是一个空集.空集也是集合,但要注意,$\{\varnothing\}$,$\{0\}$ 不是空集.

全体自然数组成的集合记为 N,全体整数组成的集合记为 Z,全体实数组成的集合记为 R.

集合一般有列举法和描述法两种具体表示方法：

（1）**列举法**　在括号｛　｝内以任意次序列出全体元素，每个元素用逗号隔开. 如例 4.

例 4　满足二次方程 $x^2-3x+2=0$ 的全体实数构成一个解集可用列举法记为 $\{1,2\}$.

（2）**描述法**　在括号｛　｝内先写出元素的一般形式，后写出该集合中元素的特征，中间用竖线隔开. 在集合元素不便一一列举或不需一一列举时，集合常常用描述法表示. 如例 5.

例 5　由不大于 100 的全体实数构成的集合可表示为 $\{x|x\leqslant100,x\in\mathbf{R}\}$.

2. 集合的运算

集合之间定义了以下关系和运算.

（1）设 A,B 为两个集合，如果集合 A 的元素都是集合 B 的元素，即若 $a\in A$，必有 $a\in B$，则称 A 是 B 的**子集**，记为 $A\subset B$ 或 $B\supset A$，读作 A 包含于 B 或 B 包含 A.

例 6　如图 1—1 所示，小圆和大圆内部分别表示集合 A,B，显然 $A\subset B$.

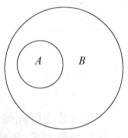

例 7　对于集合 $A=\{a,b,c\}$，$\{a,b,c\}$，$\{a,b\}$，$\{b,c\}$，$\{a,c\}$，$\{a\}$，$\{b\}$，$\{c\}$，$\varnothing$ 为 A 的全部子集.

容易证明，设 A,B,C 为三个集合，若 $A\subset B$，且 $B\subset C$，则必有 $A\subset C$.

对任意集合 A，总有 $\varnothing\subset A$，$A\subset A$，$A\subset\Omega$.

设 A,B 为两个集合，如果 $A\subset B$，且 $B\subset A$，则称 A 和 B 相等，记作 $A=B$.

图 1—1

（2）设 A,B,C 为三个集合，如果集合 C 的元素由集合 A 与 B 的所有元素组成，即

$$C=\{x|x\in A \text{ 或 } x\in B\},$$

则称 C 是 A 和 B 的**并集**，记作 $C=A\cup B$ 或 $C=A+B$.

例 8　如图 1—2 所示，小圆和大圆内部分别表示集合 A,B，则图中阴影部分表示集合 $A\cup B$.

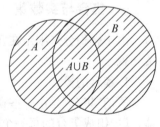

例 9　设 $A=\{0,1,2,4\}$，$B=\{-1,2,4,5\}$，则

$$A\cup B=\{-1,0,1,2,4,5\}.$$

显然，$A\subset A\cup B$，$A\cup\varnothing=A$，$A\cup A=A$.

（3）设 A,B,C 为三个集合，如果集合 C 的元素由集合 A 与 B 的相同元素组成，即

图 1—2

$$C=\{x|x\in A \text{ 且 } x\in B\},$$

则称 C 是 A 和 B 的**交集**，记作 $C=A\cap B$ 或 $C=AB$.

例 10　如图 1—3 所示，小圆和大圆内部分别表示集合 A,B，则图中阴影部分表示集合 $A\cap B$.

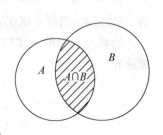

例 11　设 $A=\{0,1,2,4\}$，$B=\{-1,2,4,5\}$，则

$$A\cap B=\{2,4\}.$$

显然 $A\cap B\subset A$，$A\cap\varnothing=\varnothing$，$A\cap A=A$.

（4）设 A,B,C 为三个集合，如果集合 C 的元素由集合 A 中不

图 1—3

含集合 B 的元素组成,即

$$C=\{x\,|\,x\in A\ \text{且}\ x\notin B\},$$

则称 C 是 A 与 B 的差集,记作 $C=A-B$.

例 12 如图 1—4 所示,小圆和大圆内部分别表示集合 A,B,则图中阴影部分表示集合 $A-B$.

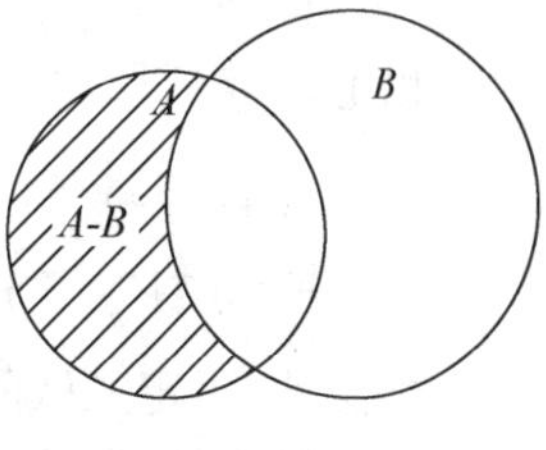

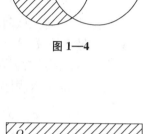

例 13 设 $A=\{0,1,2,4\},B=\{-1,2,4,5\}$,则

$$A-B=\{0,1\}.$$

显然 $(A-B)\subset A,A-\varnothing=A,A-A=\varnothing$.

(5)设 A,B 为两个集合,如果

$$B=\{x\,|\,x\in\Omega\ \text{且}\ x\notin A\},$$

则称 B 是 A 的补集,记作 $B=\overline{A}$.

例 14 如图 1—5 所示,矩形和大圆内部分别表示集合 Ω,A,则图中阴影部分表示集合 $\overline{A}=\Omega-A$.

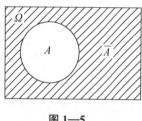

例 15 若记 $\Omega=\mathbf{R}$,则有理数集与无理数集互为补集.

图 1—4

图 1—5

显然 $\overline{\varnothing}=\Omega,\overline{\Omega}=\varnothing,\overline{\overline{A}}=A,A\cup\overline{A}=\Omega,A\cap\overline{A}=\varnothing$.

可以证明,集合运算具有**交换律、结合律、分配律、对偶律**,其中对偶律又称**德·摩根律**,对集合 A,B,对偶律可表示为

$$\overline{A\cup B}=\overline{A}\cap\overline{B},\overline{A\cap B}=\overline{A}\cup\overline{B}.$$

3. 实数集

由全体实数组成的集合称为实数集,或称为实数系.人类对实数的认识经历了一个漫长的过程,古老中国早在 4 000 年前就有数字记录,在生产和社会实践中人们首先通过数数认识了自然数 $0,1,2,3,\cdots$,构成了**自然数集 N**.进而逐步完成了对**有理数**的认识,并把有理数表示为 $\dfrac{p}{q}(p,q\in\mathbf{Z}\ \text{且}\ q\neq0)$ 形式,构造了有理数集(记为 $\mathbf{Q}$).直到 17 世纪,笛卡儿创立了坐标系,将数与几何点之间建立了一一对应关系,人们才发现有理数在数轴上对应的有理点并不能填满数轴,如边长为 1 的正方形对角线的长度为 $\sqrt{2}$,虽然它不能表示为 $\dfrac{p}{q}$ 的形式,但可以在数轴上找到它对应点的位置,从而确认无理数的客观存在,而实数系的逻辑基础竟迟至 19 世纪后半叶才建立起来,前后经历了 2 000 年,这一现象也被称为"数学史上最使人惊奇的事实".

如图 1—6 所示,借助于数轴,可以了解实数有以下属性:

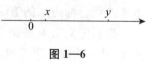

有序性,即数轴上的点从左到右按大小顺序排列,且任意两个实数均可以比较大小,若 $x,y\in\mathbf{R}$,则或者 $x>y$,或者 $x<y$ 或者 $x=y$,三者必有其一.

图 1—6

稠密性,即任意不等实数点之间必有无穷多个实数点.

连续性,即实数点填满数轴.

实数集可以用一般的集合表示法表示,此外,还有其特定的表示法,即区间表示法.如不加说明,以下出现的数字和变量均为实数.

设 a,b 为两个实数,且 $a<b$,则定义:

$(a,b)=\{x|a<x<b\}$,称为**开区间** (a,b);

$[a,b]=\{x|a\leqslant x\leqslant b\}$,称为**闭区间** $[a,b]$;

$[a,b)=\{x|a\leqslant x<b\}$,$(a,b]=\{x|a<x\leqslant b\}$ 称为**半开半闭区间** $[a,b)$,$(a,b]$.

以上 (a,b),$[a,b]$,$[a,b)$,$(a,b]$ 统称为**有限区间**,$b-a$ 为**区间长度**.

$$(a,+\infty)=\{x|a<x<+\infty\};\quad(-\infty,b)=\{x|-\infty<x<b\};$$

$$\mathbf{R}=\{x|-\infty<x<+\infty\}.$$

类似地,可定义区间 $[a,+\infty)$,$(-\infty,b]$,并称上述区间为**无穷区间**,其中 $-\infty$,$+\infty$,∞ 只是记号不是数,分别表示**负无穷大**,**正无穷大**,**无穷大**.

今后讨论还经常需要考虑在某个定点 x_0 附近区间内的问题,为此,作如下定义:

设 $\delta>0$,$x_0\in\mathbf{R}$,则称集合

$$(x_0-\delta,x_0+\delta)=\{x||x-x_0|<\delta\}$$

为以 x_0 为中心,以 δ 为半径的**邻域**,记作 $N_\delta(x_0)$(如图 1—7(1)所示),并称集合

$$\{x_0-\delta,x_0\}\bigcup\{x_0,x_0+\delta\}=\{x||x-x_0|<\delta\}$$

为以 x_0 为中心,以 δ 为半径的**空心邻域**(如图 1—7(2)所示),记作 $N_\delta(\bar{x}_0)$. 其中 $(x_0-\delta,x_0)$ 称为 x_0 的**左邻域**,$(x_0,x_0+\delta)$ 称为 x_0 的**右邻域**.

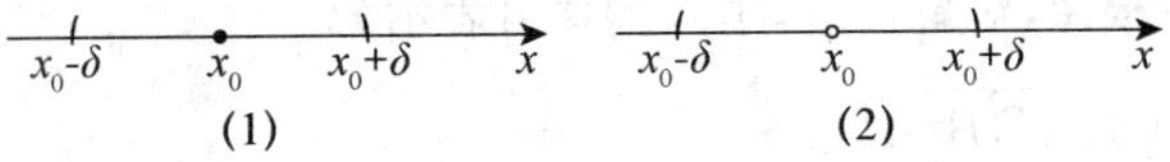

图 1—7

二、函数的概念

1. 函数的概念

函数概念最初是从研究解析几何的曲线引入的,牛顿称之为"流数"."函数"一词首先由数学家莱布尼茨引入,到了 18 世纪,数学家欧拉在《无穷小分析引论》中明确宣布:"数学分析是函数的科学",从此函数放到了微积分的中心位置.函数概念经过欧拉等人多次修改,内涵不断拓宽.下面给出的定义最终是由数学家狄利克雷表述的.

定义 1.1 设有两个变量 x,y,x 属于非空实数集合 D. 如果存在一个法则 f,使得对于每个 $x\in D$,必存在唯一的 y 与之对应,则称这个对应法则 f 为定义在集合 D 上的一个**函数**,记作 $y=f(x)$,其中 x 称为**自变量**,y 为**因变量**,D 称为 f 的**定义域**,记作 D_f,函数全体取值的集合称为 f 的**值域**,记作 Z_f,即 $Z_f=\{y|y=f(x),x\in D_f\}$.

根据定义 1.1,法则 f 确定了变量 x 与 y 之间的一种对应关系,并称之为函数关系. $f(x)$ 是在法则 f 下变量 x 对应的函数值. 显然,f 与 $f(x)$ 是有区别的,由于微积分主要是通过函数值 $f(x)$ 的变化来研究函数的,因此,我们仍然习惯上把 $f(x)$ 看作自变量 x 的函数.

在函数关系的架构中,最重要的是两个要素,定义域和对应法则.其中定义域是函数关系存在的前提,对应法则是构建函数关系的规则,在定义域和对应法则确定后,函数值域也随之确定.两个函数当且仅当定义域和对应法则都相同时才相等.

在定义 1.1 的表述中,对应自变量的每个取值,根据法则 f,必存在唯一的 y 与之对应.即 x 与 y 之间确定的是单值对应关系,因此,我们讨论的函数称为**单值函数**.

函数的对应法则有多种表现形式,我们来看几个描述函数关系的实例.

例 16 伽利略在研究自由落体运动时,发现 t 时刻物体下落的距离 y 与时间 t 的平方成正比,比例系数为常数 $\frac{1}{2}g$,其中 g 为重力加速度. 于是当物体从高度为 h 的地方自由下落时,变量 y 与 t 之间构成函数关系

$$y = \frac{1}{2}gt^2.$$

这是建立函数关系的最早的实例,其中 t 为自变量,y 为因变量,定义域为 $D_f = \left[0, \sqrt{\frac{2h}{g}}\right]$,值域为 $Z_f = [0, h]$.

例 17 表 1—1 表示的是 20 世纪的世界人口数,如果用 n 表示年份,x_n 表示第 n 年世界人口数,表格构成了 x_n 与 n 的函数关系,定义域为 $D_f = \{1900, 1910, 1920, \cdots, 2000\}$.

表 1—1　　　　　　　　　　　　　　　　　　　　　　　　　　　　　　　　单位:百万

年份	1900	1910	1920	1930	1940	1950	1960	1970	1980	1990	2000
人口	1 650	1 750	1 860	2 070	2 300	2 560	3 040	3 710	4 450	5 280	6 080

例 18 若设某个消息在总数为 N 个的人群中传播,且消息主要通过已知该消息的人传递. 记 $x(t)$ 为在 t 时刻知道该消息的人数,则变量 x 与 t 之间构成函数关系,方便起见,不妨将 $x(t)$ 看作连续型变量,函数 $x(t)$ 的示意图可以用图 1—8 表示. 其中 x_0 为消息最初知道的人数. 函数图形表示法虽然不能准确说出 t 时刻函数的具体取值,但能清楚地看到 $x(t)$ 随时间 t 变化而变化的走势特点.

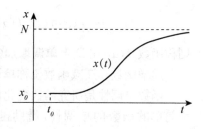

图 1—8

上面的例子中,自变量与因变量之间的对应关系,例 16、例 17 和例 18 依次表现为解析式、表格和图像形式,恰好反映了函数关系的三种基本表示方法,即公式法(或解析法)、列表法和图像法.

2. 函数定义域的求法

研究函数关系,首先要确定的是函数的定义域.

对于一般函数而言,要熟悉常用函数的定义域,如:有理函数的分母不能为零;偶次根号内的值应该非负;具有正整数指数的幂函数定义域为 $\mathbf{R}$;负整数指数的幂函数定义域为 $\mathbf{R} - \{0\}$;对数的真数应为正;反正弦函数和反余弦函数的定义域为 $[-1, 1]$,等等.

有限个函数经过四则运算所得的函数的定义域为这几个函数定义域的交集,同时要注意去掉分母为零的点.

例 19 求函数 $f(x) = \lg(x+2) - \dfrac{1}{\sqrt{x^2 - 25}}$ 的定义域.

解 $\lg(x+2)$ 的定义域为 $D_1 = \{x \mid x+2 > 0\} = (-2, +\infty)$,

$\dfrac{1}{\sqrt{x^2-25}}$的定义域为 $D_2=\{x\,|\,x^2-25>0\}=(-\infty,-5)\bigcup(5,+\infty)$.

因此，$f(x)$ 的定义域为

$$D_f=D_1\bigcap D_2=(-2,+\infty)\bigcap[(-\infty,-5)\bigcup(5,+\infty)]=(5,+\infty).$$

对于函数 $f(x)$，所有使 $f(x)$ 有意义的点的集合称为函数 $f(x)$ 的**自然定义域**. 在应用问题中的函数定义域在考虑 $f(x)$ 的自然定义域的同时，还应考虑问题的实际意义. 如例 16 中，函数 $y=\dfrac{1}{2}gt^2$ 的自然定义域为 **R**，而在自由落体运动问题中该函数的定义域为 $\left[0,\sqrt{\dfrac{2h}{g}}\right]$.

§1.2 函数性质

微积分讨论变量变化的一个重要内容就是函数的几何特性，即函数的单调性、有界性、奇偶性和周期性. 这些特性广泛地存在于自然科学和人文社会科学的研究中间. 我们来回顾一下相关的概念.

1. 单调性

定义 1.2 设函数 $f(x)$ 在实数集 D 上有定义，对于 D 中任意两数 x_1,x_2，如果当 $x_1<x_2$ 时，总有

$$f(x_1)<f(x_2)（或 f(x_1)>f(x_2)），$$

则称函数 $f(x)$ 在 D 上**单调增加**（或**单调减少**）.

递增函数和递减函数统称**单调函数**.

函数单调性是研究函数变化的一个重要特征，对于较为简单的函数的单调性，借助函数图形很容易判断，如函数

$$f(x)=x^3-3x+2$$

的图形如图 1—9 所示，可以看出，该函数分别在区间 $(-\infty,-1),(1,+\infty)$ 内单调增加，在区间 $(-1,1)$ 内单调减少，在整个定义域非单调. 更为复杂的函数的单调性的判别，以及单调变化的速度快与慢的讨论将借助微分法进行.

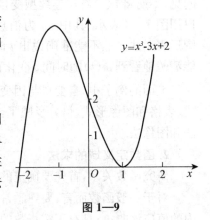

图 1—9

2. 有界性

定义 1.3 设函数 $f(x)$ 在实数集 D 上有定义，如果存在常数 $M>0$，对任意的 $x\in D$ 总有

$$|f(x)|\leqslant M,$$

则称函数 $f(x)$ 在 D 上是**有界的**，否则称 $f(x)$ 是**无界的**.

直观上，有界函数的图形介于两直线 $y=-M,y=M$ 之间.

在 R 上常见的有界函数是 $y=\sin x, y=\cos x, y=\arctan x, y=\text{arccot} x.$

3. 奇偶性

定义 1.4 设函数 $f(x)$ 在关于原点对称的实数集 D 上有定义,如果对任意一个 $x\in D$,总有

$$f(x)=f(-x)(\text{或 } f(x)=-f(-x)),$$

则称函数 $f(x)$ 为 D 上的**偶函数**(或**奇函数**).

直观上,偶函数的图形关于 y 轴对称,奇函数的图形关于原点对称.

对称性是体现数学美学思想的一个重要内容,也广泛存在于自然界之中,利用函数的对称性,可以简化问题,还可以对问题作出合理的推断.

函数对称性一般由定义直接判断,判断时要同时判断定义区间的对称性.常见的偶函数有:正偶次幂函数,$y=\cos x$;常见的奇函数有:正奇次幂函数,$y=\sin x, y=\tan x, y=\arcsin x, y=\arctan x.$

4. 周期性

定义 1.5 设函数 $f(x)$ 在实数集 D 上有定义,如果存在非零常数 T,使得对任意一个 $x\in D$,总有

$$f(x)=f(x+T),$$

则称 $f(x)$ 为**周期函数**,T 为 $f(x)$ 的**周期**.满足等式的最小正数 T_0 称为函数的周期.

由定义 1.5,对任意正整数 k,kT 都是 $f(x)$ 的周期,若其中存在最小的正数 T_0,则 T_0 称为**最小周期**或**基本周期**,简称周期.

周期性是运动的一个基本形式,对于永远处于运动状态的客观世界来说,一切事物中都可能存在周期或周期性.如,伽利略通过观察教堂里的钟摆的运动,研究了简谐振动,是最早讨论周期性的实例.

常见的周期函数有 $y=\sin x, y=\cos x, y=\tan x, y=\cot x.$

§1.3 反函数与复合函数

下面介绍函数关系的两种结构形式.

一、反函数

定义 1.6 设函数 $y=f(x)$ 的定义域为 D_f,值域为 Z_f.如果对任意 $y\in Z_f$,总有唯一的 $x\in D_f$ 与之对应,并满足等式 $y=f(x)$,则称 x 是定义在 Z_f 上的以 y 为自变量的函数,记作

$$x=f^{-1}(y), y\in Z_f,$$

并称其为 $y=f(x)$ 的**反函数**.

由定义 1.6,如果 $y=f(x)$ 存在反函数,则变量 x 与 y 之间互为反函数关系.$x=f^{-1}(y)$ 的定义域和值域分别是 $y=f(x)$ 的值域和定义域,且 $x=f^{-1}(f(x))$.从直观上看,曲线 $x=f^{-1}(f(x))$ 与曲线 $y=f(x)$ 是同一条曲线.

考虑到函数符号中一般用 x 表示自变量，y 表示因变量. 因此通常按习惯把 $y=f(x)$ 的反函数记作 $y=f^{-1}(x)$，由于变量 x 与 y 的对换，因此，在几何直观上曲线 $y=f(x)$ 与曲线 $y=f^{-1}(x)$ 关于直线 $y=x$ 对称 (如图 1—10 所示).

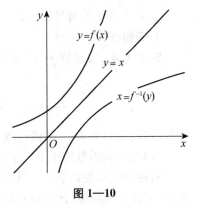

图 1—10

一般情况下，函数 $y=f(x)$ 不一定存在反函数，这是因为对于每一个自变量 $x\in D_f$ 可以保证有唯一的 y 与之对应，但对于每一个 $y\in Z_f$ 并不保证有唯一的 x 与之对应. 函数 $y=f(x)$ 存在反函数的充分必要条件是变量 x 与 y 之间存在一一对应关系. 显然，单调函数 x 与 y 之间存在一一对应关系，因此一定存在反函数.

例 1 函数 $y=3x+1$ 是单调增加函数，因此存在反函数. 反解方程 $y=3x+1$，得 $x=\dfrac{1}{3}(y-1)$，所以，函数 $x=\dfrac{1}{3}(y-1)$ 是 $y=3x+1$ 的反函数，显然，$y=\dfrac{1}{3}(x-1)$ 也是 $y=3x+1$ 的反函数.

例 2 由于函数 $y=\sin x$ 在 **R** 上不存在一一对应关系，因此，它不存在反函数. 但将 x 的取值限定在一定范围内，使其单调，仍然有反函数存在. 为了符号统一和规范起见，我们选取区间 $\left[-\dfrac{\pi}{2},\dfrac{\pi}{2}\right]$，该区间上定义 $y=\sin x$ 的反函数为 $y=\arcsin x$，其定义域即为 $y=\sin x$ 的值域 $[-1,1]$，值域即为 $y=\sin x$ 的定义域 $\left[-\dfrac{\pi}{2},\dfrac{\pi}{2}\right]$.

类似地，选取区间 $[0,\pi]$，该区间上定义 $y=\cos x$ 的反函数为 $y=\arccos x$；选取区间 $\left(-\dfrac{\pi}{2},\dfrac{\pi}{2}\right)$，该区间上定义 $y=\tan x$ 的反函数为 $y=\arctan x$；选取区间 $[0,\pi]$，该区间上定义 $y=\cot x$ 的反函数为 $y=\text{arccot}\,x$.

二、复合函数

定义 1.7 已知函数 $y=f(u),u\in D_f,y\in Z_f,u=g(x),x\in D_g,u=Z_g$，如果 $D_f\bigcap Z_g\neq\varnothing$，则称函数

$$y=f[g(x)],x\in\{x\,|\,g(x)\in D_f\}$$

为由函数 $y=f(u)$ 与 $u=g(x)$ 复合而成的**复合函数**. 其中 y 称为因变量，x 称为自变量，u 称为中间变量. $\{x\,|\,g(x)\in D_f\}$ 为复合函数 $y=f[g(x)]$ 的定义域.

复合函数最重要的特征是自变量与因变量之间的函数关系不是直接构建的，而是通过若干中间变量过渡形成的，而要使这种过渡成立，关键是函数的定义域与函数的值域的交集非空.

例 3 函数 $y=\arcsin\sqrt{4-x^2}$ 可看作由函数 $f(u)=\arcsin u$ 和 $g(x)=\sqrt{4-x^2}$ 复合而成，它们之间的函数关系如图 1—11 所示，容易看到，$g(x)$ 的值域与 $f(u)$ 的定义域

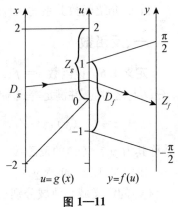

图 1—11

的交集非空,因此,复合函数关系成立,其定义域为

$$D_{g \cdot f} = \{x \mid g(x) \in D_f\} = \{x \mid \sqrt{4-x^2} \leqslant 1\} = [\sqrt{3}, 2].$$

若取 $g(x) = 2^x + 1$,则 $Z_g = (1, +\infty)$. 此时 $D_f \bigcap Z_g = \varnothing$,因此,函数 $y = \arcsin u$ 与 $u = 2^x + 1$ 之间不能构成复合函数关系.

§ 1.4 初等函数

本节介绍微积分中涉及最多的函数——初等函数.

一、基本初等函数

常数函数、幂函数、指数函数、对数函数、三角函数和反三角函数统称为**基本初等函数**.

1. 常数函数

$y = C, C$ 为常数,其定义域为 $(-\infty, +\infty)$,函数曲线如图 1—12 所示,是平行于 x 轴且在 y 轴截距为 C 的直线.

2. 幂函数

$y = x^\mu, \mu$ 为实数,当 μ 为任意实数时,其定义域为 $(0, +\infty)$,函数图形如图 1—13 所示,当 μ 为特定实数时,其定义域视 μ 的取值确定. 由图 1—13 可以看到,函数曲线均过点 $(1, 1)$,且函数当 $\mu > 0$ 时单调增加,当 $\mu < 0$ 时单调减少,当 $\mu = 0$ 时为常数.

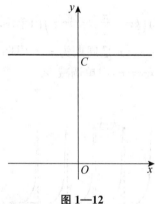

图 1—12   图 1—13

3. 指数函数

$y = a^x, a > 0$ 且 $a \neq 1$,其定义域为 $(-\infty, +\infty)$,函数图形如图 1—14 所示,可以看到,函数曲线均过点 $(0, 1)$,且函数当 $0 < a < 1$ 时单调减少,当 $a > 1$ 时单调增加.

4. 对数函数

$y = \log_a x, a > 0, a \neq 1$,定义域为 $(-\infty, +\infty)$,与指数函数 $y = a^x$ 互为反函数,函数图形如图 1—15 所示,可以看到,函数曲线均过点 $(1, 0)$,且函数当 $0 < a < 1$ 时单调减少,当 $a > 1$ 时单调增加.

5. 三角函数

三角函数包括**正弦函数** $y = \sin x$,**余弦函数** $y = \cos x$,**正切函数** $y = \tan x$,**余切函数** $y = \cot x$,其中函数 $y = \sin x$ 与 $y = \cos x$ 的定义域均为 $(-\infty, +\infty)$,均为周期为 2π 的周期函数. 函数图形如图 1—16 所示,可以看到函数 $y = \sin x$ 为奇函数,$y = \cos x$ 为偶函数.

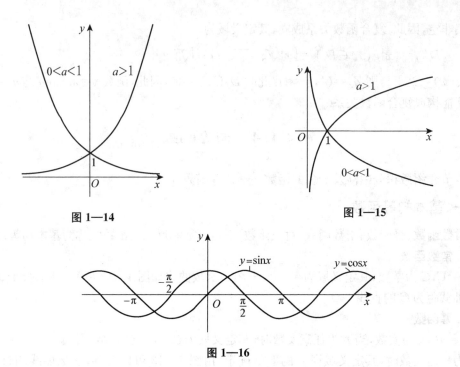

图 1—14

图 1—15

图 1—16

函数 $y=\tan x$ 的定义域为 $\left\{x\,\middle|\,x\neq k\pi+\dfrac{\pi}{2},k\in\mathbf{Z}\right\}$，函数 $y=\tan x$ 是周期为 π 的周期函数，如图 1—17 所示，可以看到，$y=\tan x$ 是奇函数，在区间 $\left(k\pi-\dfrac{\pi}{2},k\pi+\dfrac{\pi}{2}\right)$ 内单调增加．

函数 $y=\cot x$ 的定义域为 $\{x\,|\,x\neq k\pi,k\in\mathbf{Z}\}$，函数 $y=\cot x$ 是周期为 π 的周期函数，如图 1—18 所示，可以看到，$y=\cot x$ 是奇函数，在区间 $(k\pi,k\pi+\pi)$ 内单调减少．

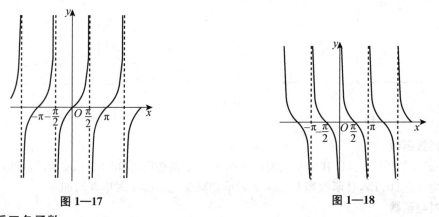

图 1—17

图 1—18

6. 反三角函数

反三角函数包括**反正弦函数** $y=\arcsin x$，**反余弦函数** $y=\arccos x$，**反正切函数** $y=\arctan x$，**反余切函数** $y=\mathrm{arccot}\,x$．它们的定义域和值域分别为：

$y=\arcsin x$，定义域为 $[-1,1]$，值域为 $\left[-\dfrac{\pi}{2},\dfrac{\pi}{2}\right]$，图形如图 1—19 所示．

$y=\arccos x$，定义域为 $[-1,1]$，值域为 $[0,\pi]$，图形如图 1—19 所示．

$y=\arctan x$，定义域为 $(-\infty,+\infty)$，值域为 $\left[-\dfrac{\pi}{2},\dfrac{\pi}{2}\right]$，图形如图 1—20 所示．

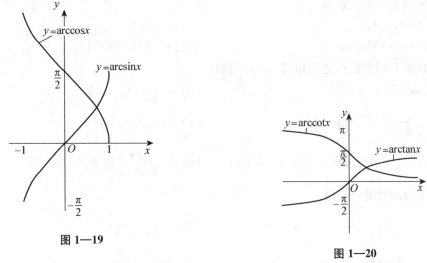

图 1—19

图 1—20

$y=\text{arccot}x$,定义域为$(-\infty,+\infty)$,值域为$[0,\pi]$,图形如图 1—20 所示.

二、初等函数

从基本初等函数出发,经过有限次复合或有限次四则运算生成的且在定义域有统一解析表达式的函数称为**初等函数**.

初等函数的概念要点是:架构函数的基本元素是基本初等函数;构造函数的运算仅限于有限次复合运算和四则运算;解析表达式唯一.例如,

$$y=e^{\sin x},\qquad y=\frac{2\ln x}{\sqrt{4-x^2}},\qquad y=2\tan x+\sqrt[3]{x(1-x)}$$

都是初等函数.

初等函数是高等数学研究的主要对象,微积分所接触的初等函数及其他函数类型要远比基本初等函数复杂.研究这类函数时,通常要将复杂函数分解为若干基本初等函数的组合,例如,$y=4\arcsin^3(1-x)$可看作由简单函数 $y=4u^3$,$u=\arcsin v$,$v=1-x$ 复合而成. $y=\sqrt{\lg\sqrt{x^2-1}}$可看作简单函数 $y=u^{\frac{1}{2}}$,$u=\frac{1}{2}\lg v$,$v=x^2-1$ 复合而成. 根据相关的基本初等函数的性质及复合函数的结构特点,对函数的性质再综合作出推断. 因此,对复杂函数的分解和复合也是学习中需要掌握的基本功之一.

习题一

1. 设集合 $A=\{a,b,c,d\}$,$B=\{b,d,e,f,h\}$,
(1)$A\cup B$;　　　　(2)$A\cap B$;　　　　(3)$A-B$;　　　　(4)$(A-B)+B$.
2. 指出下列集合哪个是空集.
(1)$A=\{x\mid x+1=1,x\in R\}$;　　　　(2)$B=\{x\mid x>1$ 且 $x<1\}$;
(3)$C=\{\varnothing\}$;　　　　(4)$D=\{x\mid x^n+1=0,x\in R\}$.

3. 用区间表示下列解集.

(1) $|x+3|<4$；　　　　　　　　(2) $x^2\leqslant 9$；

(3) $0<(x-2)^2\leqslant 4$；　　　　(4) $|x-2|<|x+1|$.

4. 试判断下列函数对是否相同，并说明理由.

(1) $y=\sqrt{x^2}$ 与 $y=x$；　　　　(2) $y=2^{\log_2 x}$ 与 $y=x$；

(3) $y=\dfrac{x^2-9}{x+3}$ 与 $y=x-3$；　　(4) $y=\sec^2 x-\tan^2 x$ 与 $y=1$；

(5) $y=\sqrt{1-x^2}$ 与 $y=\sqrt{1-x}\cdot\sqrt{x+1}$；　(6) $y=\sqrt{\dfrac{x+1}{x-1}}$ 与 $y=\dfrac{\sqrt{x+1}}{\sqrt{x-1}}$.

5. 求下列函数的定义域.

(1) $y=\dfrac{1}{\sqrt{1-x^2}}+\lg(x+2)$；　　(2) $y=\dfrac{1}{|x|+x}$；

(3) $y=x\sqrt{\cos x}$；　　　　　　(4) $y=1-\mathrm{e}^{\frac{1}{x-1}}$；

(5) $y=\sqrt{\dfrac{1+x}{1-x}}$；　　　　　　(6) $y=\dfrac{\arcsin x}{\sqrt{3+2x-x^2}}$.

6. 求下列函数的反函数及反函数的定义域.

(1) $y=\dfrac{1}{x-1}$；　　　　　　(2) $y=3^x+1$；

(3) $y=\log_a x^3$；　　　　　　　(4) $y=(x+1)^3-1$；

(5) $y=\lg\dfrac{1-x}{1+x}$.

7. 已知 $f(x)=x^2-4x+3$，求 $f(0),f(-1),f(-x),f(x^2),f\left(\dfrac{1}{x}\right)$.

8. 已知 $f(2x)=x^2+\mathrm{e}^{2x}$，求 $f(t),f(\ln t),f(\sqrt{t}),f(t-1)$.

9. 已知 $f(x)=\begin{cases}x^2, & x\geqslant 0\\ 2x-1, & x<0\end{cases}$，求 $f(-1)$ 及 $f(x-1)$.

10. 讨论下列函数的单调性.

(1) $y=2x+3$；　　　　　　　(2) $y=a^x, a>0$ 且 $a\neq 1$；

(3) $y=\arcsin x$；　　　　　　(4) $y=1-\sqrt{x}$；

(5) $y=x+\lg x$；　　　　　　(6) $y=2^{\operatorname{arccot}x}$.

11. 讨论下列函数的有界性.

(1) $y=\sqrt{3-2x-x^2}$；　　　　(2) $y=\sin^2 x-3\cos x$；

(3) $y=\dfrac{x-1}{x^2-2x+2}$；　　　　(4) $y=\begin{cases}x+\sin x, & |x|\leqslant 1\\ \dfrac{1}{x}, & |x|>1\end{cases}$.

12. 讨论下列函数的奇偶性.

(1) $y=\dfrac{1}{x^3}$；　　　　　　　(2) $y=\dfrac{1}{2}(a^x+a^{-x})$；

(3) $y=\sin(\cos^3 x)$；　　　　　(4) $y=\sin x+1$；

$(5) y = \ln \dfrac{1-x}{1+x};$ $\qquad\qquad\qquad (6) y = x \ln \dfrac{1-x}{1+x}.$

13. 判别下列函数是否为周期函数,若是,给出函数的周期.

$(1) y = 2\sin^2 x + 1;$ $\qquad\qquad (2) y = \cos(3x - 1);$

$(3) y = 3^{\sin x} - 1;$ $\qquad\qquad (4) y = \begin{cases} 0, & 2k \leqslant x < 2k+1 \\ 1, & 2k+1 \leqslant x < 2(k+1) \end{cases}.$

14. 判别下列结论是否正确,若不正确,举出反例.

(1)两个单调增加函数的乘积必单调增加.

(2)两个单调函数的和仍为单调函数.

(3)单调增加函数的倒数必为单调减少函数.

(4)奇函数相乘仍为奇函数.

(5)偶函数相乘仍为偶函数.

(6)若在对称区间 $(-a,a)$ 内 $f(x)$ 为奇函数,必有 $f(0)=0$.

15. 设函数 $f(x)$ 在对称区间 $(-a,a)$ 内有定义.证明:

$(1) f(x) + f(-x)$ 为偶函数.

$(2) f(x) - f(-x)$ 为奇函数.

$(3) f(x)$ 可表示为奇函数和偶函数之和.

16. 判断下列函数关系哪些是初等函数.

$(1) y = \dfrac{x-2}{x^2 + 2x - 1};$ $\qquad\qquad (2) y = 2^{\ln(\arcsin x)};$

$(3) y = \sqrt{-4x - 4x^2};$ $\qquad\qquad (4) y = |\sin x| + 1;$

$(5) y = \begin{cases} \sin x, & x > 0 \\ x^3, & x \leqslant 0 \end{cases};$ $\qquad\qquad (6) y = \begin{cases} x^2, & x \geqslant 1 \\ 2x+1, & x < 1 \end{cases}.$

17. 说明下列函数由哪些基本初等函数复合而成.

$(1) y = \sqrt{3x-1};$ $\qquad\qquad\qquad (2) y = \sin^2(2\lg x - \ln 3);$

$(3) y = \lg(x + \sqrt{x^2+1});$ $\qquad\qquad (4) y = e^{\arctan \frac{1}{x}}.$

18. 设 $f(x) = x^2, g(x) = 2^x,$ 求 $f[f(x)], f[g(x)], g[f(x)],$ 并说明各自的单调性和对称性.

第二章

极限与连续

极限是在研究变量变化的趋势过程中形成的一个概念,导数、微分、积分等微积分的主要概念和计算都是在极限的概念和计算基础上建立起来的.因此,极限概念是研究函数及其变化规律的基本工具,是微积分中最重要的基本概念之一.

§2.1 极限的概念

一、数列的极限

无限多个数按一定顺序排列

$$x_1, x_2, \cdots, x_n, \cdots$$

称为**数列**,记为$\{x_n\}$.其中x_n称为第n项,又称为**一般项**.

例如:

(1)$\left\{\dfrac{1}{n}\right\}$:$1, \dfrac{1}{2}, \dfrac{1}{3}, \cdots, \dfrac{1}{n}, \cdots$;

(2)$\{n^2\}$:$1, 4, 9, \cdots, n^2, \cdots$;

(3)$\{1+(-1)^n\}$:$0, 2, 0, 2, \cdots, 1+(-1)^n, \cdots$;

(4)$3, 3.1, 3.14, 3.141, 3.1415, \cdots$.

其中(4)是由π的不足近似值所组成的数列.π是无理数,可表示为无限不循环小数,因此,(4)中各项值可由下标n唯一确定,但不能简单地给出一般项的公式.

由于数列各项x_n的值可以由其下标n唯一确定,因此可将数列看作定义在全体自然数集合N上的一个函数:

$$x_n = x(n), \quad n \in N.$$

这样数列$\{x_n\}$也是一个变量,下面来研究数列$\{x_n\}$在n无限增大(可记作$n \to \infty$)过程中的变化趋势.

例1 考察下列数列在 $n \to \infty$ 过程中的变化趋势:

(1) $\left\{x_n = 1 + \dfrac{1}{n}\right\}$: $2, \dfrac{3}{2}, \dfrac{4}{3}, \cdots, \dfrac{n+1}{n}, \cdots$;

(2) $\{y_n = 1 - 2^{-n}\}$: $\dfrac{1}{2}, \dfrac{3}{4}, \dfrac{7}{8}, \cdots, 1 - \dfrac{1}{2^n}, \cdots$;

(3) $\left\{z_n = 1 + \dfrac{(-1)^n}{n}\right\}$: $0, \dfrac{3}{2}, \dfrac{2}{3}, \dfrac{5}{4}, \cdots, 1 + \dfrac{(-1)^n}{n}, \cdots$.

容易看出,当 $n \to \infty$ 时,3个数列在各自的变化过程中,函数取值或者单调递减,如数列(1);或者单调递增,如数列(2);或者上下作简谐振荡,如数列(3),尽管变化过程各异,但它们与1的距离

$$|x_n - 1| = \dfrac{1}{n}, \quad |y_n - 1| = 2^{-n}, \quad |z_n - 1| = \dfrac{1}{n},$$

随着 n 任意增大,可无限变小,最终趋于零. 这种"趋向"可以等价地表述为,在自变量 n 变化足够大时,数列 x_n, y_n, z_n 都无限地接近于常数 1. 于是,我们将常数 1 称为 $n \to \infty$ 时数列 x_n, y_n, z_n 的极限,并记作 $x_n \to 1, y_n \to 1, z_n \to 1$.

一般的,对于给定的数列 $\{x_n\}$ 和常数 A,如果当 n 无限增大时,x_n 无限地趋于 A,则称数 A 为 n 趋于无穷时数列 $\{x_n\}$ 的**极限**,记作

$$\lim_{n \to \infty} x_n = A \ \text{或} \ x_n \to A(n \to \infty).$$

例2 考察下列数列在 $n \to \infty$ 过程中的变化趋势.

(1) $\{x_n = 2\}$;   (2) $\{y_n = n^2\}$;   (3) $\{z_n = 1 + (-1)^n\}$.

解 (1)显然,对于常数数列 $\{x_n = 2\}$,当 $n \to \infty$ 时,x_n 无限趋于数 2.2 是 n 趋于无穷时数列 $\{x_n = 2\}$ 的极限,即有

$$\lim_{n \to \infty} 2 = 2.$$

(2)对于数列 $\{y_n = n^2\}$,当 $n \to \infty$ 时,x_n 无限增大. 于是,我们将这种变化趋势称为 n 趋于无穷时数列 $\{x_n\}$ 的极限为无穷大. 无穷大不是数,因此,根据极限概念,数列 $\{y_n = n^2\}$ 的极限不存在,但作为一种确定的变化趋势,仍可记作极限形式

$$\lim_{n \to \infty} y_n = \infty.$$

(3)对于 $\{z_n = 1 + (-1)^n\}$,当 n 为奇数时,$z_n = 0$ 为常数,即有 $z_{2k+1} \to 0(k \to \infty)$,当 n 为偶数时,$z_{2k} = 2$,即有 $z_{2k} \to 2(k \to \infty)$,因此当 $n \to \infty$ 时,数列 z_n 忽而趋向零,忽而趋向 2,没有固定的变化趋势. 因此,根据极限概念,数列 z_n 当 $n \to \infty$ 时,无变化趋势,也无极限.

从以上讨论可知,数列 $\{x_n\}$ 的极限即为数列 n 趋于无穷时数列 $\{x_n\}$ 能够无限接近的常数. 该常数与数列趋向过程中的路径及方式无关,也与数列能否取到无关. 若满足条件的常数存在,则称数列的极限存在,同时称该数列**收敛**,否则称该数列极限不存在,为**发散数列**. 常见的发散数列,在 $n \to \infty$ 时数列取值不唯一或趋向无穷大.

数列极限的思想在我国春秋战国时期就有所显现,《庄子·天下》中说:"一尺之棰,日取其半,万世不竭",实际上描述的就是数列

$$1, \frac{1}{2}, \frac{1}{2^2}, \cdots, \frac{1}{2^n}, \cdots$$

在 $n \to \infty$ 时的无限变化过程. 在魏晋时代, 刘徽在《九章算术》方田章中为计算圆的周长和面积, 提出了割圆术, 他从圆内接正六边形出发, 将边数逐步加倍并逐步计算每步得到的多边形的周长和面积, 指出:"割之弥细, 所失弥小, 割之又割, 以至于不可割, 则与圆合体而无所失矣", 这种方法就是构造以边数 n 为自变量的圆内接正多边形的周长数列 l_n 和面积数列 S_n, 并且随着 n 逐步增大, l_n 和 S_n 将逐渐逼近圆的周长和面积. 与割圆术所不同的是, 微积分在处理这类问题时最终是建立在极限理论基础之上的, 并解决了统一算法问题.

二、函数的极限

我们把数列极限的概念推广到一般函数.

从数列极限到函数极限概念的过渡, 最大的不同是在实数范围内自变量 x 变化的多样性. 其中, 当 x 沿数轴无限增大时, 就有三种变化方式, 即:

x 沿数轴正方向趋向无穷大, 记为 $x \to +\infty$, $n \to \infty$ 只是其中一个子过程;

x 沿数轴负方向趋向无穷大, 记为 $x \to -\infty$;

x 沿数轴正负两个方向趋向无穷大, 记为 $x \to \infty$.

类似地, 当变量 x 沿数轴趋向定点 x_0 时, 也有三种变化方式, 即:

从左侧趋向 x_0, 记为 $x \to x_0^-$;

从右侧趋向 x_0, 记为 $x \to x_0^+$;

x 从左右两侧趋向 x_0, 记为 $x \to x_0$.

下面来具体考察不同变化方式下函数 $f(x)$ 的变化趋势问题.

1. $x \to \infty$ 时函数 $f(x)$ 的极限

例3 考察 $x \to \infty$ 时, 下列函数的变化趋势.

(1) $y = \dfrac{1}{x}$;　　　　　　(2) $y = \arctan x$.

解 (1) 如图 2—1 所示, 容易看到 x 无论是沿 x 轴正方向还是负方向趋于无穷大时, 函数曲线 $y = \dfrac{1}{x}$ 均无限接近 x 轴, 即 $x \to \infty$ 时, 有 $\dfrac{1}{x} \to 0$, 因此称 0 为 $x \to \infty$ 时函数 $y = \dfrac{1}{x}$ 的极限.

(2) 如图 2—2 所示, 容易看到, 当 x 沿 x 轴负方向趋于无穷大时, 函数曲线 $y = \arctan x$ 无限接近直线 $y = -\dfrac{\pi}{2}$, 即 $x \to -\infty$ 时, $\arctan x \to -\dfrac{\pi}{2}$, 因此称 $-\dfrac{\pi}{2}$ 为函数 $y = \arctan x$ 在 $x \to -\infty$ 时的极限.

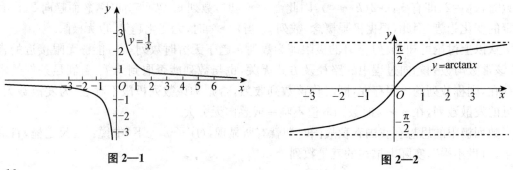

图 2—1　　　　　　　　　　　　　　图 2—2

当 x 沿 x 轴正方向趋于无穷大时,函数曲线 $y=\arctan x$ 无限接近直线 $y=\dfrac{\pi}{2}$,即 $x\to+\infty$ 时,$\arctan x\to\dfrac{\pi}{2}$,因此称 $\dfrac{\pi}{2}$ 为函数 $y=\arctan x$ 在 $x\to+\infty$ 时的极限.

综合上述讨论,当 x 沿 x 轴正负两个方向趋向无穷大时,函数 $y=\arctan x$ 没有确定的趋向值,故称函数 $y=\arctan x$ 在 $x\to\infty$ 时不存在极限.

一般的,在 $x\to\infty$ 时,函数 $f(x)\to A$ 极限概念可描述如下:

当自变量 $x\to\infty$ 时,如果函数 $f(x)$ 无限趋于一个确定的常数 A ,或 $f(x)$ 与确定的数 A 之间的距离任意小,则称 $x\to\infty$ 时,$f(x)$ 收敛于极限 A,或称 A 是 $f(x)$ 在 $x\to\infty$ 时的**极限**,记为

$$\lim_{x\to\infty}f(x)=A \text{ 或 } f(x)\to A(x\to\infty).$$

类似地,当自变量 $x\to-\infty(+\infty)$ 时,如果函数 $f(x)$ 无限趋于一个确定的数 A ,或 $f(x)$ 与确定的数 A 之间的距离任意小,则称 $x\to-\infty(+\infty)$ 时,$f(x)$ 收敛于 A,或称 A 是 $f(x)$ 在 $x\to-\infty(+\infty)$ 时的**左(右)极限**,记为

$$\lim_{x\to-\infty}f(x) \ \left(\lim_{x\to+\infty}f(x)\right)=A \text{ 或 } x\to-\infty(+\infty) \text{ 时 } f(x)\to A.$$

显然,极限 $\lim\limits_{n\to\infty}a_n=\lim\limits_{n\to\infty}f(n)$ 可以看作极限 $\lim\limits_{x\to\infty}f(x)$ 的子过程,因此,由极限 $\lim\limits_{x\to\infty}f(x)=A$,也必有极限 $\lim\limits_{n\to\infty}f(n)=A$.

2. $x\to x_0$ 函数 $f(x)$ 的极限

例 4 分别考察函数 $y=x+1,y=\dfrac{x^2-1}{x-1}$,在 $x\to1$ 时的变化趋势.

解 如图 2—3 所示,容易看到,当 $x\to1$ 时,函数 $y=x+1$ 取值无限趋向于在该点的函数值,即有

$$\lim_{x\to1}(x+1)=2.$$

对于函数 $y=\dfrac{x^2-1}{x-1}$,虽然在 $x=1$ 处没有定义,但不难看到,当 $x\to1$ 时,函数取值仍然趋向 2,即有

$$\lim_{x\to1}\frac{x^2-1}{x-1}=2.$$

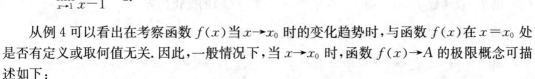

图 2—3

从例 4 可以看出在考察函数 $f(x)$ 当 $x\to x_0$ 时的变化趋势时,与函数 $f(x)$ 在 $x=x_0$ 处是否有定义或取何值无关.因此,一般情况下,当 $x\to x_0$ 时,函数 $f(x)\to A$ 的极限概念可描述如下:

当自变量 $x\to x_0$ 且 $x\neq x_0$ 时,如果函数 $f(x)$ 无限趋于一个定常数 A ,或 $f(x)$ 与定常数 A 之间的距离任意小,则称 $x\to x_0$ 时,$f(x)$ 收敛于 A,或称 A 是 $f(x)$ 在 $x\to x_0$ 时的**极限**,记为

$$\lim_{x\to x_0}f(x)=A \text{ 或 } f(x)\to A(x\to x_0).$$

当讨论在定点 x_0 处的函数极限时,常常要考虑对趋向方式的限定,见例 5.

例 5 考察函数 $y=\sqrt{x}$ 当 $x\rightarrow 0$ 时的变化趋势.

解 由于函数的定义域为 $(0,+\infty)$,因此 $x\rightarrow 0$ 时只能从点 $x_0=0$ 处的右侧趋向,不难看出,当 x 从右侧趋向 $0(x>0)$ 时,$\sqrt{x}$ 无限接近于 0,我们把 0 看作 $x\rightarrow 0$ 时函数 $y=\sqrt{x}$ 的右侧极限,记作 $\lim\limits_{x\rightarrow 0^+}\sqrt{x}=0$.

一般情况下,在 $x\rightarrow x_0^+$ 时,函数 $f(x)\rightarrow A$ 的极限概念可描述如下:

当自变量 $x\rightarrow x_0^+(x>x_0)$ 时,如果函数 $f(x)$ 无限趋于一个定常数 A,或 $f(x)$ 与定常数 A 之间的距离任意小,则称 $x\rightarrow x_0^+$ 时 $f(x)$ 收敛于 A,或称 A 是 $f(x)$ 当 $x\rightarrow x_0$ 时的**右极限**,记为

$$\lim_{x\rightarrow x_0^+}f(x)=A \text{ 或 } f(x)\rightarrow A(x\rightarrow x_0^+).$$

类似地,x 从左侧趋向 x_0,即 $x\rightarrow x_0^-(x<x_0)$ 时函数 $f(x)$ 的极限称为 $x\rightarrow x_0$ 时的**左极限**,记为

$$\lim_{x\rightarrow x_0^-}f(x) \text{ 或 } f(x)\rightarrow A(x\rightarrow x_0^-).$$

例 6 设函数 $f(x)=\begin{cases}x^2, & x<1 \\ 2x-1, & x>1\end{cases}$,讨论当 $x\rightarrow 1$ 时 $f(x)$ 的变化趋势.

解 函数 $f(x)$ 的解析式在不同的定义区间段表达式不同,称为分段函数,不同函数解析式的分界点称为分段点,当考虑 $f(x)$ 在分段点处的极限时,必须分左、右极限讨论.

借助图 2—4 可以看出,当 x 从 1 的左侧方向趋向 1 时 $(x<1)$,总有 $f(x)=x^2\rightarrow 1$,因此在点 $x=1$ 处 $f(x)$ 有左极限,即

$$\lim_{x\rightarrow 1^-}f(x)=\lim_{x\rightarrow 1^-}x^2=1.$$

当从 x 的右侧方向趋向 1 时 $(x>1)$,总有 $f(x)=2x-1\rightarrow 1$,因此在 $x=1$ 点处 $f(x)$ 有右极限,即

$$\lim_{x\rightarrow 1^+}f(x)=\lim_{x\rightarrow 1^+}(2x-1)=1.$$

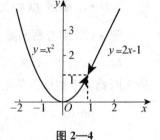

图 2—4

综合上述讨论,当 x 无论从什么方向趋于点 $x=1$ 时总有 $f(x)\rightarrow 1$,因此,

$$\lim_{x\rightarrow 1}f(x)=1.$$

例 7 设函数 $f(x)=\sin\dfrac{1}{x}$,讨论当 $x\rightarrow 0$ 时 $f(x)$ 的变化趋势.

解 我们不妨将 $x\rightarrow 0$ 的过程取不同的两个路径:

路径 1:取 $x=\dfrac{1}{k\pi}(k\in\mathbf{Z})$;路径 2:取 $x=\dfrac{1}{2k\pi+\pi/2}(k\in\mathbf{Z})$. 当 $k\rightarrow\infty$ 时,均有 $x=\dfrac{1}{k\pi}\rightarrow 0$,

$x=\dfrac{1}{2k\pi+\pi/2}\rightarrow 0$,同时有

$$\lim_{x\rightarrow 0}\sin\frac{1}{x}\xeq{x=\frac{1}{k\pi}}\lim_{k\rightarrow\infty}\sin k\pi=0,$$

$$\lim_{x\rightarrow 0}\sin\frac{1}{x}\xeq{x=2k\pi+\pi/2}\lim_{k\rightarrow\infty}\sin\left(2k\pi+\frac{\pi}{2}\right)=1.$$

可以看出，取 $x \to 0$ 的不同路经，函数 $f(x)$ 趋于不同常数，说明函数无固定的趋向. 因此，$x \to 0$ 时函数 $f(x) = \sin \dfrac{1}{x}$ 无极限. 从函数的图形（见图 2—5）也可看出，$f(x) = \sin \dfrac{1}{x}$ 当 $x \to 0$ 时函数在 -1 和 1 之间上下振荡，无极限.

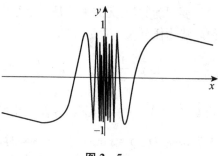

图 2—5

如果函数的极限 $\lim\limits_{x \to x_0} f(x)$ 存在，则函数的极限 A 是唯一的，且与 $x \to x_0$ 的过程和路径无关，因此，若能找到两个或两个以上 $x \to x_0$ 的趋向路径，使得函数出现不同的趋向，则可以确定，$x \to x_0$ 时函数极限不存在. 例 7 提供了一种判断函数极限不存在的方法.

以上分别描述了在实数集上函数极限的六种情况，其中 $\lim\limits_{x \to -\infty} f(x)$，$\lim\limits_{x \to +\infty} f(x)$，$\lim\limits_{x \to x_0^-} f(x)$，$\lim\limits_{x \to x_0^+} f(x)$ 统称为**单侧极限**. 它们分别与极限 $\lim\limits_{x \to \infty} f(x)$，$\lim\limits_{x \to x_0} f(x)$ 的关系可表述为下面的定理.

定理 2.1 （1）$\lim\limits_{x \to \infty} f(x) = A$ 的充分必要条件是

$$\lim_{x \to -\infty} f(x) = \lim_{x \to +\infty} f(x) = A.$$

（2）$\lim\limits_{x \to x_0} f(x) = A$ 的充分必要条件是

$$\lim_{x \to x_0^-} f(x) = \lim_{x \to x_0^+} f(x) = A.$$

综合在上述六种情况下函数极限的描述，相互之间无本质区别，可简述为：在特定的变化过程中，若自变量 x 变化足够大时，函数 $f(x)$ 任意趋向一个定常数 A 或 $f(x)$ 与定常数 A 的距离任意小，则称 A 为在该变化过程中函数 $f(x)$ 的极限，为了表述方便，可以用 $x \to X$ 统一表示自变量变化的 6 种过程，给出函数极限的概念.

定义 2.1 如果当 $x \to X$ 时，函数 $f(x)$ 无限趋于一个定常数 A，则称 $x \to X$ 时 $f(x)$ 收敛于 A，或称 A 是 $f(x)$ 当 $x \to X$ 时的极限，记为

$$\lim_{x \to X} f(x) = A \text{ 或 } f(x) \to A (x \to X).$$

三、无穷大量与无穷小量

下面讨论函数极限两个特殊的形式：无穷大与无穷小. 讨论将有助我们进一步加深对极限概念的理解，也有助于解决极限的计算问题.

定义 2.2 当 $x \to X$ 时，如果函数 $f(x)$ 的绝对值可以无限增大，则称 $f(x)$ 为 $x \to X$ 时的**无穷大量**，记作：若 $\lim\limits_{x \to X} f(x) = \infty$.

根据 $x \to X$ 的六种情况，$\lim\limits_{x \to X} f(x) = \infty$ 可分别表示为：

$$\lim_{x \to \infty} f(x) = \infty, \ \lim_{x \to -\infty} f(x) = \infty, \ \lim_{x \to +\infty} f(x) = \infty,$$
$$\lim_{x \to x_0} f(x) = \infty, \ \lim_{x \to x_0^-} f(x) = \infty, \ \lim_{x \to x_0^+} f(x) = \infty.$$

要明确的是:无穷大不是一个很大的数,也不是无界函数,而是在特定的变化过程中取值趋势为任意大的变量. 例如 ,由

$$\lim_{x \to -\infty} \left(\frac{1}{2}\right)^x = \infty, \lim_{x \to 1} \frac{x^2}{x-1} = \infty, \lim_{x \to 0^+} \ln x = \infty$$

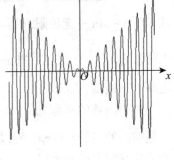

知变量 $\left(\frac{1}{2}\right)^x, \frac{x^2}{1-x}, \ln x$ 在各自变化过程中均为无穷大. 又如无界函数 $f(x) = x \sin x$,当 $x \to \infty$ 时,虽然函数取值可任意大,但函数还可以取到其他任何数值,变化是振荡无趋势的(见图 2—6).

图 2—6

定义 2.3 若 $\lim_{x \to X} f(x) = 0$,则称 $f(x)$ 为 $x \to X$ 时的**无穷小量**.

类似地,定义 2.3 可根据 $x \to X$ 的六种情况分别表述.

要明确的是:无穷小不是一个很小的数,而是一个特定变化过程下任意接近于零的变量.

例如,函数 $f(x) = \frac{x-1}{x^2+1}$ 当 $x \to 1$ 或 $x \to \infty$ 时,均有 $f(x) \to 0$,因此,$f(x)$ 只是在 $x \to 1$ 或 $x \to \infty$ 的变化过程中为无穷小量.

又如,当 $n \to \infty$ 时,$\frac{1}{n}, \frac{1}{2^n}$ 为无穷小量. 当 $x \to 0$ 时,$x^3 + x, \sqrt[3]{x}, \sqrt{x+1} - 1, x^5$ 均为无穷小量.

作为特例,零在任何变化过程中都为无穷小量.

当 $x \to 0$ 时,如果进一步将无穷小量 $x^3 + x, \sqrt[3]{x}, \sqrt{x+1} - 1, x^5$ 趋于零的过程中对应 $x = 1, 0.1, 0.01, 0.001, 0.0001$ 的取值作一比较(见表 2—1),

表 2—1

x	1	0.1	0.01	0.001	0.0001
$x^3 + x$	2	0.101	0.010 001	0.001	0.000 1
$\sqrt[3]{x}$	1	0.464 2	0.215 443	0.100	0.046 416
$\sqrt{x+1} - 1$	0.414 2	0.048 8	0.004 988	0.000 500	0.000 050
x^5	1	0.000 01	0.000 000	0.000 000	0.000 000

容易看到,当 $x \to 0$ 时,各变量趋于 0 的速度差异很大,其中 $x^3 + x$ 基本与 x 同步趋于零,$\sqrt{x+1} - 1$ 以接近 x 的 2 倍的速度趋于零,而 $\sqrt[3]{x}, x^5$ 趋于零的速度与 x 相比分别以几何级数递减或增大,为了区分无穷小量这种趋于零的速度上的差异性,我们引入无穷小量阶的概念,定义如下:

定义 2.4 设 $f(x), g(x)$ 均为极限过程 $x \to X$ 下的无穷小量.

若 $\lim_{x \to X} \frac{f(x)}{g(x)} = 0$,则称 $f(x)$ 是 $x \to X$ 下比 $g(x)$ **高阶**的无穷小量,或称 $g(x)$ 是 $x \to X$ 下比 $f(x)$ **低阶**的无穷小量,记作 $f(x) = o(g(x))$.

若 $\lim_{x \to X} \frac{f(x)}{g(x)} = A \neq 0$,则称 $f(x)$ 是 $x \to X$ 下与 $g(x)$ **同阶**的无穷小量.

由 $\lim\limits_{x \to 0} \dfrac{x^3+x}{x} = \lim\limits_{x \to 0} (x^2+1) = 1,$

$\lim\limits_{x \to 0} \dfrac{\sqrt[3]{x}}{x} = \lim\limits_{x \to 0} \dfrac{1}{\sqrt[3]{x^2}} = \infty,$

$\lim\limits_{x \to 0} \dfrac{\sqrt{x+1}-1}{x} = \lim\limits_{x \to 0} \dfrac{1}{\sqrt{x+1}+1} = \dfrac{1}{2},$

$\lim\limits_{x \to 0} \dfrac{x^5}{x} = \lim\limits_{x \to 0} x^4 = 0$

知在 $x \to 0$ 时,x^3+x,$\sqrt{x+1}-1$ 是 x 的同阶无穷小,x 是比 $\sqrt[3]{x}$ 高阶的无穷小,表示为 $x = o(\sqrt[3]{x})$,x^5 是比 x 高阶的无穷小,表示为 $x^5 = o(x)$. 由于零与任何非零无穷小量的比值的极限均为零,因此,零是任何变化过程中的最高阶无穷小量.

无穷小量与无穷大量、函数极限的关系可以描述如下:

定理 2.2 当 $x \to X$ 时,

(1)若 $f(x)$ 为无穷小量,且 $f(x) \neq 0$,则 $\dfrac{1}{f(x)}$ 为无穷大量.

(2)若 $f(x)$ 为无穷大量,则 $\dfrac{1}{f(x)}$ 为无穷小量.

(3) $f(x) \to A$ 的充分必要条件是 $f(x)-A$ 为无穷小量.

例如,当 $x \to 1$ 时,$\lg x$ 为无穷小量,则 $\dfrac{1}{\lg x}$ 为无穷大量. 当 $x \to +\infty$ 时,2^x 为无穷大量,则 2^{-x} 为无穷小量.

又如,当 $x \to 0$ 时,$a^x \to 1$,等价于 $a^x - 1 \to 0$. 当 $n \to \infty$ 时,$\sqrt[n]{a} = a^{\frac{1}{n}} \to a^0 = 1$,等价于 $\sqrt[n]{a} - 1 \to 0$.

§2.2 极限的运算

在了解函数极限概念的基础上,本节来研究函数极限的运算.

一、极限运算法则

首先介绍极限运算法则.

定理 2.3(四则运算法则) 设 $\lim\limits_{x \to X} f(x) = A$,$\lim\limits_{x \to X} g(x) = B$,则

(1)函数 $f(x) \pm g(x)$ 当 $x \to X$ 时极限也存在,且

$$\lim\limits_{x \to X} [f(x) \pm g(x)] = \lim\limits_{x \to X} f(x) \pm \lim\limits_{x \to X} g(x) = A \pm B.$$

(2)函数 $f(x) \cdot g(x)$ 当 $x \to X$ 时极限也存在,且

$$\lim\limits_{x \to X} [f(x) \cdot g(x)] = \lim\limits_{x \to X} f(x) \cdot \lim\limits_{x \to X} g(x) = AB.$$

(3)当 $B \neq 0$ 时,函数 $\dfrac{f(x)}{g(x)}$ 当 $x \to X$ 时极限也存在,且

$$\lim\limits_{x \to X} \dfrac{f(x)}{g(x)} = \dfrac{\lim\limits_{x \to X} f(x)}{\lim\limits_{x \to X} g(x)} = \dfrac{A}{B}.$$

定理 2.3 可以作如下推广：

(1)函数 $f_1(x), f_2(x), \cdots, f_n(x)$ 当 $x \to X$ 时极限存在，则

$$\lim_{x \to X}[f_1(x) + f_2(x) + \cdots + f_n(x)]$$
$$= \lim_{x \to X} f_1(x) + \lim_{x \to X} f_2(x) + \cdots + \lim_{x \to X} f_n(x).$$

(2) $\lim\limits_{x \to X}[c f(x)] = c \lim\limits_{x \to X} f(x)$ (c 为常数).

(3) $\lim\limits_{x \to X}[f(x)]^n = [\lim\limits_{x \to X} f(x)]^n$ (n 为正整数).

例 1 求极限 $\lim\limits_{x \to 2} \dfrac{2x^2 + 3x - 10}{5x + 2}$.

解 由 $\lim\limits_{x \to 2}(2x^2 + 3x - 10) = 2(\lim\limits_{x \to 2} x)^2 + 3 \lim\limits_{x \to 2} x - 10 = 2 \cdot 2^2 + 3 \cdot 2 - 10 = 4.$

$\lim\limits_{x \to 2}(5x + 2) = 5 \lim\limits_{x \to 2} x + 2 = 5 \times 2 + 2 = 12.$

从而得

$$原极限 = \frac{\lim\limits_{x \to 2}(2x^2 + 3x - 10)}{\lim\limits_{x \to 2}(5x + 2)} = \frac{1}{3}.$$

例 2 求极限 $\lim\limits_{x \to \infty} \dfrac{2x^2 + x - 3}{5x^2 - 2x + 1}$.

解 $原极限 = \lim\limits_{x \to \infty} \dfrac{2 + \dfrac{1}{x} - \dfrac{3}{x^2}}{5 - \dfrac{2}{x} + \dfrac{1}{x^2}} = \dfrac{\lim\limits_{x \to \infty} 2 + \lim\limits_{x \to \infty} \dfrac{1}{x} - \lim\limits_{x \to \infty} \dfrac{3}{x^2}}{\lim\limits_{x \to \infty} 5 - \lim\limits_{x \to \infty} \dfrac{2}{x} + \lim\limits_{x \to \infty} \dfrac{1}{x^2}} = \dfrac{2 + 0 - 0}{5 - 0 + 0} = \dfrac{2}{5}.$

注意，运用法则计算极限时，前提是分解的每个计算单元的极限存在，因此，例 2 在计算极限时，不能像例 1 那样直接用法则化为若干极限的四则运算形式，而是先变形再拆分. 例 2 的结果还表明，当 $x \to \infty$ 时两个幂次相同的多项式构造的有理式的极限为两个多项式最高次项的系数之比.

例 3 求极限 $\lim\limits_{x \to \infty} \dfrac{2x^3 - x - 3}{5x^2 + 10x + 4}$.

解 由于 $\lim\limits_{x \to \infty} \dfrac{5x^2 + 10x + 4}{2x^3 - x - 3} = \lim\limits_{x \to \infty} \dfrac{\dfrac{5}{x} + \dfrac{10}{x^2} + \dfrac{4}{x^3}}{2 - \dfrac{1}{x^2} - \dfrac{3}{x^3}} = \dfrac{0 + 0 + 0}{2 - 0 - 0} = 0.$

所以，当 $x \to \infty$ 时，$\dfrac{2x^3 - x - 3}{5x^2 + 10x + 4}$ 为无穷大量，即 $\lim\limits_{x \to \infty} \dfrac{2x^3 - x - 3}{5x^2 + 10x + 4} = \infty.$

例 3 中有理式分母极限为零，因此，不能用例 2 的方法使用运算法则，求解时，利用了无穷大量与无穷小量关系的转换. 例 3 的结果表明，两个幂次不同的多项式构造的有理式，若分母多项式的幂次大于分子，则当 $x \to \infty$ 时为无穷小量，否则为无穷大量.

综合例 2 和例 3，有结论

$$\lim_{x \to \infty} \frac{a_0 x^n + a_1 x^{n-1} + \cdots + a_{n-1} x + a_n}{b_0 x^m + b_1 x^{m-1} + \cdots + b_{m-1} x + b_m} = \begin{cases} 0, & m > n \\ \dfrac{a_0}{b_0}, & m = n \\ \infty, & m < n \end{cases}.$$

例 4　求极限 $\lim\limits_{x\to 1}\left(\dfrac{4x}{1-x^2}-\dfrac{1+x}{1-x}\right)$.

解　分母通分,有

$$\text{原极限}=\lim_{x\to 1}\frac{4x-(1+x)^2}{1-x^2}=-\lim_{x\to 1}\frac{(1-x)^2}{(1+x)(1-x)}=-\frac{\lim\limits_{x\to 1}(1-x)}{\lim\limits_{x\to 1}(1+x)}=\frac{0}{2}=0.$$

例 4 中 $x\to 1$ 时,$\dfrac{4x}{1-x^2}$,$\dfrac{1+x}{1-x}$ 均为无穷大量,极限不存在,因此不能用法则计算,只能将极限式合并处理,根据极限概念,当 $x\to 1$ 时,约定 $x\neq 1$,因此,极限式中分子和分母可以约去公因子 $1-x$,从而可利用性质计算极限.

例 5　求极限 $\lim\limits_{n\to\infty}\left(\sqrt{n}-\sqrt{n-2\sqrt{n}}\right)$.

解
$$\begin{aligned}
\text{原极限}&=\lim_{n\to\infty}\frac{(\sqrt{n})^2-\left(\sqrt{n-2\sqrt{n}}\right)^2}{\sqrt{n}+\sqrt{n-2\sqrt{n}}}\\
&=\lim_{n\to\infty}\frac{2\sqrt{n}}{\sqrt{n}+\sqrt{n-2\sqrt{n}}}\\
&=\lim_{n\to\infty}\frac{2}{1+\sqrt{1-\dfrac{2}{\sqrt{n}}}}\\
&=\frac{2}{1+\sqrt{1-0}}=1.
\end{aligned}$$

二、极限存在性的两个准则

运算法则虽然可以解决不少函数的极限运算,但能够求解的类型还是十分有限的.下面介绍的性质将进一步提供求极限的新方法.

准则 1(夹逼定理)　若在 $x\to X$ 的某个邻域内总有

$$g(x)\leqslant f(x)\leqslant h(x)$$

且　　　$\lim\limits_{x\to X}g(x)=\lim\limits_{x\to X}h(x)=A,$

则 $x\to X$ 时函数 $f(x)$ 的极限存在,且

$$\lim_{x\to X}f(x)=A.$$

例 6　计算 $\lim\limits_{x\to+\infty}\mathrm{e}^{-x}\sin x$.

解　由 $-1\leqslant\sin x\leqslant 1$,从而有

$$-\mathrm{e}^{-x}\leqslant\mathrm{e}^{-x}\sin x\leqslant\mathrm{e}^{-x},$$

又　　　$-\lim\limits_{x\to+\infty}\mathrm{e}^{-x}=\lim\limits_{x\to+\infty}\mathrm{e}^{-x}=0,$

因此有

$$\lim_{x\to+\infty}\mathrm{e}^{-x}\sin x=0.$$

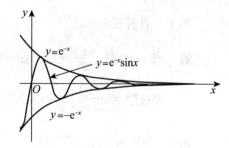

图 2—7

如图 2—7 所示,曲线 $y=\mathrm{e}^{-x}\sin x$ 在 $x\to+\infty$ 的过程中始终被夹在曲线 $y=-\mathrm{e}^{-x}$ 和

$y=e^{-x}$ 之间,当 $y=-e^{-x},y=e^{-x}$ 都趋于零时,$y=e^{-x}\sin x$ 也被"逼着"趋于零,很形象地描绘和说明了夹逼定理的特点.

准则 2　单调有界数列必有极限.

准则 2 可以具体表述为:当 n 足够大时,数列 $\{x_n\}$ 单调增加有上界,数列单调减少有下界,则必有极限.准则 2 虽然只是说明极限的存在性,并没有具体构造极限,但在极限运算中仍然是有重要意义的,

§2.3　两个重要极限

上节两个极限存在性定理的一个重要应用,就是给出了两个重要极限.

1. $\lim\limits_{x\to0}\dfrac{\sin x}{x}=1$

证　由于 $\dfrac{\sin x}{x}$ 为偶函数,由对称性,只需讨论在 $0<x<\dfrac{\pi}{2}$ 的情况下 $\dfrac{\sin x}{x}$ 的极限趋势.如图 2—8 所示,B 为单位圆上的一点,$\angle AOB=x,AB\perp OD,OB\perp BD,OB=OC=1$. 从而有

$$AB=\sin x,BD=\tan x,0<\sin x<x.$$

又由图 2—8,

$$\triangle OBC\ \text{面积}<\text{扇形}\ OBC\ \text{面积}<\triangle OBD\ \text{面积},$$

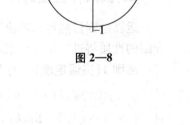

图 2—8

即有

$$\frac{1}{2}\sin x<\frac{1}{2}x<\frac{1}{2}\tan x,1<\frac{x}{\sin x}<\frac{1}{\cos x},$$

即　　$\cos x<\dfrac{\sin x}{x}<1.$

当 $x\to0^{+}$ 时,同时有 $1\to1,\cos x\to\cos0=1$,因此也有

$$\lim_{x\to0}\frac{\sin x}{x}=1.$$

极限 $\lim\limits_{x\to0}\dfrac{\sin x}{x}$ 的重要性在于,当 $x\to0$ 时,将三角函数、反三角函数与幂函数之间建立了转换关系.

例 1　计算极限 $\lim\limits_{x\to0}\dfrac{\tan x}{x}$.

解　当 $x\to0$ 时,$\dfrac{\sin x}{x}\to1,\cos x\to1$,于是

$$\text{原极限}=\lim_{x\to0}\frac{\sin x}{x\cos x}=\lim_{x\to0}\frac{\sin x}{x}\cdot\frac{1}{\lim\limits_{x\to0}\cos x}=1.$$

例 2　计算极限 $\lim\limits_{x\to0}\dfrac{1-\cos x}{x^{2}}$.

解　记 $u=\dfrac{1}{2}x$,当 $x\to0$ 时,$u\to0$,于是

$$原极限=\lim_{x\to 0}\frac{2\sin^2\frac{x}{2}}{x^2}=\frac{1}{2}\lim_{u\to 0}\left(\frac{\sin u}{u}\right)^2=\frac{1}{2}.$$

例3 计算极限$\lim\limits_{x\to 0}\dfrac{\arcsin x}{x}$.

解 设$u=\arcsin x$,则$x=\sin u$且当$x\to 0$时,$u\to 0$,于是

$$原极限=\lim_{u\to 0}\frac{u}{\sin u}=1.$$

2. $\lim\limits_{x\to\infty}\left(1+\dfrac{1}{x}\right)^x$

证 (只证明$n\to\infty$时$x_n=\left(1+\dfrac{1}{n}\right)^n$的极限的存在性.)

单调性的证明. 由二项式定理,对$\{x_n\}$的一般项有如下展开式:

$$\begin{aligned}
x_n&=\left(1+\frac{1}{n}\right)^n=1+n\cdot\frac{1}{n}+\frac{n(n-1)}{2!}\frac{1}{n^2}+\frac{1}{3!}\frac{n(n-1)(n-2)}{n^3}\cdots+\frac{1}{n!}\frac{n!}{n^n}\\
&=1+1+\frac{1}{2!}\left(1-\frac{1}{n}\right)+\frac{1}{3!}\left(1-\frac{1}{n}\right)\left(1-\frac{2}{n}\right)+\cdots+\frac{1}{n!}\left(1-\frac{1}{n}\right)\left(1-\frac{2}{n}\right)\cdots\left(1-\frac{n-1}{n}\right),\\
x_{n+1}&=1+1+\frac{1}{2!}\left(1-\frac{1}{n+1}\right)+\frac{1}{3!}\left(1-\frac{1}{n+1}\right)\left(1-\frac{2}{n+1}\right)+\cdots\\
&\quad+\frac{1}{n!}\left(1-\frac{1}{n+1}\right)\left(1-\frac{2}{n+1}\right)\cdots\left(1-\frac{n-1}{n+1}\right)+\frac{1}{(n+1)!}\left(1-\frac{1}{n+1}\right)\cdots\left(1-\frac{n}{1+n}\right).
\end{aligned}$$

对应项比较,有$x_n<x_{n+1}$,$n=1,2,\cdots$,从而知x_n单调增加.

有界性的证明. 由

$$x_n\leqslant 1+1+\frac{1}{2!}+\frac{1}{3!}+\cdots+\frac{1}{n!}\leqslant 2+\frac{1}{2}+\frac{1}{2^2}+\cdots\frac{1}{2^n}\leqslant 3$$

知x_n有上界.

因此,单调增加有上界,由准则2,$n\to\infty$时,x_n的极限存在,即$\lim\limits_{n\to\infty}\left(1+\dfrac{1}{n}\right)^n$收敛,并记极限值为e.

e与π类似,是一个无理数,大小为2.718 28$\cdots$.重要极限$\lim\limits_{n\to\infty}\left(1+\dfrac{1}{n}\right)^n$是解决许多物理学、生物学、社会学和经济学等方面的问题的重要手段,在对人口增长、放射性衰变等自然过程所遵从的定量规律作推导时,都会遇到以e为底的指数函数.

例4(连续复利问题) 在资金运作时,同一笔资金,由于利率问题,在不同时期含有的价值是不相同的.现在将数量为A_0的一笔资金按定期存款的方式存入银行,A_0称为本金.

若设定期为一年,年利率为r,于是一年期满后,生成的利息为rA_0,并转为本金,即在第二年存期开始时将以本金$A_1=A_0(1+r)$存入,这就是复利问题.依此类推,t年末本金数累计为$A_t=A_0(1+r)^t$.

若改定期为一个月,即按月复利,则月利率为$\dfrac{r}{12}$,一年要复利12次,则t年共复利$12t$

次,于是 t 年末本金累计为 $A_t = A_0 \left(1 + \dfrac{r}{12}\right)^{12t}$.

一般的,若每年要复利 m 次,相应利率为 $\dfrac{r}{m}$,第 t 年本金累计为 $A_t = A_0 \left(1 + \dfrac{r}{m}\right)^{12m}$.

特别的,若令 $m \to +\infty$,此时复利的间隙时间趋于零,称为**连续复利**. 在连续复利下第 t 年的本金累计为

$$A_t = \lim_{m \to +\infty} A_0 \left(1 + \frac{r}{m}\right)^{mt} \xupequal{u = \frac{r}{m}} \lim_{u \to 0^+} A_0 \left[(1+u)^{\frac{1}{u}}\right]^{rt} = A_0 e^{rt}.$$

$n \to \infty$ 时 $x_n = \left(1 + \dfrac{1}{n}\right)^n$ 的极限,可以推至 $x \to \infty$ 时函数 $f(x) = \left(1 + \dfrac{1}{x}\right)^x$ 的极限情况,即有

$$\lim_{x \to \infty} \left(1 + \frac{1}{x}\right)^x = \lim_{x \to -\infty} \left(1 + \frac{1}{x}\right)^x = \lim_{x \to +\infty} \left(1 + \frac{1}{x}\right)^x = e \ \text{或} \lim_{x \to 0}(1+x)^{\frac{1}{x}} = e.$$

例 5 计算极限 $\lim\limits_{x \to \infty}\left(1 + \dfrac{k}{x}\right)^x$($k$ 为非零常数).

解 设 $u = \dfrac{k}{x}$,则 $x = \dfrac{k}{u}$,且 $x \to \infty$ 时,$u \to 0$,于是

$$\text{原极限} = \lim_{u \to 0}(1+u)^{\frac{k}{u}} = \lim_{u \to 0}\left[(1+u)^{\frac{1}{u}}\right]^k = e^k,$$

类似地,也有 $\lim\limits_{x \to 0}(1+kx)^{\frac{1}{x}} = e^k$.

重要极限 $\lim\limits_{x \to \infty}\left(1 + \dfrac{1}{x}\right)^x = e$ 或 $\lim\limits_{x \to 0}(1+x)^{\frac{1}{x}} = e$ 的一个重要意义是提供了当 $x \to 0$ 时,指数函数、对数函数与 x 之间的转换关系.

例 6 计算极限 $\lim\limits_{x \to 0}\dfrac{\ln(1+kx)}{x}$($k$ 为非零常数).

解 设 $u = (1+kx)^{\frac{1}{x}}$,当 $x \to 0$ 时,$u \to e^k$,于是有

$$\text{原极限} = \lim_{x \to 0}\ln(1+kx)^{\frac{1}{x}} = \lim_{u \to e^k}\ln u = \ln e^k = k.$$

例 7 计算极限 $\lim\limits_{x \to 0}\dfrac{e^x - 1}{x}$.

解 设 $u = e^x - 1$,$x = \ln(1+u)$,当 $x \to 0$ 时,$u \to 0$,于是有

$$\text{原极限} = \lim_{u \to 0}\frac{u}{\ln(1+u)} = \frac{1}{\lim\limits_{u \to 0}\dfrac{\ln(1+u)}{u}} = \frac{1}{1} = 1.$$

一般的,有 $\lim\limits_{x \to 0}\dfrac{e^{kx} - 1}{x} = k$.

§2.4 函数的连续性

在自然界和日常生活中,经常用连续性来描述事物变化的一种状态,尤其是物理现象的

演变通常是连续的. 因此, 微积分研究的对象也主要是连续函数或分段区间上的连续函数. 本节将给出连续性的数学含义, 并讨论连续函数的一般性质.

一、函数连续性的概念

数学中的连续性是从函数的一个定点的连续性来定义的.

我们考虑函数 $f(x)=x^2$ 在点 $x_0=1$ 处的连续性问题. 从动点移动过程来看, 如图 2—9 所示, 当动点 x 从左右两侧趋向定点 $x_0=1$ 时, 函数 $f(x)=x^2$ 均趋于常数 1, 即有 $\lim\limits_{x\to 1}f(x)=1$, 整个过程与函数 $f(x)=x^2$ 在该点处是否有定义或如何取值无关. 但要求在点 $x_0=1$ 处将 $f(x)=x^2$ 的左右两侧曲线 "连接" 起来, $f(x)$ 在该点必须有定义, 而且定义的函数取值必须等于 $f(1)$, 即当 $\lim\limits_{x\to 1}f(x)=f(1)$ 时, $f(x)$ 在点 $x=1$ 处连续. 借此, 我们可推出关于函数连续的一般概念.

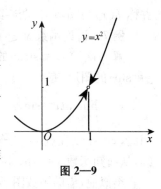

图 2—9

定义 2.5 设函数 $f(x)$ 在点 x_0 处的某个邻域有定义, 若 $\lim\limits_{x\to x_0}f(x)=f(x_0)$, 则称 $f(x)$ 在点 x_0 处**连续**, x_0 称为**连续点**; 否则称 $f(x)$ 在点 x_0 处不连续 (**间断**), x_0 称为**间断点**.

由定义 2.5, 函数 $f(x)$ 在点 x_0 处连续, 必须同时具备下面三个条件:

(1) $f(x)$ 在点 x_0 处有定义;

(2) $f(x)$ 在点 x_0 处的极限存在;

(3) 在点 x_0 处极限值等于函数值.

利用函数极限与无穷小量的关系, 若记 $\Delta x=x-x_0$, $\Delta y=f(x)-f(x_0)$, 分别表示自变量 x 与因变量 y 在点 x_0 处的**改变量**, 则 $\lim\limits_{x\to x_0}f(x)=f(x_0)$ 等价于 $\lim\limits_{\Delta x\to 0}\Delta y=0$, 因此, 函数 $f(x)$ 在点 x_0 处的连续性可描述为: 若函数 $f(x)$ 在点 x_0 附近邻域自变量变化微小时, 函数值的变化也微小 (即若 $\Delta x\to 0$ 时, 也必有 $\Delta y\to 0$), 则函数 $f(x)$ 在点 x_0 处连续.

例 1 证明函数

$$f(x)=\begin{cases}\ln x, & x>1\\ 0, & x=1\\ x^2-1, & x<1\end{cases}$$

在点 $x=1$ 处连续.

证 在点 $x=1$ 处, 自变量的改变量为 $\Delta x=x-1$ 时, 函数的改变量为

$$\Delta y=f(1+\Delta x)-f(1),$$

当 $\Delta x<0$ 时,

$$\Delta y=(1+\Delta x)^2-1-0=2\Delta x+(\Delta x)^2, \lim\limits_{\Delta x\to 0^-}\Delta y=0.$$

当 $\Delta x>0$ 时,

$$\Delta y=\ln(1+\Delta x)-0=\ln(1+\Delta x), \lim\limits_{\Delta x\to 0^+}\Delta y=0.$$

所以 $\lim\limits_{\Delta x \to 0} \Delta y = 0$，因此，函数 $f(x)$ 在点 $x = 1$ 处连续.

在定义函数点连续的基础上，可进一步定义函数在区间内的连续性.

定义 2.6 若函数 $f(x)$ 在区间 (a, b) 内点连续，则称 $f(x)$ 在 (a, b) 内连续，并称 $f(x)$ 为 (a, b) 内的**连续函数**. 若同时有 $\lim\limits_{x \to a^+} f(x) = f(a)$，$\lim\limits_{x \to b^-} f(x) = f(b)$，则称 $f(x)$ 在 $[a, b]$ 上连续，并称 $f(x)$ 为 $[a, b]$ 上的**连续函数**. 其中 $f(x)$ 分别在点 a 处**右连续**，在点 b 处**左连续**.

例 2 讨论函数 $y = \sin x$ 在其定义域内的连续性.

解 函数 $y = \sin x$ 的定义域为 $(-\infty, +\infty)$，任取 $x_0 \in (-\infty, +\infty)$，借助于函数 $y = \sin x$ 的图形，有

$$\lim\limits_{x \to x_0} \sin x = \sin x_0.$$

因此，$y = \sin x$ 在点 x_0 处连续，由于 x_0 的任意性，知函数 $y = \sin x$ 在其定义域内任意一点连续，从而知函数 $y = \sin x$ 在定义域内.

类似地，借助函数图形可知，基本初等函数在其定义域内连续.

二、连续函数的性质

由于函数的连续性是通过函数在定点处的极限定义的，因而通过极限运算的性质可以得到函数连续性的相关性质.

定理 2.4 设 $f(x)$，$g(x)$ 均在点 x_0 处连续，则函数

$$c\, f(x)\,(c\ 为常数),\quad f(x) \pm g(x),\quad f(x)g(x),\quad \frac{f(x)}{g(x)}\,(g(x) \neq 0)$$

在点 x_0 处连续.

由定理 2.4 容易得到下面结论.

推论 连续函数经过有限次四则运算而得到的函数在其定义区间内连续.

例 3 已知基本初等函数 $y = \sqrt[3]{x}$，$y = \arcsin x$ 在其定义域内连续，则由定理 2.4 的推论，函数 $y = \dfrac{\arcsin x}{\sqrt[3]{x}}$ 在定义区间 $[-1, 0) \bigcup (0, 1]$ 内连续.

函数 $y = \sqrt[3]{x} \cdot \arcsin x$ 在定义区间 $[-1, 1]$ 上连续.

定理 2.5 设 $u = g(x)$ 在点 x_0 处连续，且 $y = f(u)$ 在 $u_0 = g(x_0)$ 处连续，则复合函数 $y = f[g(x)]$ 在点 x_0 处连续.

由定理 2.5 容易得到下述结论.

推论 连续函数经过有限次复合而得到的函数在其定义区间内连续.

例 4 已知函数 $y = \sin x$，$y = \ln x$，$y = x + 1$ 在其定义域内连续，则由定理 2.5 的推论，函数 $y = \sin[\ln(x+1)]$ 在定义区间 $(-1, +\infty)$ 内连续.

函数 $y = \ln(\sin x + 1)$ 在定义区间 $\left(2k\pi - \dfrac{\pi}{2}, 2k\pi + \dfrac{3\pi}{2}\right)\,(k \in \mathbf{Z})$ 内连续.

由于初等函数是由基本初等函数经过有限次四则运算或有限次复合生成的函数，综合上面的讨论及其结论可以确定：初等函数在其定义区间内连续.

根据初等函数在其定义区间内的连续性，可以求解如下函数的连续性.

例 5　求函数 $y=\dfrac{\ln(1-x^2)}{x(1-2x)}$ 的连续区间.

解　由于 $y=\dfrac{\ln(1-x^2)}{x(1-2x)}$ 为初等函数,其连续区间即为该函数的定义域.由

$$\begin{cases} 1-x^2>0 \\ x(1-2x)\neq 0 \end{cases}, \quad 即 \begin{cases} -1<x<1 \\ x\neq 0, x\neq \dfrac{1}{2} \end{cases}.$$

知 $f(x)$ 的**连续区间**为 $(-1,0)\cup\left(0,\dfrac{1}{2}\right)\cup\left(\dfrac{1}{2},1\right)$.

例 6　求函数 $y=\begin{cases} \dfrac{e^x-1}{x}, & x<0 \\ 1, & x=0 \\ \dfrac{\ln(1+x)}{x}, & x>0 \end{cases}$ 的连续区间.

解　由于所给分段函数 $f(x)$ 的函数关系不能用一个解析式表达,故不是初等函数,其连续区间未必为定义区间,因此,对分段区间和分段点的连续性应分别讨论.容易看到,在其各自的分段区间内,对应的是初等函数,而且均有意义,因此,各分段区间为连续区间.关键考虑分段点的连续性.由 2.3 节例 6 和例 7 的结果,有

$$\lim_{x\to 0^-}f(x)=\lim_{x\to 0^-}\frac{e^x-1}{x}=1,$$
$$\lim_{x\to 0^+}f(x)=\lim_{x\to 0^+}\frac{\ln(1+x)}{x}=1,$$
$$f(0)=1,$$

即有

$$\lim_{x\to 0}f(x)=f(0)=1,$$

知 $x=0$ 为连续点,从而知函数 $f(x)$ **的连续区间**为 $(-\infty,+\infty)$.

利用初等函数在其定义区间上的连续性,可以大大简化初等函数在其定义点的极限.

例 7　计算极限 $\lim\limits_{x\to 0}e^{(\cos x+1)^2}$.

解　由于 $f(x)=e^{(\cos x+1)^2}$ 为初等函数,且在点 $x=0$ 的邻域内有定义,因此,$x=0$ 为 $f(x)$ 的连续点,因此,

$$原极限 = f(0)=e^{(\cos 0+1)^2}=e^4.$$

例 8　设函数 $f(x)=\begin{cases} \dfrac{\sin x}{x^2-1}, & x>1 \\ e^{\ln(2-x)}, & x\leqslant 1 \end{cases}$,计算极限 $\lim\limits_{x\to 0}f(x),\lim\limits_{x\to 2}f(x)$.

解　由于所给分段函数 $f(x)$ 的函数关系不能用一个解析式表达,不是初等函数,但极限反映的只是求极限点附近邻域的函数性质.极限点 $x=0,x=2$ 的邻域所在的定义分区间对应的函数均为初等函数,因此仍可用初等函数的连续性求极限,于是,

$$\lim_{x\to 0}f(x)=\lim_{x\to 0}e^{\ln(2-x)}=e^{\ln(2-0)}=2.$$

$$\lim_{x \to 2} f(x) = \lim_{x \to 2} \frac{\sin x}{x^2 - 1} = \frac{\sin 2}{2^2 - 1} = \frac{1}{3}\sin 2.$$

三、闭区间上的连续函数的性质

函数连续性是反映函数性质的一个重要概念,尤其是函数在闭区间上的连续性.下面介绍几个判断函数性质时非常实用的定理.

定理 2.6(最值存在性定理) 闭区间上的连续函数必能取到最大、最小值.

定理 2.6 表明,若函数 $f(x)$ 在闭区间 $[a,b]$ 上连续,则在 $[a,b]$ 上至少存在 ξ_1,ξ_2,使得 $f(\xi_1)$ 和 $f(\xi_2)$ 分别为最大值和最小值,即对任意的 $x \in [a,b]$,总有

$$f(\xi_2) \leqslant f(x) \leqslant f(\xi_1),$$

如图 2—10 所示,在连接两点 P_1 和 P_2 的连续曲线上至少有一点位置最高,至少也有一点位置最低.因此,$f(x)$ 必取到最大、最小值.

注意,定理中闭区间连续是确保结论成立的不可缺少的条件,否则结论未必成立,如函数 $f(x) = x^3$ 仅在开区间 $(-1,1)$ 连续,就不存在最大、最小值,又如函数

$$f(x) = \begin{cases} \sqrt{x}, & 0 < x < 2 \\ 1, & x = 0 \ \text{或} \ 2 \end{cases},$$

在开区间 $(0,2)$ 连续,在端点 $x = 0$ 和 2 处不连续,如图 2—11 所示,$f(x)$ 不存在最大、最小值.

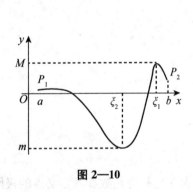

图 2—10

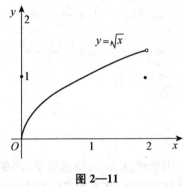

图 2—11

定理 2.7(介值定理) 若 $f(x)$ 在 $[a,b]$ 上连续,且 m,M 分别为 $f(x)$ 在 $[a,b]$ 上的最小、最大值,则对任意的 $c \in [m,M]$,必存在 $x_0 \in [a,b]$,使得 $f(x_0) = c$.

介值定理的几何意义如图 2—12 所示,设 $y = f(x)$ 是连接两点 P_1 和 P_2 的连续曲线,则在函数 $f(x)$ 的最小值 m 到最大值 M 之间,任取一点 c,作平行于 x 轴的直线 $y = c$,该直线与曲线 $y = f(x)$ 至少有一个交点 P,该点纵坐标即为 $[a,b]$ 上某点 x_0 的函数值.

特别的,若函数 $f(x)$ 在闭区间 $[a,b]$ 上连续,且 $f(a)$ 与 $f(b)$ 异号,则至少存在一点 $c \in (a,b)$,使得

$$f(c) = 0.$$

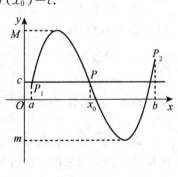

图 2—12

这个结论称为**零值定理**.

零值定理在方程有解的讨论中有重要应用.

例9 证明方程 $x^3-3x=1$ 在 1 与 2 之间至少有一个根.

证 设函数 $f(x)=x^3-3x-1$,显然 $f(x)$ 在区间 $[1,2]$ 是连续的,由于

$$f(1)=1^3-3\times1-1=-3<0,$$
$$f(2)=2^3-3\times2-1=1>0,$$

从而有 $f(1)\cdot f(2)<0$,由零值定理,在 $[1,2]$ 内至少有一点 c,使得 $f(c)=0$,即方程 $x^3-3x=1$ 在 1 与 2 之间至少有一个根.

习题二

1.写出下列数列的通项,用观察法判断是否收敛,若收敛用极限形式写出结果.

(1) $\left\{-\dfrac{1}{4},\dfrac{2}{9},-\dfrac{3}{16},\dfrac{4}{25},\cdots\right\}$;

(2) $\{2,7,12,17,\cdots\}$;

(3) $\left\{1,-\dfrac{2}{3},\dfrac{4}{9},-\dfrac{8}{27},\cdots\right\}$;

(4) $\left\{0,\dfrac{\ln2}{\ln4},\dfrac{\ln3}{\ln6},\dfrac{\ln4}{\ln8},\cdots\right\}$;

(5) $\left\{\dfrac{\cos^2 1}{2},\dfrac{\cos^2 2}{4},\dfrac{\cos^2 3}{8},\cdots\right\}$;

(6) $\left\{\dfrac{e-e^{-1}}{e^2-1},\dfrac{e^2-e^{-2}}{e^4-1},\dfrac{e^3-e^{-3}}{e^9-1},\cdots\right\}$.

2.求下列数列的极限.

(1) $\{\sqrt[n]{a}\}$(a 为正常数);

(2) $\left\{\dfrac{\sin n}{\sqrt{n}}\right\}$;

(3) $\left\{\dfrac{(-1)^n n^3}{n^4+3n-3}\right\}$;

(4) $\{\sqrt{n^2-n}-n\}$.

3.判断下列结论是否正确.

(1) $\lim\limits_{n\to\infty}x_n=\lim\limits_{n\to\infty}x_{n+k}$,$k$ 为正整数.

(2)若 $\lim\limits_{n\to\infty}x_n=A$,则有 $\lim\limits_{n\to\infty}x_{3n}=A$.

(3) $\lim\limits_{n\to\infty}\left(1+\dfrac{1}{2^n}\right)^{2^n}=e$.

(4)有界数列必有极限.

4.利用直观图形求下列极限.

(1) $\lim\limits_{x\to\infty}\left(2+\dfrac{1}{x}\right)$;

(2) $\lim\limits_{x\to+\infty}\text{arccot}x$;

(3) $\lim\limits_{x\to-1}\ln(x+2)$;

(4) $\lim\limits_{x\to\frac{\pi}{2}}\tan x$;

(5) $\lim\limits_{x\to-1}2e^{x+1}$;

(6) $\lim\limits_{x\to-1}(x^3-3x^2+5)$;

(7) $\lim\limits_{x\to\frac{\pi}{2}}\sin x$;

(8) $\lim\limits_{x\to-\infty}\arctan(x^2)$;

(9) $\lim\limits_{x\to1}\dfrac{1}{x+1}$;

(10) $\lim\limits_{x\to-\infty}e^x$.

5.设函数 $f(x)=\begin{cases}3x+1, & x<0 \\ x^3-1, & x>0\end{cases}$,讨论 $f(x)$ 在点 $x=0$ 处左、右极限是否存在. 如果存

在,求左、右极限值,并说明函数在该点处极限是否存在.

6. 证明极限 $\lim\limits_{x \to 0} \dfrac{|x|}{x}$ 不存在.

7. 分别指出下列函数在什么变化过程中是无穷大量,在什么变化过程中是无穷小量.

(1) $f(x) = \dfrac{1}{x-2}$;　　　　　　　　　　(2) $f(x) = e^{-\frac{1}{x}}$.

8. 指出当 $x \to 0$ 时,下列变量哪些是无穷小量? 在无穷小量中哪几个是同阶无穷小量? 哪一个无穷小量最高阶? 哪一个无穷小量最低阶?

$$\sqrt[5]{x}, 100\sqrt[3]{x}, 2^{\frac{1}{x}}, x^3 + 2x, x^2, e^x.$$

9. 试判断下列结论是否正确.

(1) 无穷小量是零.

(2) 零是最高阶的无穷小量.

(3) 无穷小量的倒数必为无穷大量.

(4) 无界函数是无穷大量.

(5) 无穷大量在其定义域内必为无界函数.

(6) 无穷大量之和一定是无穷大量.

10. 利用运算法则求下列极限.

(1) $\lim\limits_{n \to \infty} \dfrac{2n+1}{\sqrt{n^2+n}}$;　　　　　　　(2) $\lim\limits_{n \to \infty} (\sqrt{n-1} - \sqrt{n})$;

(3) $\lim\limits_{n \to \infty} e^{\frac{1}{n}} \arctan n$;　　　　　　(4) $\lim\limits_{n \to \infty} \left(1 + \dfrac{1}{3} + \dfrac{1}{9} + \cdots + \dfrac{1}{3^n}\right)$;

(5) $\lim\limits_{x \to 2} (x^3 - 5x)$;　　　　　　　(6) $\lim\limits_{x \to 5} \left(2 - \dfrac{3}{4-x}\right)$;

(7) $\lim\limits_{x \to -8} \dfrac{2\sqrt[3]{x^2}+1}{1-x}$;　　　　　　(8) $\lim\limits_{x \to 2} \dfrac{\sin x}{x-1}$;

(9) $\lim\limits_{x \to 1} \dfrac{x^2-1}{2x^2-3x+1}$;　　　　　(10) $\lim\limits_{x \to 2} \dfrac{x-2}{\sqrt{x}-\sqrt{2}}$;

(11) $\lim\limits_{x \to 1} \dfrac{x^2-3x+2}{x^2-2x+1}$;　　　　(12) $\lim\limits_{x \to -2} \dfrac{x+2}{x^3+8}$;

(13) $\lim\limits_{x \to 0} \dfrac{(x+a)^2-a^2}{x}$;　　　　(14) $\lim\limits_{x \to 1} \dfrac{\sqrt{3x+1}-2}{\sqrt{x-1}}$;

(15) $\lim\limits_{x \to +\infty} \dfrac{2\sqrt[3]{x^2}+1}{x+\sqrt{x}}$;　　　　(16) $\lim\limits_{x \to \infty} \dfrac{(x-2)^{10}(2x+3)^5}{(3x+6)^{15}}$;

(17) $\lim\limits_{x \to \infty} \dfrac{x^2-1}{2x^2-3x+1}$;　　　　(18) $\lim\limits_{x \to \infty} \dfrac{x^2+10x+9}{x^3-4x+7}$.

11. 利用夹逼定理求下列极限.

(1) $\lim\limits_{x \to \infty} \dfrac{1}{x} \sin x$;　　　　　　(2) $\lim\limits_{x \to \infty} \dfrac{1}{x} \arctan x$.

12. 求下列极限.

(1) $\lim\limits_{x \to 0} \dfrac{\sin nx}{\tan mx}, mn \neq 0$;　　　　(2) $\lim\limits_{x \to 0} \dfrac{x \sin x}{1-\cos x}$;

(3) $\lim\limits_{x\to 0}\dfrac{x-\sin x}{x+\sin x}$; (4) $\lim\limits_{x\to 0}\dfrac{2\arcsin x}{\sin 2x}$;

(5) $\lim\limits_{x\to 0}\dfrac{\arctan 2x}{x+\tan x}$; (6) $\lim\limits_{x\to\infty}x\sin\dfrac{1}{x}$;

(7) $\lim\limits_{x\to +\infty}\sqrt{x}\sin\dfrac{1}{x}$; (8) $\lim\limits_{x\to 0}\dfrac{\tan x-\sin x}{x^3}$.

13. 求下列极限.

(1) $\lim\limits_{x\to\infty}\left(\dfrac{x+1}{x-1}\right)^{2x}$; (2) $\lim\limits_{x\to\infty}\left(1-\dfrac{2}{x}\right)^{x-2}$;

(3) $\lim\limits_{x\to\infty}\left(1+\dfrac{2}{x}\right)^{2x}$; (4) $\lim\limits_{x\to 0}\dfrac{\ln(1+2x)}{x}$;

(5) $\lim\limits_{x\to 0}\dfrac{1-\mathrm{e}^{-x}}{x}$; (6) $\lim\limits_{x\to 0}\dfrac{\mathrm{e}^{\sin x}-1}{2x}$;

(7) $\lim\limits_{x\to 0}\dfrac{\ln(1+\sin x)}{\tan x}$; (8) $\lim\limits_{n\to\infty}n\left[\ln(1+n)-\ln n\right]$.

14. 某人借债 a 万元,按连续复利计算,年利率为 5‰,问至少经过多少年债务翻了一番?

15. 讨论下列函数在点 $x=0$ 处的连续性.

(1) $y=\dfrac{1}{\cos x}$; (2) $y=\dfrac{\sin x}{x}$;

(3) $y=\begin{cases}2^x, & x\leqslant 0\\ x^2+1, & x>0\end{cases}$; (4) $y=\begin{cases}\ln(x^2+1), & x\neq 0\\ 1, & x=0\end{cases}$.

16. 求下列函数的连续区间.

(1) $y=\dfrac{x+1}{x^2+x}$; (2) $y=\sqrt{1-x}$;

(3) $y=\dfrac{\sin x}{x}$; (4) $y=2^{1-x}$;

(5) $y=\arctan(x+2)$; (6) $y=|x-1|$;

(7) $y=\dfrac{\sqrt[3]{x}-1}{x-1}$; (8) $y=x\cos\dfrac{1}{x}$;

(9) $y=\begin{cases}\dfrac{1}{\ln x}, & x>0\\ \mathrm{e}^{2x}-1, & x\leqslant 0\end{cases}$; (10) $y=\begin{cases}\ln x, & x<1\\ 0, & x=1.\\ x-1, & x>1\end{cases}$

17. 利用函数的连续性求下列极限.

(1) $\lim\limits_{x\to 1}\dfrac{x^3}{x^2+3x}$; (2) $\lim\limits_{x\to 0}\left(1-\dfrac{x}{\cos x^2}\right)$;

(3) $\lim\limits_{x\to 0}\ln(\sqrt{x+1}-x)$; (4) $\lim\limits_{x\to\pi}\mathrm{e}^{\sin\frac{x}{2}}$;

(5) $\lim\limits_{x\to\frac{\pi}{2}}\dfrac{\ln(\sin x)}{\pi-x}$; (6) $\lim\limits_{x\to 0}\dfrac{2\mathrm{e}^x-\mathrm{e}^{-x}}{\mathrm{e}^x+2\mathrm{e}^{-x}}$.

18. 判断下列结论是否正确.

(1) 如果 $f(x)$ 在其定义域内连续,则 $y=f(x)$ 是首尾连通的曲线.

(2) 如果 $f(x)$ 为连续函数,则 $f^2(x)$ 也必为连续函数.

(3)如果 $f(x)$ 为连续函数,则 $\sqrt{f(x)}$ 也必为连续函数.

(4)如果 $f(x)$ 为连续函数,则 $\sin[f(x)]$ 也必为连续函数.

19. 证明方程 $x^3-3x=1$ 在 $(1,2)$ 内至少有一个实根.

20. 证明方程 $e^x=3x$ 有 2 个不等实根,并分别位于区间 $(0,1)$ 和 $(1,2)$ 内.

第三章

一元函数微分学

导数与微分及其应用是微分学的基本内容. 本章主要介绍导数与微分的这两个基本概念，以及它们的计算公式、运算法则和应用实例.

§3.1 导数的概念

一、变速直线运动的速度，平面曲线的切线

变量变化的速度在现实中是经常要提到的一个首要问题，如汽车运动的速度、人口增长的速度、国民经济发展的速度等. 对于速度问题，我们通常也会有一个直观的认识，但如何给出一个确切的定义和有效的计算方法，并不十分明确. 解决这类问题正是微分学的任务. 下面我们先来用极限的方法，解决两个实际问题.

1. 变速直线运动的速度

伽利略通过实验确定了自由落体运动中路程与时间 t 的函数关系为 $S(t)=\dfrac{1}{2}gt^2$，g 为常数，求在时刻 t 落体运动的瞬时速度.

关于速度问题，初等数学中有如下计算公式：

$$v=\frac{s}{t},$$

但仅适用于匀速运动，在初等数学范围内难以解决这类变速运动的瞬时速度问题.

微积分提出的解决方法是：第一步，利用初等数学的方法先求近似值，即对应时刻 t 的增量 Δt，求得路程增量

$$\Delta S = S(t+\Delta t) - S(t) = \frac{1}{2}g(t+\Delta t)^2 - \frac{1}{2}gt^2 = gt\Delta t + \frac{1}{2}g(\Delta t)^2,$$

从而得到在时间间隔$[t,t+\Delta t]$内自由落体的平均速度，即时刻t的瞬时速度的近似值

$$\bar{v}=\frac{\Delta s}{\Delta t}=gt+\frac{1}{2}g\Delta t.$$

第二步，对近似值进行处理. 当$\Delta t\neq 0$时，$\bar{v}$仅为近似值，且与Δt相关. 随着间隔Δt越来越小，$\bar{v}$与t时刻的瞬时速度$v(t)$也越来越接近，其精确度越来越高. 特别的，当Δt任意趋于零时，近似值$\bar{v}$将无限趋于常量gt，于是，最终量变引起质变，速度的近似值$\bar{v}$变为精确值$v(t)$，即得瞬时速度$v(t)=\lim\limits_{\Delta t\to 0}\bar{v}=gt$.

2. 曲线上某点处的切线

已知曲线方程$y=f(x)=\frac{1}{2}x^2$，求过曲线$y=f(x)$上的点$P_0\left(1,\frac{1}{2}\right)$的切线的斜率.

求过一般曲线的点的切线方程，同样是初等数学难以解决的问题.

微积分提出的解决方法是：利用初等数学的方法先求过点$P_0\left(1,\frac{1}{2}\right)$的割线的斜率. 如图$3-1$所示，在曲线$y=f(x)$上取动点$P\left(1+\Delta x,\frac{1}{2}+\Delta y\right)$，对应的割线$P_0P$的斜率为

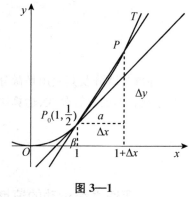

$$k_{P_0P}=\tan\beta=\frac{\Delta y}{\Delta x}=\frac{f(1+\Delta x)-f(1)}{\Delta x}$$

$$=\frac{\frac{1}{2}(1+\Delta x)^2-\frac{1}{2}}{\Delta x}=1+\frac{1}{2}\Delta x,$$

图$3-1$

然后，令$\Delta x\to 0$，考察割线斜率的变化趋势. 显然，此时P点沿曲线$y=f(x)$趋向于P_0，割线P_0P也无限接近切线T，并最终趋向于切线T. 因此，切线T的斜率就是割线的斜率当$\Delta x\to 0$时的极限，即

$$k=\tan\alpha=\lim\limits_{\Delta x\to 0}\frac{\Delta y}{\Delta x}=\lim\limits_{\Delta x\to 0}\left(1+\frac{1}{2}\Delta x\right)=1.$$

在函数方程已知的情况下，以上解题的过程一般都可以用来处理变速直线运动的瞬时速度和曲线过已知点的切线斜率的计算问题. 如果抽去各个问题的实际背景，得到的是一个共同的数学模式，即最终归结于计算函数改变量与自变量改变量的差商$\frac{\Delta y}{\Delta x}$的极限，这就是导数概念. 微积分发展初期，牛顿和数学家莱布尼茨也正是在分别研究物理运动的瞬时速度和曲线过已知点的切线方程的基础上建立了导数的概念和微分学.

二、导数的概念

定义 3.1 设函数$y=f(x)$在点x_0的某邻域有定义，对于该邻域内任意给定的x的微小改变量$\Delta x(\neq 0)$，有函数值改变量$\Delta y=f(x_0+\Delta x)-f(x_0)$，如果极限

$$\lim\limits_{\Delta x\to 0}\frac{\Delta y}{\Delta x}=\lim\limits_{x\to 0^+}\frac{f(x_0+\Delta x)-f(x_0)}{\Delta x}$$

存在,则称该极限值为函数 $f(x)$ 在点 x_0 处的**导数**,记作 $y'|_{x=x_0}$ 或 $f'(x_0)$ 或 $\dfrac{\mathrm{d}y}{\mathrm{d}x}\Big|_{x=x_0}$ 或 $\dfrac{\mathrm{d}f(x)}{\mathrm{d}x}\Big|_{x=x_0}$,即

$$f'(x_0)=\lim_{x\to 0^+}\frac{f(x_0+\Delta x)-f(x_0)}{\Delta x},$$

并称函数 $f(x)$ 在点 x_0 处**可导**.

如果令 $x=x_0+\Delta x$,则 $\Delta x\to 0$ 时,$x\to x_0$,因此导数的定义式也可写作

$$f'(x_0)=\lim_{x\to x_0}\frac{f(x)-f(x_0)}{x-x_0}.$$

导数 $f'(x_0)$ 通常又称为函数 $f(x)$ 在点 x_0 处的**变化率**. 由定义,计算 $f'(x_0)$ 大致分三个步骤进行:

首先,对于函数的改变量 $\Delta x(\neq 0)$,计算出函数改变量 $\Delta y=f(x_0+\Delta x)-f(x_0)$.

然后,计算比值 $\dfrac{\Delta y}{\Delta x}$,该比值称为函数 $f(x)$ 在区间 $[x_0-\Delta x,x_0]$ 或 $[x_0,x_0+\Delta x]$ 的**平均变化率**.

最后,求极限得 $f'(x_0)=\lim\limits_{\Delta x\to 0}\dfrac{\Delta y}{\Delta x}=\lim\limits_{\Delta x\to 0}\dfrac{f(x_0+\Delta x)-f(x_0)}{\Delta x}$,$f'(x_0)$ 称为函数 $f(x)$ 在点 x_0 处的变化率.

例 1 求函数 $y=\sin x$ 在点 $x=x_0$ 处的导数.

解 对应于在 $x=x_0$ 的改变量 Δx,得函数改变量

$$\Delta y=\sin(x_0+\Delta x)-\sin x_0=2\sin\frac{\Delta x}{2}\cos\Big(x_0+\frac{\Delta x}{2}\Big),$$

作比值 $\dfrac{\Delta y}{\Delta x}=\dfrac{2}{\Delta x}\sin\dfrac{\Delta x}{2}\cos\Big(x_0+\dfrac{\Delta x}{2}\Big)$,

从而得 $(\sin x)'|_{x=x_0}=\lim\limits_{\Delta x\to 0}\dfrac{\Delta y}{\Delta x}=\lim\limits_{\Delta x\to 0}\dfrac{2}{\Delta x}\sin\dfrac{\Delta x}{2}\cos\Big(x_0+\dfrac{\Delta x}{2}\Big)=\cos x_0$.

当计算函数在某点的导数时还经常会遇到**单侧导数**的问题. 类似于函数左、右极限的概念,可以定义如下:

定义 3.2 设函数 $y=f(x)$ 在点 x_0 的某邻域有定义,若极限

$$\lim_{\Delta x\to 0^-}\frac{f(x_0+\Delta x)-f(x_0)}{\Delta x} \quad \text{或} \quad \lim_{x\to x_0^-}\frac{f(x)-f(x_0)}{x-x_0}$$

则称 $f(x)$ 在点 x_0 左可导,并称该极限值为 $f(x)$ 的**左导数**,记作 $f'_-(x_0)$. 若极限

$$\lim_{\Delta x\to 0^+}\frac{f(x_0+\Delta x)-f(x_0)}{\Delta x} \quad \text{或} \quad \lim_{x\to x_0^+}\frac{f(x)-f(x_0)}{x-x_0},$$

则称 $f(x)$ 在点 x_0 右可导,并称该极限值为 $f(x)$ 的**右导数**,记作 $f'_+(x_0)$.

函数 $f(x)$ 在点 x_0 处的左导数、右导数的几何直观含义分别表示曲线 $y=f(x)$ 在点 $(x_0,f(x_0))$ 处左切线和右切线的斜率. 容易证明下述定理.

定理 3.1　函数 $f(x)$ 在点 x_0 处可导的充分必要条件是 $f(x)$ 在点 x_0 处的左导数和右导数均存在,且 $f'_-(x_0)=f'_+(x_0)$.

例 2　设函数 $f(x)=\begin{cases} e^x, & x\geqslant 0 \\ x^2+1, & x<0 \end{cases}$,计算 $f'_+(x_0),f'_-(x_0)$,并讨论函数在点 $x=0$ 处的可导性.

解　对于点 $x=0$ 处的一个改变量 $\Delta x=x-0=x,f(0)=e^0=1$.

当 $x>0$ 时,差商 $\dfrac{\Delta y}{\Delta x}=\dfrac{e^{0+x}-1}{x}=\dfrac{e^x-1}{x}$,取极限得

$$f'_+(0)=\lim_{x\to 0^+}\frac{\Delta y}{\Delta x}=\lim_{x\to 0^+}\frac{e^x-1}{x}=1.$$

当 $x<0$ 时,差商 $\dfrac{\Delta y}{\Delta x}=\dfrac{(0+x)^2+1-1}{x}=x$,取极限得

$$f'_-(0)=\lim_{x\to 0^-}\frac{\Delta y}{\Delta x}=\lim_{x\to 0^+}x=0.$$

由于 $f'_+(0)\neq f'_-(0)$,故函数 $f(x)$ 在点 $x=0$ 处不可导.

如图 3—2 所示,函数 $f(x)$ 在点 $x=0$ 处的右切线与左切线形成交角,通常称这类不可导点为**角点**.

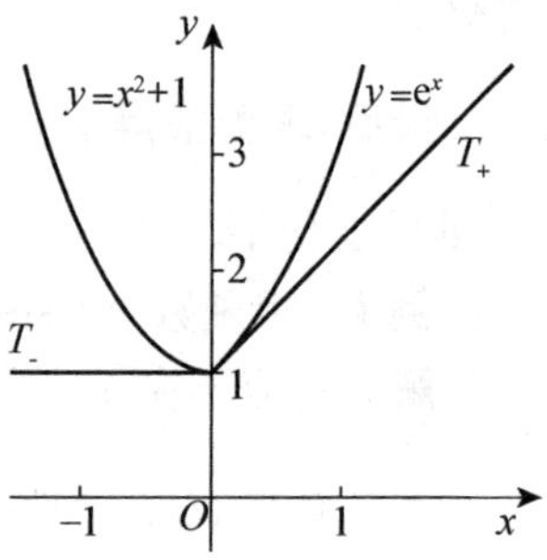

如果函数 $f(x)$ 在区间 (a,b) 内处处可导(或点点可导),则称 $f(x)$ 在 (a,b) 内可导,或称 $f(x)$ 为 (a,b) 内的**可导函数**. 于是,对于 (a,b) 内任意一点 x,必存在确定的导数值 $f'(x)$ 与之对应,按照函数概念,两者之间存在函数关系,这个函数关系称为函数 $f(x)$ 在 (a,b) 内的**导函数**,简称导数,记作

$$y' \text{ 或 } f'(x) \text{ 或 } \frac{dy}{dx} \text{ 或 } \frac{df(x)}{dx},$$

图 3—2

那么,$f(x)$ 在点 x_0 处的导数即为导函数 $f'(x)$ 在该点的函数值,即

$$f'(x_0)=f'(x)\big|_{x=x_0}.$$

导函数的计算也可直接由导数的定义式计算,即

$$f'(x)=\lim_{\Delta x\to 0}\frac{f(x+\Delta x)-f(x)}{\Delta x}.$$

例 3　设 $y=f(x)=\dfrac{1}{x}$,求 $f'(x)$.

解　$y'=f'(x)=\lim\limits_{\Delta x\to 0}\dfrac{\Delta y}{\Delta x}=\lim\limits_{\Delta x\to 0}\dfrac{\dfrac{1}{x+\Delta x}-\dfrac{1}{x}}{\Delta x}=-\lim\limits_{\Delta x\to 0}\dfrac{1}{x(x+\Delta x)}=-\dfrac{1}{x^2}$.

因此有

$$\left(\frac{1}{x}\right)'=-\frac{1}{x^2}, \quad x\in(-\infty,0)\bigcup(0,+\infty).$$

例 4 设 $y=f(x)=\sqrt{x}$ ，求 $f'(x)$.

解 $y'=f'(x)=\lim\limits_{\Delta x\to 0}\dfrac{\Delta y}{\Delta x}=\lim\limits_{\Delta x\to 0}\dfrac{\sqrt{x+\Delta x}-\sqrt{x}}{\Delta x}=\lim\limits_{\Delta x\to 0}\dfrac{x+\Delta x-x}{\Delta x(\sqrt{x+\Delta x}+\sqrt{x})}$

$$=\lim\limits_{\Delta x\to 0}\dfrac{1}{\sqrt{x+\Delta x}+\sqrt{x}}=\dfrac{1}{2\sqrt{x}}.$$

因此有

$$(\sqrt{x})'=\dfrac{1}{2\sqrt{x}}, \quad x\in(0,+\infty).$$

例 5 设 $y=f(x)=\mathrm{e}^x$，求 $f'(x),f'(0),f'(-1)$.

解 $y'=f'(x)=\lim\limits_{\Delta x\to 0}\dfrac{\Delta y}{\Delta x}=\lim\limits_{\Delta x\to 0}\dfrac{\mathrm{e}^{x+\Delta x}-\mathrm{e}^x}{\Delta x}=\mathrm{e}^x\lim\limits_{\Delta x\to 0}\dfrac{\mathrm{e}^{\Delta x}-1}{\Delta x}=\mathrm{e}^x,$

即 $(\mathrm{e}^x)'=\mathrm{e}^x, \quad x\in(-\infty,+\infty).$

因此，$f'(0)=\mathrm{e}^0=1,f'(-1)=\mathrm{e}^{-1}.$

三、导数与连续的关系

由导数概念，容易说明函数可导性与连续性的关系.

定理 3.2 若函数 $f(x)$ 在点 x_0 处可导，则必在点 x_0 处连续，反之不真.

证 由已知，$f(x)$ 在点 x_0 处可导，即有 $\lim\limits_{\Delta x\to 0}\dfrac{\Delta y}{\Delta x}=f'(x_0)$，于是

$$\lim\limits_{\Delta x\to 0}\Delta y=\lim\limits_{\Delta x\to 0}\dfrac{\Delta y}{\Delta x}\Delta x=\lim\limits_{\Delta x\to 0}\dfrac{\Delta y}{\Delta x}\lim\limits_{\Delta x\to 0}\Delta x=f'(x_0)\times 0=0,$$

因此，由函数连续性的定义，函数 $f(x)$ 在点 x_0 处连续.

下面证明 $f(x)$ 在点 x_0 处连续，但未必可导. 见反例：

设函数 $f(x)=|x|=\begin{cases}x, & x\geqslant 0 \\ -x, & x<0\end{cases}.$

由 $\lim\limits_{x\to 0^+}f(x)=\lim\limits_{x\to 0^+}x=0,\lim\limits_{x\to 0^-}f(x)=\lim\limits_{x\to 0^-}(-x)=0$，有 $\lim\limits_{x\to 0}f(x)=f(0)$，知函数 $f(x)$ 在点 $x=0$ 处连续. 又

$$f'_+(0)=\lim\limits_{x\to 0^+}\dfrac{f(x)-f(0)}{x-0}=\lim\limits_{x\to 0^+}\dfrac{x}{x}=1,$$

$$f'_-(0)=\lim\limits_{x\to 0^-}\dfrac{f(x)-f(0)}{x-0}=\lim\limits_{x\to 0^-}\dfrac{-x}{x}=-1,$$

有 $f'_+(0)\neq f'_-(0)$，知函数 $f(x)$ 在点 $x=0$ 处不可导.

四、导数的几何意义

导数 $f'(x_0)$ 有很强的实际背景，如果函数 $y=f(x)$ 在点 $x=x_0$ 处的导数存在，其几何意义就是曲线 $y=f(x)$ 在点 $P_0(x_0,f(x_0))$ 处的切线斜率. 因此，曲线 $y=f(x)$ 在点 $(x_0,f(x_0))$ 处的切线方程可表示为

$$y - f(x_0) = f'(x_0)(x - x_0).$$

如果函数 $y = f(x)$ 在点 $x = x_0$ 处连续,且导数为无穷大,则曲线 $y = f(x)$ 在点 $P_0(x_0, f(x_0))$ 处的切线垂直于 x 轴,其切线方程可表示为

$$x = x_0.$$

例 6 求曲线 $y = \sqrt{x}$ 在点 $(1,1)$ 处的切线方程.

解 函数 $y = \sqrt{x}$ 的导数为 $y' = \dfrac{1}{2\sqrt{x}}$,因此 $y'|_{x=1} = \dfrac{1}{2\sqrt{x}}\Big|_{x=1} = \dfrac{1}{2}$,可得切线方程为

$$y - 1 = \frac{1}{2}(x - 1),\ 即\ y = \frac{1}{2}x + \frac{1}{2}.$$

§3.2 基本求导公式和运算法则

导数的计算,其基本算法是:通过几条法则将求复杂函数的导数转化为求较为简单的函数的导数,将求一般初等函数的导数转化为求基本初等函数的导数,而基本初等函数的导数可以通过导数定义式求得. 下面首先用定义解决基本初等函数的导数计算问题.

一、基本初等函数的导数,基本求导公式

上节通过以定义求导的三个步骤已经得到 $\sin x, \mathrm{e}^x$ 及幂函数 x^μ 在 $\mu = -1, \dfrac{1}{2}$ 时的求导公式,下面再给出几个基本初等函数的求导公式.

例 1 求 $y = \ln x$ 的导数.

解 对应自变量 x 的增量 Δx,有 $\Delta y = \ln(x + \Delta x) - \ln x = \ln\left(1 + \dfrac{\Delta x}{x}\right)$,从而有

$$\frac{\Delta y}{\Delta x} = \frac{1}{\Delta x}\ln\left(1 + \frac{\Delta x}{x}\right) = \ln\left(1 + \frac{\Delta x}{x}\right)^{\frac{x}{\Delta x}\cdot\frac{1}{x}}.$$

设 $u = \left(1 + \dfrac{\Delta x}{x}\right)^{\frac{x}{\Delta x}}$,当 $\Delta x \to 0$ 时,有 $u \to \mathrm{e}$,因此得

$$\frac{\mathrm{d}y}{\mathrm{d}x} = \lim_{\Delta x \to 0}\frac{\Delta y}{\Delta x} = \lim_{\Delta x \to 0}\frac{1}{x}\ln\left(1 + \frac{\Delta x}{x}\right)^{\frac{x}{\Delta x}} = \lim_{u \to \mathrm{e}}\frac{1}{x}\ln u = \frac{1}{x}\ln\mathrm{e} = \frac{1}{x},$$

即 $\qquad (\ln x)' = \dfrac{1}{x}.$

例 2 求 $y = \arctan x$ 的导数.

解 对应自变量 x 的增量 Δx,有 $\Delta y = \arctan(x + \Delta x) - \arctan x$,从而有

$$\frac{\Delta y}{\Delta x} = \frac{\arctan(x + \Delta x) - \arctan x}{\Delta x}$$

$$= \frac{\arctan(x + \Delta x) - \arctan x}{\tan(\arctan(x + \Delta x) - \arctan x)} \cdot \frac{\tan(\arctan(x + \Delta x) - \arctan x)}{\Delta x},$$

其中 $\quad \tan(\arctan(x+\Delta x)-\arctan x)$

$$= \frac{\tan(\arctan(x+\Delta x))-\tan(\arctan x)}{1+\tan(\arctan(x+\Delta x))\tan(\arctan x)}$$

$$= \frac{\Delta x}{1+x(x+\Delta x)}.$$

令 $u=\arctan(x+\Delta x)-\arctan x$,当 $\Delta x \to 0$ 时,有 $u \to 0$,于是

$$\frac{dy}{dx}=\lim_{\Delta x \to 0}\frac{\Delta y}{\Delta x}=\lim_{\Delta x \to 0}\frac{\arctan(x+\Delta x)-\arctan x}{\tan(\arctan(x+\Delta x)-\arctan x)}\cdot\frac{\tan(\arctan(x+\Delta x)-\arctan x)}{\Delta x}$$

$$=\lim_{u \to 0}\frac{u}{\tan u}\cdot\lim_{\Delta x \to 0}\frac{\Delta x}{1+x(x+\Delta x)}\cdot\frac{1}{\Delta x}$$

$$=1\cdot\frac{1}{1+x^2}=\frac{1}{1+x^2}.$$

即 $\quad (\arctan x)'=\dfrac{1}{1+x^2}.$

类似地,由导数定义可计算得到所有基本初等函数的导数公式,为便于记忆,基本初等函数的导数作为基本导数公式列举如下:

基本导数公式

(1) $(c)'=0$

(2) $(x^\mu)'=\mu x^{\mu-1}$

(3) $(a^x)'=a^x \ln a,(e^x)'=e^x$

(4) $(\log_a|x|)'=\dfrac{1}{x\ln a},(\ln|x|)'=\dfrac{1}{x}$

(5) $(\sin x)'=\cos x$

(6) $(\cos x)'=-\sin x$

(7) $(\tan x)'=\dfrac{1}{\cos^2 x}=\sec^2 x$

(8) $(\cot x)'=-\dfrac{1}{\sin^2 x}=-\csc^2 x$

(9) $(\arcsin x)'=\dfrac{1}{\sqrt{1-x^2}}$

(10) $(\arccos x)'=-\dfrac{1}{\sqrt{1-x^2}}$

(11) $(\arctan x)'=\dfrac{1}{1+x^2}$

(12) $(\operatorname{arccot} x)'=-\dfrac{1}{1+x^2}$

二、求导法则

下面介绍求导的法则.

1. 函数的和、差、积、商的导数

定理 3.3(四则运算法则) 设函数 $u(x),v(x)$ 在点 x 处可导,则 $u(x)\pm v(x)$, $u(x)\cdot v(x),\dfrac{u(x)}{v(x)}(v(x)\neq 0)$ 也分别在该点处可导,且有

(1) $[u(x)\pm v(x)]'=u'(x)\pm v'(x)$;

(2) $[u(x)\cdot v(x)]'=u'(x)\cdot v(x)+u(x)\cdot v'(x)$;

$(3) \left[\dfrac{u(x)}{v(x)}\right]' = \dfrac{u'(x) \cdot v(x) - u(x) \cdot v'(x)}{v^2(x)}.$

因为导数是特殊的极限,定理 3.3 可以由导数定义和极限运算法则推出. 下面只给出 (3) 的证明,其他的读者可自行证明.

证 (3) 令 $y = \dfrac{u(x)}{v(x)}$ $(v(x) \neq 0)$. 对于点 x 处的增量 Δx, 有增量

$$\Delta y = \frac{u(x+\Delta x)}{v(x+\Delta x)} - \frac{u(x)}{v(x)} = \frac{u(x+\Delta x)v(x) - u(x)v(x+\Delta x)}{v(x+\Delta x)v(x)},$$

也有

$$\frac{\Delta y}{\Delta x} = \frac{1}{v(x+\Delta x)v(x)} \cdot \frac{\left[u(x+\Delta x) - u(x)\right]v(x) - u(x)\left[v(x+\Delta x) - v(x)\right]}{\Delta x},$$

因此

$$\frac{\mathrm{d}y}{\mathrm{d}x} = \lim_{\Delta x \to 0} \frac{\Delta y}{\Delta x}$$

$$= \lim_{\Delta x \to 0} \frac{1}{v(x+\Delta x)v(x)} \cdot \left[v(x)\lim_{\Delta x \to 0}\frac{u(x+\Delta x)-u(x)}{\Delta x} - u(x)\lim_{\Delta x \to 0}\frac{v(x+\Delta x)-v(x)}{\Delta x}\right]$$

$$= \frac{u'(x)v(x) - u(x)v'(x)}{v^2(x)},$$

即

$$\left[\frac{u(x)}{v(x)}\right]' = \frac{u'(x) \cdot v(x) - u(x) \cdot v'(x)}{v^2(x)}.$$

例 3 求函数 $y = 3x^3 + 5x - \sin\dfrac{1}{2}a$ 的导数.

解 $y' = (3x^3)' + (5x)' - \left(\sin\dfrac{1}{2}a\right)' = 3(x^3)' + 5(x)' - 0 = 9x^2 + 5.$

例 4 求函数 $y = x\sin x \ln x$ 的导数.

解 $y' = (x)'\sin x\ln x + x(\sin x)'\ln x + x\sin x(\ln x)'$

$\qquad = \sin x\ln x + x\cos x\ln x + x\sin x \cdot \dfrac{1}{x}$

$\qquad = \sin x\ln x + x\cos x\ln x + \sin x.$

例 5 求函数 $y = \tan x$ 的导数.

解 由 $\tan x = \dfrac{\sin x}{\cos x}$, 有

$$\tan' x = \left(\frac{\sin x}{\cos x}\right)' = \frac{(\sin x)'\cos x - \sin x(\cos x)'}{\cos^2 x} = \frac{\cos^2 x + \sin^2 x}{\cos^2 x},$$

即

$$\tan' x = \frac{1}{\cos^2 x} = \sec^2 x.$$

类似地,可得

$$(\cot x)' = -\frac{1}{\sin^2 x} = -\csc^2 x.$$

例 6　求函数 $y=\log_a x$ 的导数.

解　由 $\log_a x=\dfrac{\ln x}{\ln a}$，有

$$(\log_a x)'=\left(\dfrac{\ln x}{\ln a}\right)'=\dfrac{1}{\ln a}(\ln x)'=\dfrac{1}{x\ln a}.$$

2. 复合函数的导数

定理 3.4（复合函数求导法则）　设函数 $u=g(x)$ 在点 x_0 处可导，且 $y=f(u)$ 在点 $u_0=g(x_0)$ 处可导，则函数 $y=f[g(x)]$ 在点 x_0 处可导，且

$$\dfrac{\mathrm{d}y}{\mathrm{d}x}\bigg|_{x=x_0}=\dfrac{\mathrm{d}f(u)}{\mathrm{d}u}\bigg|_{u=u_0}\cdot\dfrac{\mathrm{d}g(x)}{\mathrm{d}x}\bigg|_{x=x_0}=f'(u_0)g'(x_0).$$

公式又称链式法则.

对于定理 3.4 的结论，我们只在 $\Delta x\neq 0$ 及增量 $\Delta u\neq 0$ 的情况下说明.

对于自变量改变量 $\Delta x\neq 0$，有 $\Delta u=u(x_0+\Delta x)-u(x)\neq 0$，进而有增量

$$\Delta y=f(u_0+\Delta u)-f(u_0),$$

于是有

$$\dfrac{\Delta y}{\Delta x}=\dfrac{\Delta y}{\Delta u}\dfrac{\Delta u}{\Delta x}.$$

又由 $\Delta x\to 0$ 时，有 $\Delta u\to 0$，及 $\lim\limits_{\Delta u\to 0}\dfrac{\Delta y}{\Delta u}=f'(u_0)$，$\lim\limits_{\Delta x\to 0}\dfrac{\Delta u}{\Delta x}=g'(x_0)$，

从而有

$$\dfrac{\mathrm{d}y}{\mathrm{d}x}=\lim_{\Delta x\to 0}\dfrac{\Delta y}{\Delta x}=\lim_{\Delta u\to 0}\dfrac{\Delta y}{\Delta u}\cdot\lim_{\Delta x\to 0}\dfrac{\Delta u}{\Delta x}=f'(u_0)g'(x_0).$$

例 7　利用公式 $(\sin x)'=\cos x$，计算函数 $y=\cos x$ 的导数.

解　由 $y=\cos x=\sin\left(\dfrac{\pi}{2}-x\right)=\sin u$，$u=\dfrac{\pi}{2}-x$，于是由定理 3.4，得

$$\dfrac{\mathrm{d}y}{\mathrm{d}x}=\dfrac{\mathrm{d}y}{\mathrm{d}u}\cdot\dfrac{\mathrm{d}u}{\mathrm{d}x}=\cos u\cdot(-1)=-\sin x,$$

即

$$(\cos x)'=-\sin x.$$

例 8　利用公式 $(\mathrm{e}^x)'=\mathrm{e}^x$，$(\ln x)'=\dfrac{1}{x}$，求 $y=x^\mu$ 的求导公式，其中 μ 为任意实数.

解　由 $y=x^\mu=\mathrm{e}^{\mu\ln x}=\mathrm{e}^u$，$u=\mu\ln x$，于是有

$$\dfrac{\mathrm{d}y}{\mathrm{d}x}=\dfrac{\mathrm{d}y}{\mathrm{d}u}\dfrac{\mathrm{d}u}{\mathrm{d}x}=\mathrm{e}^u\cdot\dfrac{\mu}{x}=\mu x^{\mu-1},$$

即 $(x^\mu)'=\mu x^{\mu-1}$.

例 9 利用公式$(\sin x)'=\cos x$，求 $y=\arcsin x$ 的求导公式.

解 由 $y=\arcsin x$，有 $\sin y=\sin(\arcsin x)=x$，$y\in\left(-\dfrac{\pi}{2},\dfrac{\pi}{2}\right)$，两边对 x 求导，有

$$\frac{\mathrm{d}(\sin y)}{\mathrm{d}x}=\frac{\mathrm{d}(\sin y)}{\mathrm{d}y}\cdot\frac{\mathrm{d}y}{\mathrm{d}x}=\frac{\mathrm{d}x}{\mathrm{d}x},$$

即有

$$\cos y\cdot\frac{\mathrm{d}y}{\mathrm{d}x}=1,\text{即有}\frac{\mathrm{d}y}{\mathrm{d}x}=\frac{1}{\cos y}.$$

由于 $-\dfrac{\pi}{2}<y<\dfrac{\pi}{2}$，从而有 $\cos y=\sqrt{1-\sin^2 y}=\sqrt{1-x^2}$，因此

$$\frac{\mathrm{d}y}{\mathrm{d}x}=\frac{1}{\sqrt{1-x^2}}\ ,\ \text{即}\ (\arcsin x)'=\frac{1}{\sqrt{1-x^2}}.$$

例 10 求函数 $y=\ln(x+\sqrt{x^2+1})$ 的导数.

解 函数 $y=\ln(x+\sqrt{x^2+1})$ 由下列函数复合而成：$y=\ln u$，$u=x+v$，$v=w^{\frac{1}{2}}$，$w=x^2+1$，于是

$$\begin{aligned}
\frac{\mathrm{d}y}{\mathrm{d}x}&=\frac{1}{u}\frac{\mathrm{d}u}{\mathrm{d}x}=\frac{1}{x+\sqrt{x^2+1}}\left(1+\frac{\mathrm{d}v}{\mathrm{d}x}\right)\\
&=\frac{1}{x+\sqrt{x^2+1}}\left(1+\frac{1}{2}w^{-\frac{1}{2}}\frac{\mathrm{d}w}{\mathrm{d}x}\right)\\
&=\frac{1}{x+\sqrt{x^2+1}}\left(1+\frac{2x}{2\sqrt{x^2+1}}\right)\\
&=\frac{1}{x+\sqrt{x^2+1}}\frac{x+\sqrt{x^2+1}}{\sqrt{x^2+1}}=\frac{1}{\sqrt{x^2+1}}.
\end{aligned}$$

例 11 求函数 $y=\arctan\dfrac{1-x}{1+x}$ 的导数.

解
$$\begin{aligned}
\frac{\mathrm{d}y}{\mathrm{d}x}&=\frac{1}{1+\left(\dfrac{1-x}{1+x}\right)^2}\cdot\left(\frac{1-x}{1+x}\right)'\\
&=\frac{(1+x)^2}{2(1+x^2)}\cdot\frac{(1-x)'(1+x)-(1+x)'(1-x)}{(1+x)^2}\\
&=\frac{-1-x-(1-x)}{2(1+x^2)}=-\frac{1}{1+x^2}\ .
\end{aligned}$$

从例 10、例 11 看到，求复合函数的导数，应首先搞清变量的复合关系，然后按照不同的复合层次由外向里，逐层展开，而且每一步计算都按照基本求导公式进行.

例 12 求函数 $y=\dfrac{x+1}{x^2}\sqrt{\dfrac{1-x}{1+x}}\cdot\mathrm{e}^{x^2-1}$ 的导数.

解 取对数，得

$$\ln y=\ln(x+1)-2\ln x+\frac{1}{2}\ln(1-x)-\frac{1}{2}\ln(1+x)+x^2-1,$$

由复合函数求导法则和导数四则运算法则两边求导,得

$$\frac{y'}{y}=\frac{1}{x+1}-\frac{2}{x}-\frac{1}{2(1-x)}-\frac{1}{2(1+x)}+2,$$

即有

$$y'=y\left[\frac{1}{x+1}-\frac{2}{x}-\frac{1}{2(1-x)}-\frac{1}{2(1+x)}+2x\right]$$

$$=\frac{x+1}{x^2}\sqrt{\frac{1-x}{1+x}}\cdot e^{x^2-1}\left[\frac{1}{2(1+x)}-\frac{2}{x}-\frac{1}{2(1-x)}+2x\right].$$

如例 12,将连乘和连除结构较为复杂的函数先取对数再求导,可以简化导数的运算,称为对数求导法.

三、高阶导数

我们知道,作变速直线运动的加速度是速度函数关于时间 t 的导数. 若记运动的路程函数为 $s=f(t)$,则速度函数可表示为 $f'(t)$,于是,加速度函数即为导函数 $f'(t)$ 的导数. 这就是对函数 $f(t)$ 连续多次求导的问题.

通常,函数 $y=f(x)$ 的导数 $y'=f'(x)$ 仍然是 x 的函数,称之为 $y=f(x)$ 的一阶导函数. 如果函数 $y'=f'(x)$ 的导数存在,则称函数 $y=f(x)$ 二阶可导,并称其导函数为**二阶导数**,记作

$$y'',\ f''(x),\ \frac{\mathrm{d}^2 y}{\mathrm{d}x^2}\ 或\ \frac{\mathrm{d}^2 f}{\mathrm{d}x^2}.$$

例 13 求函数 $y=x^2+5x-6$ 的二阶导数.

解 $y'=(x^2)'+5x'-6'=2x+5,\ y''=2x'+5'=2.$

例 14 求函数 $y=x^2 e^{-x}+\ln x$ 的二阶导数.

解 $y'=(x^2 e^{-x})'+(\ln x)'=2x e^{-x}+x^2 e^{-x}(-x)'+\dfrac{1}{x}=(2x-x^2)e^{-x}+\dfrac{1}{x},$

$$y''=\left[(2x-x^2)e^{-x}+\frac{1}{x}\right]'$$

$$=(2x-x^2)'e^{-x}+(2x-x^2)(e^{-x})'+\left(\frac{1}{x}\right)'$$

$$=(2-2x)e^{-x}-(2x-x^2)e^{-x}-\frac{1}{x^2}$$

$$=(2-4x+x^2)e^{-x}-\frac{1}{x^2}.$$

如果二阶导函数 $y''=f''(x)$ 的导数存在,则称函数 $y=f(x)$ 三阶可导,并称其导函数为三阶导数,记作

$$y''',\ f'''(x),\ \frac{\mathrm{d}^3 y}{\mathrm{d}x^3}\ 或\ \frac{\mathrm{d}^3 f}{\mathrm{d}x^3}.$$

类似地,可以定义函数 $y=f(x)$ 的四、五、…、n 阶导数.

一般地,定义函数 $y=f(x)$ 的 n 阶导数为 $y=f(x)$ 的 $n-1$ 阶导数的导数,即

$$f^{(n)}(x) = \left[f^{(n-1)}(x) \right]' = \frac{\mathrm{d}f^{(n-1)}(x)}{\mathrm{d}x}, n = 2, 3, \cdots,$$

记作

$$y^{(n)}, \ f^{(n)}(x), \ \frac{\mathrm{d}^n y}{\mathrm{d}x^n} \ \text{或} \ \frac{\mathrm{d}^n f}{\mathrm{d}x^n}.$$

在定点 x_0 处的 n 阶导数记作

$$y^{(n)} \big|_{x=x_0}, \ f^{(n)}(x_0), \ \frac{\mathrm{d}^n y}{\mathrm{d}x^n} \bigg|_{x=x_0} \ \text{或} \ \frac{\mathrm{d}^n f}{\mathrm{d}x^n} \bigg|_{x=x_0}.$$

二阶或二阶以上导数统称为**高阶导数**.

例 15 求函数 $y = x^5$ 的 n 阶导数.

解 $y' = 5x^4$,

$$y'' = 20x^3, y''' = 60x^2,$$
$$y^{(4)} = 120x, y^{(5)} = 120,$$
$$y^{(6)} = y^{(7)} = \cdots = y^{(n)} = 0.$$

例 16 求函数 $y = \mathrm{e}^x$ 的 n 阶导数.

解 $y' = \mathrm{e}^x$,

$$y'' = \mathrm{e}^x,$$
$$\vdots$$
$$y^{(n)} = \mathrm{e}^x.$$

例 17 求函数 $y = \sin x$ 的 n 阶导数.

解 $y' = (\sin x)' = \cos x = \sin\left(x + \dfrac{\pi}{2}\right)$,

$$y'' = \left[\sin\left(x + \frac{\pi}{2}\right) \right]' = \cos\left(x + \frac{\pi}{2}\right) = \sin\left(x + 2 \cdot \frac{\pi}{2}\right),$$
$$y''' = \left[\sin\left(x + 2 \cdot \frac{\pi}{2}\right) \right]' = \cos\left(x + 2 \cdot \frac{\pi}{2}\right) = \sin\left(x + 3 \cdot \frac{\pi}{2}\right),$$
$$\vdots$$
$$y^{(n)} = (\sin x)^{(n)} = \sin\left(x + n \cdot \frac{\pi}{2}\right).$$

类似地,有 $\quad y^{(n)} = (\cos x)^{(n)} = \cos\left(x + n \cdot \dfrac{\pi}{2}\right)$.

以上例题表明,对已知函数求高阶导数,应从一阶导数开始逐次求导,并注意归纳总结规律,最后给出结果.

§3.3 微 分

一、微分的概念

为说明微分的概念,先看一个例子.

如图 3—3 所示,设有一块边长为 x 的正方形场地,若边长有增量 Δx,则场地面积的增量为

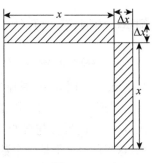

$$\Delta S = (x+\Delta x)^2 - x^2 = 2x\Delta x + (\Delta x)^2.$$

增量由两个部分组成:一部分是 $2x\Delta x$,可以看作是变量 Δx 的线性函数,从直观看是面积增量的主要部分(图中阴影部分),称为线性主部;另一部分是增量中很小的一块,由

$$\frac{\Delta S - 2x\Delta x}{\Delta x} = \frac{(\Delta x)^2}{\Delta x} \to 0$$

图 3—3

知,该部分是比 Δx 高阶的无穷小,即可忽略的部分. 于是,在 Δx 很小时,可以将面积增量用其线性主部近似,看作 Δx 的线性函数,即有近似公式 $\Delta S \approx 2x\Delta x$.

一般而言,对于自变量的微小变化,了解函数相应改变量的变化大小是较为困难的,如果像上例一样,对应自变量的改变量 Δx,函数改变量 Δy 也能够分为两个部分,其中一部分是关于 Δx 的线性主部,另一部分是比 Δx 高阶的无穷小,函数增量就可近似表示为 Δx 的线性函数,处理起来就简单得多,这就是微分的问题. 微分的定义如下.

定义 3.3 设函数 $y=f(x)$ 在点 x_0 的某邻域内有定义. 对于自变量在点 x_0 处的改变量 Δx,如果函数的改变量可表示为

$$\Delta y = f(x_0+\Delta x) - f(x_0) = A\Delta x + o(\Delta x),$$

其中 A 为 Δx 无关,则称 $y=f(x)$ 在点 x_0 处**可微**,并称 $A\Delta x$ 为 $f(x)$ 在点 x_0 处的**微分**,记作

$$\mathrm{d}y|_{x=x_0} = \mathrm{d}f(x_0) = A\Delta x.$$

由定义 3.3,函数 $f(x)$ 在点 x_0 处的微分 $\mathrm{d}y|_{x=x_0}$ 就是在该点处函数改变量 Δy 的线性主部. 因此,上例中面积改变量的近似公式实际上就是面积函数 $S=x^2$ 的微分,记作 $\mathrm{d}S = 2x\Delta x$.

函数的微分与函数的导数是微分学中密不可分的两个基本概念,下面的定理清楚地表明了函数可微与函数可导的相互等价关系.

定理 3.5 $y=f(x)$ 在点 x_0 处可微的充分必要条件是 $f(x)$ 在点 x_0 处可导,且 $f(x)$ 在点 x_0 处可导时,有

$$\mathrm{d}y|_{x=x_0} = f'(x_0)\Delta x.$$

证 必要性. 若函数 $y=f(x)$ 在点 x_0 处可微,则对于自变量的改变量 Δx,如果函数的改变量可表示为 $\Delta y = f(x_0+\Delta x) - f(x_0) = A\Delta x + o(\Delta x)$,则有

$$\lim_{\Delta x \to 0}\frac{\Delta y}{\Delta x} = \lim_{\Delta x \to 0}\frac{f(x_0+\Delta x)-f(x_0)}{\Delta x} = \lim_{\Delta x \to 0}\left(A+\frac{o(\Delta x)}{\Delta x}\right) = A,$$

从而知,$f(x)$ 在点 x_0 处可导,且 $f'(x_0)=A$.

充分性. 若函数 $y=f(x)$ 在点 x_0 处可导,即有

$$f'(x_0) = \lim_{\Delta x \to 0}\frac{\Delta y}{\Delta x} = \lim_{\Delta x \to 0}\frac{f(x_0+\Delta x)-f(x_0)}{\Delta x},$$

知 $\Delta x \to 0$ 时,$\frac{\Delta y}{\Delta x} - f'(x_0)$ 为无穷小量,记 $\alpha = \frac{\Delta y}{\Delta x} - f'(x_0)$,从而有

$$\Delta y = f'(x_0)\Delta x + \alpha \Delta x,$$

其中 $\Delta x \to 0$ 时,$\alpha \Delta x$ 是比 Δx 高阶的无穷小量,因此,$f(x)$ 在点 x_0 处可微.

定理 3.5 同时表明:若函数 $f(x)$ 在点 x_0 处可微,则 $f(x)$ 在点 x_0 处的微分即为 $f(x)$ 在点 x_0 处的导数与自变量改变量 Δx 的乘积,因此,微分的计算可以通过导数运算实现. 注意,这里的 Δx 不是一个数,而是一个变量.

作为约定:自变量的改变量 Δx 也叫做自变量的微分 $\mathrm{d}x$,即 $\Delta x = \mathrm{d}x$. 事实上,在点 x 处对函数 $y = x$ 微分,则有

$$\mathrm{d}y = \mathrm{d}x = (x)'\Delta x = \Delta x.$$

因此,微分表达式 $\mathrm{d}y|_{x=x_0} = f'(x_0)\Delta x$ 也可以记作 $\mathrm{d}y|_{x=x_0} = f'(x_0)\mathrm{d}x$. 由于 $\mathrm{d}x = \Delta x \neq 0$,进而有

$$f'(x_0) = \frac{\mathrm{d}y}{\mathrm{d}x}\bigg|_{x=x_0}.$$

可见,函数导数可表示为函数微分 $\mathrm{d}y$ 与自变量微分 $\mathrm{d}x$ 的商,因此导数又称为**微商**,并有记号 $\frac{\mathrm{d}y}{\mathrm{d}x}$.

例 1 设 $y = x^3$,求 $\mathrm{d}y,\mathrm{d}y|_{x=1},\mathrm{d}y|_{x=0}$.

解 $y' = (x^3)' = 3x^2$,于是由定理 3.5,

$$\mathrm{d}y = y'\mathrm{d}x = 3x^2\mathrm{d}x,$$

因此 $\mathrm{d}y|_{x=1} = 3\mathrm{d}x,\mathrm{d}y|_{x=0} = 0 \cdot \mathrm{d}x = 0.$

二、微分的几何背景与函数的局部线性化

微分的直观背景如图 3—4 所示. 其中直线 MT 是曲线 $y = f(x)$ 在点 $M(x_0, y_0)$ 处的切线,斜率为 $f'(x_0)$,$N(x_0 + \Delta x, y_0 + \Delta y)$ 为曲线上的动点,对于自变量在点 x_0 处的改变量 Δx,函数改变量 Δy 可用 NP 表示,相应的

$$\mathrm{d}y = TP = \tan\alpha \cdot \Delta x = f'(x_0)\Delta x$$

表示函数 $f(x)$ 在点 x_0 处的微分. 容易看到,当 $|\Delta x|$ 很小时,点 T 可任意接近点 M,即切线 MT 无限接近曲线 $y = f(x)$. 因此,当 Δx 很小时,可以用切线代替曲线,微分的实质就是函数 $f(x)$ 的局部线性化.

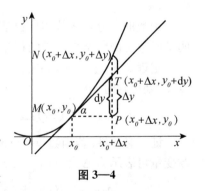

图 3—4

相应的微分近似计算公式是:若 $y = f(x)$ 在点 x_0 处可微,则

$$\Delta y = f(x_0 + \Delta x) - f(x_0) \approx f'(x_0)\Delta x \text{ 或 } f(x_0 + \Delta x) \approx f(x_0) + f'(x_0)\Delta x.$$

例 2 求 $y = \ln(x + \sqrt{x^2 + 1})$ 在 $x_0 = 2$ 处、增量为 $\Delta x = 0.001$ 时的微分.

解 由微分近似计算公式,有

$$\Delta y = \left[\ln(x+\sqrt{x^2+1})\right]' \big|_{x=x_0} \Delta x = \frac{1}{\sqrt{x_0^2+1}} \Delta x.$$

将 $x_0=2, \Delta x=0.001$ 代入，得

$$\Delta y = \frac{1}{\sqrt{2^2+1}} \times 0.001 = \frac{1}{\sqrt{5}} \times 0.001 = 0.000\ 447\ 21.$$

另查表计算得

$$\Delta y = \ln(2.001+\sqrt{2.001^2+1}) - \ln(2+\sqrt{5}) = 0.000\ 447\ 12.$$

由例 2 可看到，当 Δx 足够小时，微分近似计算的精度是相当高的.

例 3　利用微分近似计算 $\sqrt[5]{270}$ 的近似值.

解　设 $y=x^{\frac{1}{5}}$，于是由微分近似计算公式，有

$$(x_0+\Delta x)^{\frac{1}{5}} \approx x_0^{\frac{1}{5}} + (x^{\frac{1}{5}})' \Delta x = x_0^{\frac{1}{5}} + \frac{1}{5} x_0^{-\frac{4}{5}} \Delta x.$$

取 $x_0=3^5=243, \Delta x=270-243=27$ 代入，得

$$\sqrt[5]{270} \approx 243^{\frac{1}{5}} + \frac{1}{5} 243^{\frac{-4}{5}} \cdot 27 = 3 + \frac{1}{3 \times 5} = 3.067.$$

由例 3 可看到，为了计算 $f(x_0+\Delta x)$ 的近似值，应选择适当的 x_0，使得 $f(x_0)$ 便于计算，同时又使 Δx 足够小，尽可能提高近似计算的精度.

三、微分公式和微分法则

由定理 3.5，微分计算可以通过关系式 $\mathrm{d}y=f'(x_0)\mathrm{d}x$ 转化为导数的运算. 也可以直接由导数计算公式和法则推导出微分计算公式和微分法则，如下述例题.

例 4　求函数 $y=a^x$ 的微分公式.

解　由导数公式 $y'=(a^x)'=a^x \ln a$，从而有微分公式

$$\mathrm{d}a^x = a^x \ln a \mathrm{d}x.$$

例 5　设 $u(x), v(x)\ (v(x)\neq 0)$ 为可微函数，求 $y=\dfrac{u(x)}{v(x)}$ 的微分.

解　由求导法则 $y'=\dfrac{u'(x)v(x)-u(x)v'(x)}{v^2(x)}$ 及 $\mathrm{d}u(x)=u'(x)\mathrm{d}x, \mathrm{d}v(x)=v'(x)\mathrm{d}x$，于是有

$$\begin{aligned}
\mathrm{d}y &= y'\mathrm{d}x = \frac{u'(x)v(x)-u(x)v'(x)}{v^2(x)}\mathrm{d}x \\
&= \frac{u'(x)v(x)\mathrm{d}x - u(x)v'(x)\mathrm{d}x}{v^2(x)} \\
&= \frac{v(x)\mathrm{d}u(x) - u(x)\mathrm{d}v(x)}{v^2(x)},
\end{aligned}$$

即有微分法则

$$\mathrm{d}\left(\frac{u}{v}\right) = \frac{v\mathrm{d}u - u\mathrm{d}v}{v^2}.$$

类似地,我们可以将基本导数公式和求导法则转换为微分公式与微分法则,列表如下:

1. 微分公式

设 $u(x)$, $v(x)$ 为可微函数,则

$dc=0$	$d(x^a)=\alpha x^{a-1}dx$
$d(\log_a x)=\dfrac{1}{x\ln a}dx,\quad a>0,a\neq 1$	$d(\ln x)=\dfrac{1}{x}dx$
$d(a^x)=a^x\ln a\,dx,\quad a>0,a\neq 1$	$d(e^x)=e^x dx$
$d(\sin x)=\cos x\,dx$	$d(\cos x)=-\sin x\,dx$
$d(\tan x)=\dfrac{1}{\cos^2 x}dx=\sec^2 x\,dx$	$d(\cot x)=-\dfrac{1}{\sin^2 x}dx=\csc^2 x\,dx$
$d(\arcsin x)=\dfrac{1}{\sqrt{1-x^2}}dx$	$d(\arccos x)=-\dfrac{1}{\sqrt{1-x^2}}dx$
$d(\arctan x)=\dfrac{1}{1+x^2}dx$	$d(\text{arccot}x)=-\dfrac{1}{1+x^2}dx$

2. 微分法则

$$d(u\pm v)=du\pm dv\qquad d(uv)=udv+vdu$$

$$d(cu)=cdu\qquad d\left(\frac{u}{v}\right)=\frac{vdu-udv}{v^2}$$

例 6 求函数 $y=2^x+x^3+3\ln x$ 的微分.

解 由微分法则

$$dy=(2^x+x^3+3\ln x)dx=2^x\ln 2dx+3x^2dx+\frac{3}{x}dx=\left(2^x\ln 2+3x^2+\frac{3}{x}\right)dx.$$

例 7 求函数 $y=(x^2+1)e^x\sin x$ 的微分.

解 由微分法则

$$\begin{aligned}
dy &=d[(x^2+1)e^x\sin x]\\
&=e^x\sin x\,d(x^2+1)+(x^2+1)\sin x\,d(e^x)+(x^2+1)e^x d(\sin x)\\
&=2xe^x\sin x\,dx+(x^2+1)e^x\sin x\,dx+(x^2+1)e^x\cos x\,dx\\
&=[2xe^x\sin x+(x^2+1)e^x\sin x+(x^2+1)e^x\cos x]dx.
\end{aligned}$$

例 8 求函数 $y=\dfrac{\sin x-\cos x}{\sin x+\cos x}$ 的微分.

解 由微分法则

$$\begin{aligned}
dy &=d\left(\frac{\sin x-\cos x}{\sin x+\cos x}\right)\\
&=\frac{(\sin x+\cos x)d(\sin x-\cos x)-(\sin x-\cos x)d(\sin x+\cos x)}{(\sin x+\cos x)^2}\\
&=\frac{(\sin x+\cos x)(\sin x+\cos x)dx-(\sin x-\cos x)(\cos x-\sin x)dx}{(\sin x+\cos x)^2}\\
&=\frac{2}{(\sin x+\cos x)^2}dx.
\end{aligned}$$

§3.4 导数的应用

在介绍导数和微分概念时,我们已经涉及导数和微分的实际背景,但主要刻画的是函数的局部性质.本节将在更大范围内介绍导数的应用.

一、微分学基本定理——微分中值定理

为了解决在更大范围内对函数的变化规律的研究,需要进一步在导函数与函数性质之间建立联系,联系的纽带就是微分中值定理.因此,有必要首先介绍微分中值定理.

定理 3.6(拉格朗日中值定理) 设 $f(x)$ 在 $[a,b]$ 上连续,在 (a,b) 内可导,则必存在 $\xi \in (a,b)$,使得

$$f'(\xi) = \frac{f(b)-f(a)}{b-a}$$

或 $f(b)-f(a)=f'(\xi)(b-a).$

定理的结论可以由图 3—5 说明.依已知条件,$y=f(x)$ 是定义在 $[a,b]$ 上的光滑曲线,AB 是曲线段两端点连线,或称为曲线在 $[a,b]$ 上对应的弦,斜率为

$$k = \frac{f(b)-f(a)}{b-a}.$$

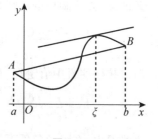

图 3—5

容易看到,在区间 (a,b) 内,曲线 $y=f(x)$ 上必存在一点 $(\xi, f(\xi))$,在该点曲线的切线与弦 AB 平行,即斜率 $f'(\xi)$ 与弦 AB 的斜率 k 相等.

拉格朗日中值定理通常称为微分中值定理,微分中值定理在微分学的理论和应用中都占有极为重要的地位.实际应用时,其中 ξ 的具体取值无关紧要,只需根据 $f'(x)$ 的一般性质作出判断即可.例如,由定理 3.6 和 $f'(x)$ 在区间 (a,b) 内的性质就可推出下面两个结论.

推论 1 如果函数 $f(x)$ 在 (a,b) 内可导,且恒有 $f'(x)=0, x\in(a,b)$,则函数 $f(x)$ 在 (a,b) 内恒为常数 c,即

$$f(x)=c, x\in(a,b).$$

证 设 $x_0 \in (a,b)$,由于 $f(x)$ 在 (a,b) 内可导,则对于任何 $x\in(a,b)$,在以 x_0 和 x 为端点的区间上,满足拉格朗日中值定理的条件,于是由定理 3.6 总有

$$f(x)=f(x_0)+f'(\xi)(x-x_0) \quad (\xi 介于 x_0 和 x 之间)$$
$$=f(x_0)+0\cdot(x-x_0)=f(x_0),$$

因此推论成立.

例 1 证明 $\arctan x + \operatorname{arccot} x = \frac{\pi}{2}, x\in(-\infty, +\infty).$

证 由于

$$(\arctan x + \operatorname{arccot} x)' = \frac{1}{1+x^2} - \frac{1}{1+x^2} = 0, x \in (-\infty, +\infty).$$

由推论 1 可知,在$(-\infty, +\infty)$内恒有

$$\arctan x + \operatorname{arccot} x = c, x \in (-\infty, +\infty).$$

令 $x = 1$,则有

$$c = \arctan 1 + \operatorname{arccot} 1 = \frac{\pi}{4} + \frac{\pi}{4} = \frac{\pi}{2}.$$

由推论 1 不难得到推论 2.

推论 2 如果函数 $f(x)$ 和 $g(x)$ 在 (a,b) 内可导,且恒有 $f'(x) = g'(x)$,$x \in (a,b)$,则函数 $f(x)$ 与 $g(x)$ 的差在 (a,b) 内恒为常数 c,即

$$f(x) - g(x) = c, x \in (a,b).$$

二、函数的单调性的判别

设函数 $f(x)$ 在区间 $[a,b]$ 上有定义,根据函数单调性的概念,若 $f(x)$ 在区间 $[a,b]$ 上单调增加(或单调减少),则对任意的 $x_1, x_2 \in [a,b]$,当 $x_1 \neq x_2$ 时,总有

$$\frac{f(x_2) - f(x_1)}{x_2 - x_1} 恒正(或恒负).$$

对照拉格朗日中值定理,有

$$\frac{f(x_2) - f(x_1)}{x_2 - x_1} = f'(\xi), (\xi 介于 x_1 和 x_2 之间).$$

不难看出,在可导条件下,函数 $f(x)$ 单调增加(或单调减少)完全取决于导函数 $f'(x)$ 的符号,因此,有以下单调性判别定理:

定理 3.7 设 $f(x)$ 在 $[a,b]$ 上连续,在 (a,b) 内可导.于是

(1)若 $x \in (a,b)$,$f'(x) > 0$,则 $f(x)$ 在 $[a,b]$ 上单调增加.

(2)若 $x \in (a,b)$,$f'(x) < 0$,则 $f(x)$ 在 $[a,b]$ 上单调减少.

例 2 讨论 $f(x) = x^3 - 3x^2 + 2$ 的单调性.

解 $f'(x) = 3x^2 - 6x = 3x(x-2)$,令 $f'(x) = 0$,解得 $x_1 = 0$,$x_2 = 2$.因此,

当 $x \in (-\infty, 0)$ 时,$f'(x) > 0$,$f(x)$ 单调增加,

当 $x \in (0, 2)$ 时,$f'(x) < 0$,$f(x)$ 单调减少,

当 $x \in (2, +\infty)$ 时,$f'(x) > 0$,$f(x)$ 单调增加,

即 $f(x)$ 的单调增区间为 $(-\infty, 0)$,$(2, +\infty)$,单调减区间为 $(0, 2)$.

从例 2 看出,讨论函数单调性,关键是找出单调区间的分界点,或导函数的变号点,如图 3—6 所示,这些分界点或是导数的零点(称为**驻点**),或是导数不存在点.因此,讨论函数 $f(x)$ 单调性的一般步骤是:先求出 $f'(x)$,并找出驻点或导数不存在点,将定义域分为若干子区间,然后再分别讨论各子区间内导数的符号特征,确定单调性和单调区间.

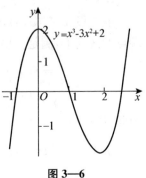

图 3—6

例3 讨论 $f(x)=x-\sin x$ 的单调性.

解 $f(x)$ 在 $(-\infty,+\infty)$ 内可导,且 $f'(x)=1-\cos x$.

令 $f'(x)=1-\cos x=0$,得驻点 $x=2k\pi,k=1,2,\cdots$.

又对于每一个驻点,分割后相邻两个子区间内导数恒为正,因此在 $(-\infty,+\infty)$ 内函数单调增加.

三、函数的极值与最值

实际问题中也经常会遇到优化问题,即函数的极值和最值问题.如商家要追求生产经营成本最小、利润最大,消费者则希望花最少的钱获得最大的效用,旅行者希望的是行程所用的时间最短.下面来介绍优化方法,先给出函数极值的概念.

1. 函数的极值

定义 3.4 设函数 $f(x)$ 在点 x_0 的邻域内有定义.如果对于 x_0 的空心邻域内的任意一点 x 总有 $f(x)<f(x_0)$(或 $f(x)>f(x_0)$),则称 $f(x_0)$ 为 $f(x)$ 的**极大值**(或**极小值**),x_0 为 $f(x)$ 的**极大值点**(或**极小值点**).

极大值和极小值统称为**极值**,极大值点和极小值点统称为**极值点**.

注意: 与函数的最大、最小值不同,极值概念是局部的最大、最小值,在同一函数同一定义区间的极大值未必大于极小值.另外,极值只在区间内取值,而最值可以在区间内取到,也可在边界点取到.

例4 设函数曲线 $y=f(x)$ 的图像如图 3—7 所示,指出以下各点 $a,b,x_1,x_2,x_3,x_4,x_5,x_6$ 中哪些是极大、极小值点,非极值点,最大、最小值点,并说明 $f(x)$ 在各自邻域变化的特点.

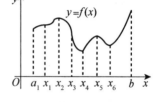

图 3—7

解 由极值、最值的概念及直观图形不难看到:

极大值点为 x_2,x_5,$f(x)$ 在各点邻域左升右降,且为 $f'(x)$ 的驻点或不存在点.

极小值点为 x_4,x_6,$f(x)$ 在各点邻域右升左降,且为 $f'(x)$ 的驻点或不存在点.

非极值点为 x_1,x_3,$f(x)$ 在各点邻域内单调,非单调区间分界点,且为 $f'(x)$ 的驻点或不存在点.

最值点 b,x_4,为极值点或边界点.

例4提供了求极值和最值的思路:首先,在定义区域内寻找 $f'(x)$ 的驻点或不存在点;然后,根据所求各点在各自邻域内单调性的变化特征判定是否为极值,以及是极大值还是极小值;最后,比较极值与函数在边界点的值的大小,确定函数的最大、最小值.其判别法可表述如下.

定理 3.8(极值存在的必要条件) 若函数 $f(x)$ 在点 x_0 处取得极值,则 $f(x)$ 在点 x_0 处,或者 $f'(x_0)=0$,或者导数不存在.

定理 3.9(极值第一判别法) 设函数 $f(x)$ 在点 x_0 的一个空心邻域内可导,且在点 x_0 处连续.

(1)如果在点 x_0 的左邻域内有 $f'(x)>0$,且在点 x_0 的右邻域内有 $f'(x)<0$,则点 x_0 是 $f(x)$ 的极大值点.

(2)如果在点 x_0 的左邻域内有 $f'(x)<0$,且在点 x_0 的右邻域内有 $f'(x)>0$,则点 x_0 是 $f(x)$ 的极小值点.

(3)如果在点 x_0 的空心邻域内,$f'(x)$ 恒正或恒负,则点 x_0 不是 $f(x)$ 的极值点.

例 5 求 $f(x)=(x-1)^2(x+1)^3$ 的极值.

解 由 $f'(x)=2(x-1)(x+1)^3+3(x+1)^2(x-1)^2=(x-1)(x+1)^2(5x-1)=0$,得 $x_1=-1,x_2=\dfrac{1}{5},x_3=1$,它们把定义区间分为四个区间,见表 3—1:

表 3—1

x	$(-\infty,-1)$	-1	$\left(-1,\dfrac{1}{5}\right)$	$\dfrac{1}{5}$	$\left(\dfrac{1}{5},1\right)$	1	$(1,+\infty)$
$f'(x)$	$+$	0	$+$	0	$-$	0	$+$
$f(x)$	$\nearrow$	非极值	$\nearrow$	极大值	$\searrow$	极小值	$\nearrow$

知极大值为 $f\left(\dfrac{1}{5}\right)=\dfrac{3\,456}{3\,125}$,极小值为 $f(1)=0,f(-1)$ 非极值.

函数曲线 $y=(x-1)^2(x+1)^3$ 如图 3—8 所示,可以看到求解结果与函数实际图形是一致的.

例 6 求 $f(x)=x^{\frac{2}{3}}-(x^2-1)^{\frac{1}{3}}$ 在 $[-1,1]$ 上的最大、最小值.

解 由

$$f'(x)=\frac{2}{3}x^{-\frac{1}{3}}-\frac{1}{3}(x^2-1)^{-\frac{2}{3}}2x$$

$$=\frac{2}{3}x^{-\frac{1}{3}}(x^2-1)^{-\frac{2}{3}}\left[(x^2-1)^{\frac{2}{3}}-x^{\frac{4}{3}}\right]$$

$$=0,$$

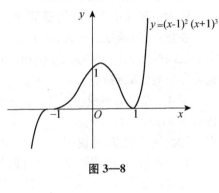

图 3—8

得驻点 $x=\pm\dfrac{\sqrt{2}}{2}$ 及导数不存在点 $x=0$,又边界点为 $x=\pm1$. 于是由

$$f(0)=f(\pm1)=1,f\left(\pm\frac{\sqrt{2}}{2}\right)=\sqrt[3]{4}$$

知 $f(x)$ 在 $[-1,1]$ 上的最大值为 $f\left(\pm\dfrac{\sqrt{2}}{2}\right)=\sqrt[3]{4}$,最小值为 $f(0)=f(\pm1)=1$.

由闭区间上的连续函数的性质,函数 $f(x)$ 在 $[a,b]$ 上连续,则 $f(x)$ 必存在最大值、最小值. 例 6 表明,只要在 (a,b) 内找到可能的极值点,即驻点和导数不存在点,直接比较这些点及边界点的函数值大小,即可找到最大值和最小值.

例 7(一个咳嗽的数学模型) 已知咳嗽的数学模型是:气流的速度 v 与气管的直径 r 满足方程

$$v(r)=k(r_0-r)r^2,r\in\left[\frac{1}{2}r_0,r_0\right],$$

其中 k 为正常数,r_0 是正常状态下气管的直径,当 r 小于 $\dfrac{1}{2}r_0$,人就会窒息而死. 根据医学研究,人在咳嗽时,气管隔膜急剧上升,气管收缩,引起气流加速,可以将进入气管的异物排出. X 射线显示,咳嗽时,气管的直径 r 是平时的 $\frac{2}{3}$. 试求当气流速度取最大值时气管的直径和最大的气流速度,并将结果与 X 射线的实测结果进行比较.

解 依题意,在区间 $\left[\frac{1}{2}r_0, r_0\right]$ 上求 $v(r)$ 的最大值.

由 $v'(r) = -kr^2 + k(r_0 - r) \cdot 2r = -3kr\left(r - \frac{2}{3}r_0\right) = 0,$

得驻点 $r = \frac{2}{3}r_0 (r = 0$ 舍去).

又当 $r \in \left(\frac{1}{2}r_0, \frac{2}{3}r_0\right)$ 时,$v'(r) > 0$,当 $r \in \left(\frac{2}{3}r_0, r_0\right)$ 时,$v'(r) < 0$,知 $r = \frac{2}{3}r_0$ 为极大值点,又为唯一极值点,故为最大值点,且最大值为 $\frac{4k}{27}r_0^3$. 结果表明,当气管收缩至 $r = \frac{2}{3}r_0$ 时气流速度最快,与 X 射线测得结果一致.

习题三

1. 求曲线 $y = x^2 + 2x$ 在点 $(-3, 3)$ 处的切线斜率及切线方程.

2. 一个小球被抛到空中,在 t 时刻距地面的高度为 $y = 50t - 10t^2$,问:

(1)经过多长时间小球升至最高点?

(2)小球分别在 $t = 2, t = 4$ 时的速度和所在位置.

3. 已知函数 $f(x)$ 在点 x_0 处可导,且 $f'(x_0) = -2$,求下列极限.

(1) $\lim\limits_{x \to 0} \dfrac{f(x_0 + 2x) - f(x_0)}{x}$;

(2) $\lim\limits_{h \to 0} \dfrac{f(x_0) - f(x_0 - 2x)}{x}$;

(3) $\lim\limits_{x \to 0} \dfrac{f(x_0 + \Delta x) - f(x_0)}{3\Delta x}$;

(4) $\lim\limits_{m \to \infty} m\left[f\left(x_0 + \dfrac{1}{m}\right) - f(x_0)\right]$.

4. 讨论下列函数在点 $x = 0$ 处的可导性,若可导,给出 $f'(0)$.

(1) $f(x) = \begin{cases} \dfrac{\sqrt{1 + x^2} - 1}{x}, & x \neq 0 \\ 0, & x = 0 \end{cases}$;

(2) $f(x) = x|x|$.

5. 用定义证明函数 $y = x^3$ 在 $(-\infty, +\infty)$ 内可导,并给出导函数.

6. 求下列函数的导数.

(1) $y = \dfrac{(x+1)^2}{\sqrt{x}}$;

(2) $y = (x-1)(\sqrt[3]{x} + 1)$;

(3) $y = \dfrac{ax + b}{c + d}$;

(4) $y = \ln 2\pi \sqrt[3]{x} + x\sqrt{x\sqrt[3]{x}}$;

(5) $y = \dfrac{2x^2 - x + 3}{x + 2}$;

(6) $y = 2x \arctan x \ln x$;

(7) $y = x^2 \log_2 |x|$;

(8) $y = \arcsin x + \arccos x$;

$(9)y=\mathrm{e}^x 2^x;$ $(10)y=\dfrac{\sin x+2\cos x}{\sin 2x}.$

7. 已知函数 $f(x)$ 可导,求下列函数的导数.

$(1)y=[f(x)]^2;$ $(2)y=f(x^2);$

$(3)y=\mathrm{e}^{f^2(x)};$ $(4)y=\cos f(x);$

$(5)y=\dfrac{1-f(x)}{1+f(x)};$ $(6)y=\arctan f(x);$

$(7)y=f(\ln x);$ $(8)y=f(\sqrt{x}+1).$

8. 求下列函数的导数.

$(1)y=(x+2)^{20};$ $(2)y=\sqrt[3]{3x^3+2x};$

$(3)y=x\mathrm{e}^{-\frac{1}{x}};$ $(4)y=x\sin x\ln x;$

$(5)y=\dfrac{x-3}{x^2+1};$ $(6)y=2^{-x}+3^{-x}+4^{-x};$

$(7)y=\arctan\dfrac{2x}{1-x^2};$ $(8)y=\arcsin\dfrac{1}{x};$

$(9)y=\cot(\sin^2 x);$ $(10)y=2^{x^2}+2^{2^x}+2^{a^2}.$

9. 利用复合函数求导法则,证明下列结论:

(1)奇函数的导函数必为偶函数;

(2)周期函数的导函数仍为同周期的周期函数.

10. 将一个石块投入湖中,产生的圆形波纹以每秒 60 厘米的速度向外扩展,分别求出在 $(1)t=1$ 秒;$(2)t=2$ 秒;$(3)t=3$ 秒时圆形波纹内的面积变化率,并找出规律.

11. 利用对数求导法求下列函数的导数.

$(1)y=\dfrac{\sqrt{x^2+x}}{\sqrt[3]{x^3+2}};$ $(2)y=\displaystyle\prod_{k=1}^{10}(x-a_k);$

$(3)y=x^{x-1};$ $(4)y=x^{2^x}\mathrm{e}^{x^2}+\sin a.$

12. 求下列函数的二阶导数.

$(1)y=\sin^2 x;$ $(2)y=(x+1)\ln x;$

$(3)y=\mathrm{e}^{x^2};$ $(4)y=\ln(x+\sqrt{x^2+1}).$

13. 求下列函数的 n 阶导数.

$(1)y=x^6;$ $(2)y=\mathrm{e}^{1-x};$

$(3)y=\dfrac{2-x}{1-x};$ $(4)y=\sin 2x.$

14. 求下列函数的微分.

$(1)y=\sqrt{x}(x^2+2x);$ $(2)y=\dfrac{a+b}{\sqrt[3]{x^2}};$

$(3)y=x\ln\sqrt{x^2+1};$ $(4)y=x\mathrm{e}^{x^2};$

$(5)y=x^3\cos x;$ $(6)y=\arctan\mathrm{e}^x;$

$(7)y=2^{\frac{1}{x}};$ $(8)y=\sqrt{1+\ln x};$

$(9)y=\dfrac{1}{2}\tan x+\ln|\sin x|;$ $(10)y=\dfrac{x^2}{x-1}.$

15. 利用微分求下列各数的近似值.

(1) $e^{0.03}$；

(2) $\ln 1.003$；

(3) $\sin 29°$；

(4) $\sqrt[5]{31}$.

16. 利用微分证明：当 $|x|$ 很小时,有下列近似公式.

(1) $\sqrt[\alpha]{x+1}-1 \approx \dfrac{1}{\alpha}x$，$(\alpha > 0)$；

(2) $e^x - 1 \approx x$；

(3) $\sin x \approx x$；

(4) $\ln(x+1) \approx x$.

17. 确定下列函数的单调区间.

(1) $y = x^3 - 2x^2$；

(2) $y = x^3 - 3x^2 - 9x + 6$；

(3) $y = (x+1)^2(x-2)^3$；

(4) $y = (x^2-1)^3$；

(5) $y = x + \dfrac{4}{x}$；

(6) $y = x - \ln(1+x)$；

(7) $y = e^{-\frac{1}{x}}$；

(8) $y = x - \sin x$；

(9) $y = e^{x^2-3x}$；

(10) $y = \dfrac{x^2}{x^2+3}$.

18. 求下列函数的极值.

(1) $y = x^3 - 3x^2 - 9x - 1$；

(2) $y = x + \sqrt{1-x}$；

(3) $y = x - \ln(1+x)$；

(4) $y = x^2 e^{-x}$；

(5) $y = \dfrac{x}{x^2+1}$；

(6) $y = (x^2+1)^3$.

19. 求下列函数在给定区间上的最值.

(1) $y = x^2 - 3x + 2$，$[-10, 10]$；

(2) $y = \sin x + \cos x$，$\left[0, \dfrac{\pi}{3}\right]$；

(3) $y = 2x^3 - 3x^2 - 12x + 1$，$[-2, 3]$；

(4) $y = e^{|x-3|}$，$[-5, 5]$.

20. 判断下列结论是否正确,并说明理由.

(1) 若函数 $f(x)$ 在 (a,b) 内可导,单调增加,则有 $f'(x) > 0$.

(2) 若函数 $f(x), g(x)$ 在 (a,b) 内可导,且 $f(x) \geqslant g(x)$,则必有 $f'(x) \geqslant g'(x)$.

(3) 若函数 $f(x), g(x)$ 在 (a,b) 内可导,且 $f'(x) \geqslant g'(x)$,则必有 $f(x) \geqslant g(x)$.

(4) 同一函数的极大值必大于极小值.

21. 做一个体积为 V 的带盖的圆柱形容器. 已知两个端面的材料价格为每单位面积 a 元,侧面材料价格为每单位面积 b 元,问底面直径与高的比例为多少时,造价最省?

第四章

一元函数积分学

一元积分学是微积分学的主要组成部分之一,从微积分的发展历史上,积分学的发展历史可以追溯到 2 500 年前,可谓源远流长. 由于角度不同,积分概念包含两个部分,其中一部分作为一种运算,由微分的逆运算引入,称为不定积分;另一部分,由微元分析法在计算不规则图形的面积和体积等实践背景中产生,称为定积分. 直到 16 世纪,牛顿和莱布尼茨才实现了两个积分的协调和统一.

§4.1 不定积分

一、原函数与不定积分的概念

在现实中经常会遇到这样一类问题,如行走者如果已经知道了他在 t 时刻行走的速度,希望知道该时刻他行走的距离;对生物学家而言,知道了细菌繁殖的速度,也希望知道某个时刻细菌繁殖的总量;而生产者知道了某个时刻成本增加的速度,也会希望了解该时刻生产的总成本数. 这些问题归结起来,就是已知一个函数 $F(x)$ 的导数 $F'(x)=f(x)$,再往回找到 $F(x)$,这就是微分学的逆运算. 这种要找的求导前的函数 $F(x)$,称为已知函数 $f(x)$ 的原函数,一般定义如下:

定义 4.1 设函数 $f(x)$ 是定义在区间 (a,b) 内的已知函数,如果存在函数 $F(x)$,使得对于区间 (a,b) 内的任意一点 x,总有

$$F'(x)=f(x) \quad 或 \quad \mathrm{d}F(x)=f(x)\mathrm{d}x,$$

则称 $F(x)$ 是 $f(x)$ 在区间 (a,b) 内的一个**原函数**.

由定义 4.1 判断或计算某个已知函数的原函数,基本方法是通过导数运算反推. 例如,在区间 $(-\infty,+\infty)$ 内,有 $(\sin x)'=\cos x$,从而知 $\sin x$ 是 $\cos x$ 在 $(-\infty,+\infty)$ 内的一个原函数. 同理,由 $(\sin x+\pi)'=\cos x$,$(\sin x+4)'=\cos x$ 及 $(\sin x+C)'=\cos x$(C 为任意常数),知 $\sin x+\pi$,$\sin x+4$,$\sin x+C$ 同样也都是 $\cos x$ 在 $(-\infty,+\infty)$ 内的一个原函数. 又如在区间

$(-\infty,+\infty)$ 内,有 $(x^2)'=2x$,$(x^2+a^2)'=2x$,$(x^2+C)'=2x(C$ 为任意常数$)$,也可以确定 x^2,x^2+a^2,x^2+C 同为 $2x$ 在区间 $(-\infty,+\infty)$ 内的原函数.

一般地说,若函数 $f(x)$ 存在原函数,则原函数不唯一,且有无穷多个,于是有下面定理.

定理 4.1 若 $F(x)$ 是 $f(x)$ 在区间 (a,b) 内的一个原函数,则 $F(x)+C(C$ 为任意常数$)$ 仍然是 $f(x)$ 的原函数,且 $f(x)$ 的任意原函数均可表示为 $F(x)+C$ 的形式.

证 由

$$[F(x)+C]'=F'(x)=f(x),$$

知 $F(x)+C$ 是 $f(x)$ 在区间 (a,b) 内的一个原函数.

又设 $G(x)$ 是 (a,b) 内 $f(x)$ 的任意一个原函数,则有 $G'(x)=F'(x)=f(x)$,因此由定理 3.6 推论 2,总有

$$G(x)-F(x)=C, \quad 即 \quad G(x)=F(x)+C.$$

定理证毕.

定理 4.1 表明,只要找到函数 $f(x)$ 的一个原函数 $F(x)$,即可找到 $f(x)$ 的全体原函数,并表示为 $F(x)+C$. 我们称 $f(x)$ 的全体原函数为不定积分,即有如下定义.

定义 4.2 设 $F(x)$ 是 $f(x)$ 的一个原函数,则 $f(x)$ 的原函数的一般表达式 $F(x)+C(C$ 为任意常数$)$ 称为 $f(x)$ 的**不定积分**,记作 $\int f(x)\mathrm{d}x$,即

$$\int f(x)\mathrm{d}x = F(x)+C,$$

其中 $f(x)$ 称为**被积函数**,$f(x)\mathrm{d}x$ 称为**被积表达式**,x 为积分变量,C 为积分常数,$\int$ 称为**积分号**,也可看作不定积分的运算符.

由定义 4.2,函数 $f(x)=\cos x$ 和 $f(x)=2x$ 的不定积分可分别表示为

$$\int \cos x\mathrm{d}x = \sin x+C, \int 2x\mathrm{d}x = x^2+C.$$

例 1 求函数 $y=\dfrac{1}{x^2+1}$ 的不定积分.

解 由 $(\arctan x)'=\dfrac{1}{1+x^2}$,知 $y=\arctan x$ 是函数 $y=\dfrac{1}{x^2+1}$ 的一个原函数,因此,

$$\int \frac{1}{x^2+1}\mathrm{d}x = \arctan x+C.$$

同样的,由

$$\left(-\arctan\frac{1-x}{1+x}\right)' = -\frac{1}{1+\left(\frac{1-x}{1+x}\right)^2}\cdot\left(\frac{1-x}{1+x}\right)'$$

$$= -\frac{(1+x)^2}{2+2x^2}\cdot\frac{-(1+x)-(1-x)}{(1+x)^2}$$

$$= \frac{1}{1+x^2}$$

知函数 $-\arctan\dfrac{1-x}{1+x}$ 也是函数 $y=\dfrac{1}{x^2+1}$ 的一个原函数,因此,也有

$$\int \frac{1}{x^2+1}\mathrm{d}x = -\arctan \frac{1-x}{1+x} + C.$$

由例 1 可以看到,同一函数的不定积分的表达形式不一定唯一,判断积分运算是否正确的最有效的办法是考察运算结果的导数是否等于被积函数.

例 2 已知曲线 $y=f(x)$ 在点 $(x,f(x))$ 处的切线斜率为 $x+3$,且过点 $(1,5)$,求该曲线方程.

解 依题意 $f'(x)=x+3$,又 $\left(\dfrac{1}{2}x^2+3x\right)'=x+3$,因此有

$$y=\int (x+3)\mathrm{d}x = \frac{1}{2}x^2+3x+C.$$

又由 $f(1)=5$,即 $f(1)=\dfrac{1}{2}+3+C=5$,解得 $C=\dfrac{3}{2}$,从而得满足条件的曲线为

$$y=\frac{1}{2}x^2+3x+\frac{3}{2}.$$

从几何直观上看,$y=\displaystyle\int (x+3)\mathrm{d}x=\dfrac{1}{2}x^2+3x+C$ 是一族曲线(如图 4—1 所示),它们在同一横坐标点的切线是互相平行的,而 $y=\dfrac{1}{2}x^2+3x+\dfrac{3}{2}$ 是其中过点 $(1,5)$ 的一条曲线.类似例 2,已知函数 $f(x)$ 的导数 $f'(x)$,求满足特定条件 $f(x_0)=y_0$ 的函数 $y=f(x)$,是积分应用中的常见问题,通常称为**初值问题**,其中 $f(x_0)=y_0$ 称为**初值条件**.求解时一般通过不定积分,先求出 $f'(x)$ 的全体原函数 $f(x)+C$(即**积分曲线族** $y=\displaystyle\int f'(x)\mathrm{d}x$),然后再将**初值条件**代入,确定常数 C,从而得到满足特定条件的函数表达式.

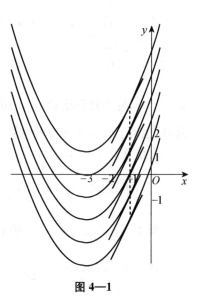

图 4—1

二、不定积分的性质

由不定积分和原函数的概念不难得到下列性质:

性质 1 $\left[\displaystyle\int f(x)\mathrm{d}x\right]' = f(x),\ \mathrm{d}\displaystyle\int f(x)\mathrm{d}x = f(x)\mathrm{d}x.$

证 由定义 4.2,不定积分 $\displaystyle\int f(x)\mathrm{d}x$ 是被积函数 $f(x)$ 的原函数,因此有

$$\left[\int f(x)\mathrm{d}x\right]' = f(x).$$

由微分定义式,进而有

$$d\left[\int f(x)dx\right] = \left[\int f(x)dx\right]' dx = f(x)dx.$$

结论得证.

性质 2 $\displaystyle\int F'(x)dx = F(x) + C, \int dF(x) = F(x) + C.$

性质 2 证法同性质 1.

性质 1 和性质 2 表明积分"$\int$"与微分"d"是两个互逆运算,它们相互作用时则相互抵消,若设 $f(x)$ 为可导函数,即有

$$f(x) \xrightarrow{\text{运算"d"}} df(x) \text{ 或 } f'(x)dx \xrightarrow{\text{运算"}\int\text{"}} f(x) + C,$$

$$f(x) \xrightarrow{\text{运算"}\int\text{"}} \int f(x)dx \text{ 或 } \int df'(x) \xrightarrow{\text{运算"d"}} f(x).$$

注意到,在连接积分和微分两个运算时,当最后一步为积分运算时,结果加上了任意常数 C,说明整个运算不是一一对应的,而当最后是微分运算时,结果是一一对应的. 例如

$$\left[\int f(x^3)dx\right]' = \frac{\boxed{d\int} f(x^3)dx}{dx} = f(x^3),$$

$$d\left[\int f(x^3)dx\right] = \boxed{d\int} f(x^3)dx = f(x^3)dx,$$

$$\boxed{\int d}\,\boxed{\int d}\,\boxed{\int d}\, f(x^2) = f(x^2) + C.$$

性质 3 $\displaystyle\int [f(x) \pm g(x)]dx = \int f(x)dx \pm \int g(x)dx.$

证 由定义 4.2 和导数运算法则有

$$\left[\int f(x)dx \pm \int g(x)dx\right]' = \left[\int f(x)dx\right]' \pm \left[\int g(x)dx\right]' = f(x) \pm g(x),$$

且 $\left[\int f(x)dx \pm \int g(x)dx\right]$ 含有一个任意常数,因此 $\left[\int f(x)dx \pm \int g(x)dx\right]$ 就是 $f(x) \pm g(x)$ 的全体原函数,结论得证.

性质 4 $\displaystyle\int kf(x)dx = k\int f(x)dx$,其中 k 为非零常数.

性质 4 证法同性质 3.

三、不定积分的运算

1. 基本积分公式

由于积分与微分之间是互逆运算,因此,我们只要将微分公式倒过来就可以得到相应的不定积分公式. 例如,将微分公式 $dC = 0dx$,两边积分,即

$$\int dC = \int 0dx,$$

从而有公式 $\int 0 \mathrm{d}x = C$.

将微分公式 $\mathrm{d}x^{\alpha+1} = (\alpha+1)x^{\alpha}\mathrm{d}x$,两边积分,即

$$\int \mathrm{d}x^{\alpha+1} = \int (\alpha+1)x^{\alpha}\mathrm{d}x = (\alpha+1)\int x^{\alpha}\mathrm{d}x,$$

从而有公式 $\int x^{\alpha}\mathrm{d}x = \dfrac{1}{\alpha+1}x^{\alpha+1} + C\,(\alpha \neq -1)$.

将微分公式 $\mathrm{d}\arcsin x = \dfrac{1}{\sqrt{1-x^2}}\mathrm{d}x$ 或 $\mathrm{d}\arccos x = -\dfrac{1}{\sqrt{1-x^2}}\mathrm{d}x$,两边积分,即

$$\int \mathrm{d}\arcsin x = \int \frac{1}{\sqrt{1-x^2}}\mathrm{d}x \text{ 或} \int \mathrm{d}\arccos x = -\int \frac{1}{\sqrt{1-x^2}}\mathrm{d}x,$$

从而有公式 $\int \dfrac{1}{\sqrt{1-x^2}}\mathrm{d}x = \arcsin x + C$ 或 $-\arccos x + C$.

读者可以自行完成余下的由微分公式到积分公式的转换,有以下的不定积分基本公式:

$(1)\displaystyle\int 0\mathrm{d}x = C$ $(2)\displaystyle\int x^{\alpha}\mathrm{d}x = \dfrac{1}{\alpha+1}x^{\alpha+1} + C\,(\alpha \neq -1)$

$(3)\displaystyle\int \dfrac{1}{x}\mathrm{d}x = \ln|x| + C$ $(4)\displaystyle\int \mathrm{e}^x\mathrm{d}x = \mathrm{e}^x + C$

$(5)\displaystyle\int a^x\mathrm{d}x = \dfrac{1}{\ln a}a^x + C$ $(6)\displaystyle\int \sin x\mathrm{d}x = -\cos x + C$

$(7)\displaystyle\int \cos x\mathrm{d}x = \sin x + C$ $(8)\displaystyle\int \sec^2 x\mathrm{d}x = \tan x + C$

$(9)\displaystyle\int \csc^2 x\mathrm{d}x = -\cot x + C$

$(10)\displaystyle\int \dfrac{1}{\sqrt{1-x^2}}\mathrm{d}x = \arcsin x + C$ 或 $-\arccos x + C$

$(11)\displaystyle\int \dfrac{1}{1+x^2}\mathrm{d}x = \arctan x + C$ 或 $-\mathrm{arccot}x + C$

关于积分公式表,需要说明的是:

(1)同一个积分函数积分结果可能会有不同的表达形式,仅公式表中就有类似地情况,例如,

$$\int \frac{1}{\sqrt{1-x^2}}\mathrm{d}x = \arcsin x + C \text{ 或} -\arccos x + C.$$

判断积分结果是否正确,唯一可靠的方法是:对积分结果求导,看导数是否等于被积函数.

(2)幂函数的积分根据幂次有两种不同结果,应注意区分.

$$\int x^{\alpha}\mathrm{d}x = \begin{cases} \dfrac{1}{\alpha+1}x^{\alpha+1} + C, & \alpha \neq -1 \\ \ln|x| + C, & \alpha = -1 \end{cases}.$$

(3)公式表中未能涵盖所有基本初等函数的积分公式,因此,要解决更多的积分问题还需扩展积分方法,并充实积分表.

例 3 求 $\int \dfrac{1}{x\sqrt[3]{x}}\mathrm{d}x$.

解 $\int \dfrac{1}{x\sqrt[3]{x}}\mathrm{d}x = \int x^{-\frac{4}{3}}\mathrm{d}x = \dfrac{1}{-\dfrac{4}{3}+1}x^{-\frac{4}{3}+1}+C = -3x^{-\frac{1}{3}}+C.$

例 4 求 $\int \sin^2\dfrac{x}{2}\mathrm{d}x$.

解 $\int \sin^2\dfrac{x}{2}\mathrm{d}x = \int(1-\cos x)\mathrm{d}x = \int\mathrm{d}x - \int\cos x\mathrm{d}x = x-\sin x + C.$

例 5 求 $\int (x^2-1)^2\mathrm{d}x$.

解 $\begin{aligned}\int (x^2-1)^2\mathrm{d}x &= \int(x^4-2x^2+1)\mathrm{d}x\\ &= \int x^4\mathrm{d}x - 2\int x^2\mathrm{d}x + \int\mathrm{d}x\\ &= \dfrac{1}{5}x^5 - \dfrac{2}{3}x^3 + x + C.\end{aligned}$

例 6 求 $\int \dfrac{x^4}{x^2+1}\mathrm{d}x$.

解 $\begin{aligned}\int \dfrac{x^4}{x^2+1}\mathrm{d}x &= \int\dfrac{x^4-1+1}{x^2+1}\mathrm{d}x\\ &= \int(x^2-1)\mathrm{d}x + \int\dfrac{1}{x^2+1}\mathrm{d}x\\ &= \int x^2\mathrm{d}x - \int\mathrm{d}x + \int\dfrac{1}{x^2+1}\mathrm{d}x\\ &= \dfrac{1}{3}x^3 - x + \arctan x + C.\end{aligned}$

以上例子可以看到,不定积分的计算很少能直接套用公式,对被积函数作恒等变换,以适应公式的运用是常见的一种积分方法.

2. 换元积分法

为了解决更多的不定积分的计算问题,下面简单介绍一种新的积分方法.

先看一个例子.

例 7 求 $\int \sqrt{x+1}\mathrm{d}x$.

解 显然,在不改变积分变量的情况下是很难套用公式进行积分的,同时注意到式中 $\mathrm{d}x$ 可以凑成微分 $\mathrm{d}(x+1)$ 形式,引进新的积分变量 $u=x+1$,即有

$$\int \sqrt{x+1}\mathrm{d}x = \int \sqrt{x+1}\mathrm{d}(x+1) = \int u^{\frac{1}{2}}\mathrm{d}u = \dfrac{2}{3}u^{\frac{3}{2}}+C = \dfrac{2}{3}(x+1)^{\frac{3}{2}}+C.$$

例 7 所采用的引进新的积分变量的方法,称为第一**换元积分法**.其原理可用下面的定理表述.

定理 4.2 若 u 为自变量时,有

$$\int f(u)\mathrm{d}u = F(u)+C,$$

则当 u 为 x 的函数 $u=\varphi(x)$ 时,也有

$$\int f[\varphi(x)]\varphi'(x)\mathrm{d}x = \int f[\varphi(x)]\mathrm{d}\varphi(x) = F[\varphi(x)] + C.$$

证 由已知 $\int f(u)\mathrm{d}u = F(u) + C$，有

$$F'(u) = f(u),$$

于是由复合函数求导法则，有

$$\{F[\varphi(x)] + C\}' = F'[\varphi(x)]\varphi'(x),$$

因此有

$$\int f[\varphi(x)]\varphi'(x)\mathrm{d}x = F[\varphi(x)] + C.$$

实际在对 $\int f[\varphi(x)]\varphi'(x)\mathrm{d}x$ 作第一类换元积分时，将积分式中部分函数 $\varphi'(x)$ 放在微分号后，设为新的积分变量，因此称为"**凑微分法**".

例 8 求 $\int 2x\mathrm{e}^{x^2}\mathrm{d}x$.

解 "凑指数". 设 $u = x^2$，于是 $\mathrm{d}u = 2x\mathrm{d}x$，因此有

$$\int 2x\mathrm{e}^{x^2}\mathrm{d}x = \int \mathrm{e}^{x^2}\mathrm{d}(x^2) = \int \mathrm{e}^u\mathrm{d}u = \mathrm{e}^u + C = \mathrm{e}^{x^2} + C.$$

例 9 求 $\int x\sqrt[3]{x^2 - 3}\mathrm{d}x$.

解 "凑指数". 设 $u = x^2 - 3$. 于是 $\mathrm{d}u = 2x\mathrm{d}x$，因此有

$$\int x\sqrt[3]{x^2 - 3}\mathrm{d}x = \frac{1}{2}\int \sqrt[3]{x^2 - 3}\mathrm{d}(x^2 - 3) = \frac{1}{2}\int u^{\frac{1}{3}}\mathrm{d}u$$

$$= \frac{3}{8}u^{\frac{4}{3}} + C = \frac{3}{8}(x^2 - 3)^{\frac{4}{3}} + C.$$

例 10 求 $\int \frac{\sin\sqrt{x}}{\sqrt{x}}\mathrm{d}x$.

解 "凑角度". 设 $u = \sqrt{x}$，于是 $\mathrm{d}u = \frac{1}{2\sqrt{x}}\mathrm{d}x$，因此有

$$\int \frac{\sin\sqrt{x}}{\sqrt{x}}\mathrm{d}x = 2\int \sin\sqrt{x}\mathrm{d}\sqrt{x} = 2\int \sin u\mathrm{d}u = -2\cos u + C = -2\cos\sqrt{x} + C.$$

例 11 求 $\int \frac{x}{(1-x)^{10}}\mathrm{d}x$.

解 "凑分母". 设 $u = 1 - x$，于是 $\mathrm{d}u = -\mathrm{d}x$，因此有

$$\int \frac{x}{(1-x)^{10}}\mathrm{d}x = \int \frac{(1-x)-1}{(1-x)^{10}}\mathrm{d}(1-x)$$

$$= \int (u^{-9} - u^{-10})\mathrm{d}u$$

$$= -\frac{1}{8}u^{-8} + \frac{1}{9}u^{-9} + C$$

$$=-\frac{1}{8}\frac{1}{(1-x)^8}+\frac{1}{9}\frac{1}{(1-x)^9}+C.$$

作换元积分时要注意,在换元求出原函数后,要有一个回代过程,使得不定积分中的变量与积分变量一致.

§4.2 定积分的概念

一、引出定积分概念的两个实例

积分学的产生最早源于阿基米德利用分割法解决由曲线 $y=x^2$ 与直线 $y=0,x=1$ 围成的曲边梯形的面积计算问题. 我们就先从面积问题入手,引入定积分的概念.

1. 曲边梯形的面积

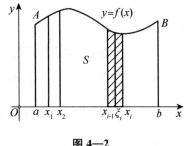

图 4—2

如图 4—2 所示,由连续曲线 $y=f(x)\,(f(x)\geqslant0)$ 及直线 $x=a,x=b,x$ 轴围成的平面图形称为曲边梯形. 曲边梯形与矩形的不同点在于它的高是变的,因此不能简单地像矩形那样计算面积. 下面用极限的方法来处理.

(1)第一步,分割. 用分点 $a=x_0<x_1<\cdots<x_{i-1}<x_i<\cdots<x_n=b$, 将区间 $[a,b]$ 分割为 n 个子区间 $[x_{i-1},x_i](i=1,2,\cdots,n)$. 区间长度为 $\Delta x_i=x_i-x_{i-1}$. 过各分点作轴垂线,将曲边梯形分割为 n 个小曲边梯形.

(2)第二步,近似代换. 当分割细密,即 Δx_i 很小时,由于 $f(x)$ 连续,函数值在 $[x_{i-1},x_i]$ 上变化很小,可近似看作常量. 于是,在区间 $[x_{i-1},x_i]$ 中任取一点 ξ_i,则 $[x_{i-1},x_i]$ 对应的小曲边梯形可看作是高为 $f(\xi_i)$,底边长为 Δx_i 的小矩形,从而得小曲边梯形面积的近似值,

$$\Delta S_i\approx f(\xi_i)\Delta x_i.$$

(3)第三步,求和. 将 n 个子区间面积的近似值相加,得曲边梯形面积的近似值.

$$S=\sum_{i=1}^{n}\Delta S_i\approx\sum_{i=1}^{n}f(\xi_i)\Delta x_i.$$

(4)第四步,取极限. 如果分割愈细密,那么和式 $\sum\limits_{i=1}^{n}f(\xi_i)\Delta x_i$ 对曲边梯形面积的精确值 S 的近似程度愈高. 更进一步,当分割无限细密,即 $n\to\infty$ 且所有小区间长度 $\Delta x_i\to0$ 时,若和式 $\sum\limits_{i=1}^{n}f(\xi_i)\Delta x_i$ 的极限存在,则该极限值自然地定义为面积的精确值 S,记 $\lambda=\max\limits_{1\leqslant i\leqslant n}\{\Delta x_i\}$,即有

$$S=\lim_{\lambda\to0}\sum_{i=1}^{n}f(\xi_i)\Delta x_i.$$

2. 变速直线运动的路程

我们用同样的方法处理变速直线运动的路程问题. 设某质点沿直线作变速运动,t 时刻的

速度为 $v(t)$,并设 $v(t)$ 为连续函数,求在时间间隔 $[a,b]$ 内所走过的路程. 在速度变化的情况下,显然不能按照匀速运动的方式计算运动路程,在整体无法计算时,仍采用分割法处理.

(1)第一步,分割. 用分点 $a=t_0<t_1<\cdots<t_{i-1}<t_i<\cdots<t_n=b$,将时间间隔 $[a,b]$ 分割为 n 个小间隔 $[t_{i-1},t_i]$ $(i=1,2,\cdots,n)$. 时间间隔长度为 $\Delta t_i=t_i-t_{i-1}$.

(2)第二步,近似代换. 当分割细密,即 Δt_i 很小时,由于 $v(t)$ 连续,函数值在 $[t_{i-1},t_i]$ 内变化很小,质点可近似看作做匀速运动. 于是,在 $[t_{i-1},t_i]$ 中任取一点 τ_i,在间隔 $[t_{i-1},t_i]$ 内质点走过的路程可近似表示为

$$\Delta S_i\approx v(\tau_i)\Delta t_i.$$

(3)第三步,求和. 将在各时间间隔内走过的路程近似值相加,得质点在时间间隔 $[a,b]$ 走过的路程近似值.

$$S=\sum_{i=1}^{n}\Delta S_i\approx\sum_{i=1}^{n}v(\tau_i)\Delta t_i.$$

(4)第四步,取极限. 如果分割愈细密,那么和式 $\sum_{i=1}^{n}v(\tau_i)\Delta t_i$ 对质点在时间间隔 $[a,b]$ 走过的路程的精确值 S 的近似程度愈高. 更进一步,当分割无限细密,即 $n\to\infty$ 且所有小区间长度 $\Delta t_i\to 0$ 时,若和式 $\sum_{i=1}^{n}v(\tau_i)\Delta t_i$ 的极限存在,则该极限值自然地定义为路程的精确值 S,记 $\lambda=\max\limits_{1\leqslant i\leqslant n}\{\Delta t_i\}$,即有

$$S=\lim_{\lambda\to 0}\sum_{i=1}^{n}v(\tau_i)\Delta t_i\ .$$

还可以举出很多的例子,虽然这些例子出自不同的领域、不同的对象,但抽去它们各自的背景,都可以得到共同的数学模式,这就是定积分.

二、定积分的概念

定义 4.3 设 $f(x)$ 是定义在 $[a,b]$ 上的有界函数,用分点

$$a=x_0<x_1<\cdots<x_{i-1}<x_i<\cdots<x_n=b,$$

将区间 $[a,b]$ 分割为 n 个子区间 $[x_{i-1},x_i]$ $(i=1,2,\cdots,n)$. 区间长度为 $\Delta x_i=x_i-x_{i-1}$. 在每个小区间 $[x_{i-1},x_i]$ 任意取一点 $\xi_i\in[x_{i-1},x_i]$,求和

$$S_n=\sum_{i=1}^{n}f(\xi_i)\Delta x_i.$$

记 $\lambda=\max\limits_{1\leqslant i\leqslant n}\{\Delta x_i\}$,若不论区间如何分割,$\xi_i$ 如何选取,极限

$$\lim_{\lambda\to 0}S_n=\lim_{\lambda\to 0}\sum_{i=1}^{n}f(\xi_i)\Delta x_i$$

都存在,则称此极限为 $f(x)$ 在 $[a,b]$ 上的定积分,记作 $\int_a^b f(x)\mathrm{d}x$,即

$$\int_a^b f(x)\mathrm{d}x = \lim_{\lambda \to 0} \sum_{i=1}^n f(\xi_i)\Delta x_i,$$

这时称 $f(x)$ 在$[a,b]$上**可积**,a,b 分别称为**积分下限**和**积分上限**,$[a,b]$为**积分区间**,$f(x)$ 称为**被积函数**,x 为**积分变量**,$f(x)\mathrm{d}x$ 为**被积表达式**.

根据定积分定义,前面讨论的曲边梯形的面积和变速直线运动的路程均可用定积分表示为

$$S = \int_a^b f(x)\mathrm{d}x \text{ 和 } S = \int_a^b v(t)\mathrm{d}t.$$

关于定积分概念,有以下要点:

(1)定积分是一个极限值,因此是一个数,这个数与被积函数和积分上下限有关,但与划分方式和 ξ_i 的取法及积分变量无关.

例 1 求 $\dfrac{\mathrm{d}}{\mathrm{d}x}\displaystyle\int_a^b f(x)\mathrm{d}x$.

解 定积分 $\displaystyle\int_a^b f(x)\mathrm{d}x$ 是一个数,与积分变量无关,因此

$$\frac{\mathrm{d}}{\mathrm{d}x}\int_a^b f(x)\mathrm{d}x = 0.$$

例 2 将极限 $\displaystyle\lim_{n \to \infty}\left(\dfrac{n}{n^2+1} + \dfrac{n}{n^2+2^2} + \cdots \dfrac{n}{n^2+n^2}\right)$ 化为定积分形式.

解 为和式的极限,一般项具有特征

$$\frac{1}{1+\left(\dfrac{i}{n}\right)^2} \cdot \frac{1}{n},$$

可看作在$[0,1]$上用分点 $x_i = \dfrac{i}{n}$ 等分后,函数 $f(x) = \dfrac{1}{1+x^2}$ 对应的积分表达式

$$f(\xi_i)\Delta x_i, \text{ 其中 } \Delta x_i = \frac{1}{n}.$$

又积分值与划分方式无关,从而

$$\text{原极限} = \lim_{n \to \infty}\sum_{i=1}^n \frac{1}{1+\left(\dfrac{i}{n}\right)^2} \cdot \frac{1}{n} = \int_0^1 \frac{\mathrm{d}x}{1+x^2}.$$

(2)定积分定义采用的是在划分基础上的逼近方法,因此要确保划分和逼近的实行,其必要条件是被积函数有界且积分区间为有限区间. 可以证明,若函数 $f(x)$ 在区间$[a,b]$上连续,则必可积.

(3)定积分的积分区间$[a,b]$也是整个积分的定义区间,容易推出

$$\int_a^b f(x)\mathrm{d}x = -\int_b^a f(x)\mathrm{d}x, \int_a^a f(x)\mathrm{d}x = 0.$$

(4)定积分 $\displaystyle\int_a^b f(x)\mathrm{d}x$ 的几何背景是:若 $f(x)$ 在$[a,b]$上非负可积,则积分表示由曲线 $y = f(x)$,直线 $x = a, x = b$ 及 x 轴围成的面积;若 $f(x)$ 在$[a,b]$上变号,则积分表示由曲线

$y=f(x)$ 和 x 轴在区间 $[a,b]$ 上围成的若干曲边梯形面积的代数和. 如图 4—3 所示,S_1,S_2,S_3 分别表示由 $y=f(x)$ 和 x 轴在区间 $[a,c],[c,d]$ 和 $[d,b]$ 上围成的曲边梯形的面积,则

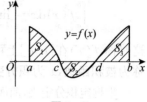

$$\int_a^b f(x)\mathrm{d}x = S_1 - S_2 + S_3.$$

图 4—3

例 3 求 $\displaystyle\int_a^b \sqrt{a^2-x^2}\,\mathrm{d}x$.

解 根据定积分的几何背景,积分 $\displaystyle\int_a^b \sqrt{a^2-x^2}\,\mathrm{d}x$ 表示以原点为圆心,半径为 a 的四分之一圆的面积. 因此,

$$\int_a^b \sqrt{a^2-x^2}\,\mathrm{d}x = \frac{1}{4}\pi a^2.$$

例 4 求 $\displaystyle\int_{-\pi}^{\pi} \sin x\,\mathrm{d}x$.

解 如图 4—4 所示,被积函数 $y=\sin x$ 关于原点对称,因此积分表示大小相同、符号相反的两个面积的代数和,故有

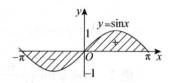

$$\int_{-\pi}^{\pi} \sin x\,\mathrm{d}x = 0.$$

图 4—4

三、定积分的性质,积分中值定理

设函数 $f(x),g(x)$ 在 $[a,b]$ 上可积分,则定积分有以下性质:

性质 1 常数因子可以提到积分号前,即

$$\int_a^b kf(x)\mathrm{d}x = k\int_a^b f(x)\mathrm{d}x.$$

性质 2 函数代数和的积分等于各自积分的代数和,即

$$\int_a^b [f(x)\pm g(x)]\mathrm{d}x = \int_a^b f(x)\mathrm{d}x \pm \int_a^b g(x)\mathrm{d}x.$$

性质 3 定积分的可加性

$$\int_a^b f(x)\mathrm{d}x = \int_a^c f(x)\mathrm{d}x + \int_c^b f(x)\mathrm{d}x.$$

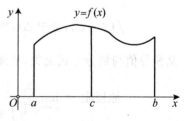

以上 3 个性质均可由定积分的几何意义说明. 其中性质 3 的几何意义如图 4—5 所示. 当 $a<c<b$ 时,在 $[a,b]$ 上对应的曲边梯形的面积等于在 $[a,c],[c,b]$ 上对应的两块曲边梯形的面积之和,即得结论;当 $a<b<c$ 时,在 $[a,c]$ 上对应的曲边梯形的面积等于在 $[a,b],[b,c]$ 上对应的两块曲边梯形的面积之和,即

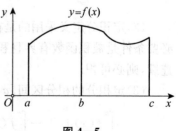

图 4—5

$$\int_a^c f(x)\mathrm{d}x = \int_a^b f(x)\mathrm{d}x + \int_b^c f(x)\mathrm{d}x = \int_a^b f(x)\mathrm{d}x - \int_c^b f(x)\mathrm{d}x.$$

整理后即为性质 3 的形式. 类似地可以说明当 $c<a<b$ 时的情况.

性质 4　如果在区间 $[a,b]$ 上总有 $f(x)\leqslant g(x)$, 则

$$\int_a^b f(x)\mathrm{d}x \leqslant \int_a^b g(x)\mathrm{d}x.$$

性质 5　如果 $f(x)$ 在 $[a,b]$ 上的最大值和最小值分别为 M,m, 则有

$$m(b-a)\leqslant \int_a^b f(x)\mathrm{d}x \leqslant M(b-a).$$

上面两个性质可以由性质 2 和定积分的几何意义说明.

性质 6(积分中值定理)　设 $f(x)$ 在 $[a,b]$ 上连续, 则必存在一点 $\xi\in[a,b]$, 使得

$$\int_a^b f(x)\mathrm{d}x = f(\xi)(b-a) \text{ 或 } f(\xi)=\frac{1}{b-a}\int_a^b f(x)\mathrm{d}x.$$

证　因为 $f(x)$ 在 $[a,b]$ 上连续, 因此必存在最大值 M 和最小值 m, 由性质 5, 有

$$m(b-a)\leqslant \int_a^b f(x)\mathrm{d}x \leqslant M(b-a),$$

即有　　$m\leqslant \dfrac{1}{b-a}\int_a^b f(x)\mathrm{d}x \leqslant M.$

于是由介值定理, 必存在一点 $\xi\in[a,b]$, 使得

$$f(\xi)=\frac{1}{b-a}\int_a^b f(x)\mathrm{d}x \text{ 或 } \int_a^b f(x)\mathrm{d}x = f(\xi)(b-a).$$

积分中值定理是一个重要定理, 其几何意义如图 4—6 所示, 在函数曲线 $y=f(x)$ 连续条件下, 必存在一点 $\xi\in[a,b]$, 使得同底的高为 $f(\xi)$ 的矩形面积等于曲边梯形面积. 等式

$$f(\xi)=\frac{1}{b-a}\int_a^b f(x)\mathrm{d}x$$

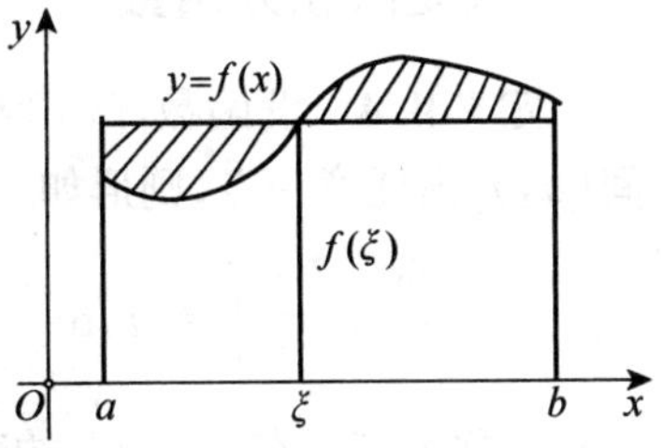

图 4—6

表示连续函数 $f(x)$ 在区间 $[a,b]$ 上的**平均值**, 具有重要应用背景. 例如, 若 $f(t)$ 表示一个地区某天的气温变化曲线, 则 $f(\xi)=\dfrac{1}{24}\int_0^{24} f(t)\mathrm{d}t$ 表示该地区当日的平均气温. 日常生活中用交流电源的家用电器其额定功率通常也是依照这个原理确定的.

例 5　比较下列定积分的大小.

(1) $\displaystyle\int_0^1 x^3\mathrm{d}x$ 与 $\displaystyle\int_0^1 x^4\mathrm{d}x$;　　　　　　(2) $\displaystyle\int_2^3 x^3\mathrm{d}x$ 与 $\displaystyle\int_2^3 x^4\mathrm{d}x$.

解　(1) 在 $[0,1]$ 上, 有 $x^3\geqslant x^4$, 于是由性质 4 有

$$\int_0^1 x^3\mathrm{d}x \geqslant \int_0^1 x^4\mathrm{d}x.$$

(1) 在 $[2,3]$ 上, 有 $x^3\leqslant x^4$, 于是由性质 4 有

$$\int_2^3 x^3\,dx \leqslant \int_2^3 x^4\,dx.$$

例 2 估计积分 $\int_1^2 e^{-x^2}\,dx$ 的取值范围.

解 设 $f(x)=e^{-x^2}, x\in[1,2]$. 由 $f'(x)=-2xe^{-x^2}<0$, 知 $f(x)$ 单调减少, 从而有

$$e^{-1}=e^{-1^2}\geqslant e^{-x^2}\geqslant e^{-2^2}=e^{-4},$$

于是由性质 5 有,

$$e^{-1}=e^{-1}(2-1)\geqslant \int_1^2 e^{-x^2}\,dx \geqslant e^{-4}(2-1)=e^{-4},$$

即 $\int_1^2 e^{-x^2}\,dx$ 的取值范围是 $[e^{-4},e^{-1}]$.

§4.3 定积分的计算

定积分虽然有广泛的应用背景, 但是若都沿用"分割, 近似求和, 取极限"的方式计算定积分, 是十分困难的. 相对而言, 不定积分, 作为微分的逆运算, 从运算角度看却有着很大的优势. 如何将两者的优点结合是我们在考虑定积分计算时首先要解决的问题. 这个结合点就是变限积分函数.

一、变限积分函数

定义 4.4 设函数 $f(x)$ 在区间 $[a,b]$ 上可积, x 是区间 $[a,b]$ 内任意一点, 则形如

$$F(x)=\int_a^x f(t)\,dt$$

的积分称为定义在 $[a,b]$ 上的**变上限积分函数**.

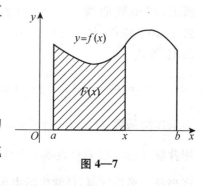

图 4—7

如图 4—7 所示, 当 $f(x)\geqslant 0$ 时, 对于给定的 $x\in[a,b]$, 就有一个面积值 $\int_a^x f(t)\,dt$ 与之对应, 因此构成对应的函数关系, 并称为面积函数.

变上限积分函数是我们新接触的一类重要函数, 讨论这类函数时, 首先要弄清变量关系. 因为从函数结构看, 其中有两个变量: 一个是积分变量, 即被积表达式 $f(t)\,dt$ 中微分号 d 后面的变量 t, 积分变量仅在积分过程中看作变量; 另一个是函数 $F(x)$ 的自变量 x, 一般应出现在积分限上, 且在积分过程中作为常量处理. 例如, 变上限积分函数 $\int_a^x xf(x)\,dx$ 中积分号内的所有 x 均为积分变量, 与积分限上的 x 是不同的两个变量, 由于定积分大小与积分变量无关, 为了避免混淆, 积分 $\int_a^x xf(x)\,dx$ 可改写为 $\int_a^x tf(t)\,dt$.

变上限积分函数有两个基本定理, 在微积分学中占有重要地位.

定理 4.3(连续函数的原函数存在定理)   若函数 $f(x)$ 在区间 $[a,b]$ 上连续,则函数

$$F(x)=\int_a^x f(t)\mathrm{d}t,x\in[a,b]$$

在 $[a,b]$ 上可导,且

$$F'(x)=f(x),x\in[a,b],$$

即 $F(x)$ 是 $f(x)$ 在 $[a,b]$ 上的一个原函数.

证   对于任意给定的 $x\in[a,b]$,对应于 x 的一个改变量 $\Delta x(x+\Delta x\in[a,b])$,由定积分的可加性,有函数改变量

$$\Delta F(x)=F(x+\Delta x)-F(x)=\int_a^{x+\Delta x}f(t)\mathrm{d}t-\int_a^x f(t)\mathrm{d}t=\int_x^{x+\Delta x}f(t)\mathrm{d}t,$$

又由积分中值定理,介于 $x,x+\Delta x$ 之间必存在 ξ,使得

$$\Delta F(x)=f(\xi)\Delta x,\text{即}\ \frac{\Delta F(x)}{\Delta x}=f(\xi).$$

令 $\Delta x\to 0$,即有 $x+\Delta x\to x,\xi\to x$,于是,由函数的连续性,有

$$\lim_{\Delta x\to 0}\frac{\Delta F}{\Delta x}=\lim_{\Delta x\to 0}f(\xi)=f(x),$$

即 $F'(x)=f(x)$.

定理 4.3 表明,变上限积分既可看作定积分,又可看作被积函数的一个原函数,兼有双重身份. 同时还表明,$[a,b]$ 上的任意一个连续函数 $f(x)$ 都存在原函数,而且可以表示为 $\int_a^x f(t)\mathrm{d}t$ 的形式.

例 1   求下列导数.

(1) $\dfrac{\mathrm{d}}{\mathrm{d}x}\left(\int_a^x \sin t^2\mathrm{d}t\right)$;

(2) $\dfrac{\mathrm{d}}{\mathrm{d}x}\left(\int_x^b \sin t^2\mathrm{d}t\right)$;

(3) $\dfrac{\mathrm{d}}{\mathrm{d}x}\left(\int_a^{x^2} \sin t^2\mathrm{d}t\right)$;

(4) $\dfrac{\mathrm{d}}{\mathrm{d}x}\left(\int_a^x x\sin t^2\mathrm{d}t\right)$.

解   (1) $\dfrac{\mathrm{d}}{\mathrm{d}x}\left(\int_a^x \sin t^2\mathrm{d}t\right)=\sin x^2$.

(2) $\dfrac{\mathrm{d}}{\mathrm{d}x}\left(\int_x^b \sin t^2\mathrm{d}t\right)=-\dfrac{\mathrm{d}}{\mathrm{d}x}\left(\int_b^x \sin t^2\mathrm{d}t\right)=-\sin x^2$.

(3) $\dfrac{\mathrm{d}}{\mathrm{d}x}\left(\int_a^{x^2} \sin t^2\mathrm{d}t\right)=\left[\dfrac{\mathrm{d}}{\mathrm{d}u}\left(\int_a^u \sin t^2\mathrm{d}t\right)\right]\cdot\dfrac{\mathrm{d}u}{\mathrm{d}x}=\sin u^2\cdot 2x=2x\sin x^4(\text{令}\ u=x^2)$.

(4) $\dfrac{\mathrm{d}}{\mathrm{d}x}\left(\int_a^x x\sin t^2\mathrm{d}t\right)=\dfrac{\mathrm{d}}{\mathrm{d}x}\left(x\int_a^x \sin t^2\mathrm{d}t\right)=x'\int_a^x \sin t^2\mathrm{d}t+x\left(\int_a^x \sin t^2\mathrm{d}t\right)'$

$$=\int_a^x \sin t^2\mathrm{d}t+x\sin x^2.$$

变限积分函数求导是微积分中的基本运算之一,求导时要分清变量关系. 具体计算时,将积分式整理规范,再按求导法则和定理 4.3 计算.

二、微积分学基本定理,牛顿-莱布尼茨公式

定理 4.4(微积分学基本定理) 设 $f(x)$ 在 $[a,b]$ 上连续,$F(x)$ 是 $f(x)$ 在 $[a,b]$ 上的一个原函数,则有

$$\int_a^b f(x)\mathrm{d}x = F(b) - F(a) .$$

这个公式称为微积分基本公式,或牛顿-莱布尼茨公式.公式也常写为以下形式

$$\int_a^b f(x)\mathrm{d}x = F(x)\Big|_a^b .$$

证 由定理 4.3,$\int_a^x f(t)\mathrm{d}t$ 与 $F(x)$ 同为 $f(x)$ 在 $[a,b]$ 上的原函数,因此 $\int_a^x f(t)\mathrm{d}t$ 可表示为

$$\int_a^x f(t)\mathrm{d}t = F(x) + C ,$$

从而得

$$\int_a^a f(t)\mathrm{d}t = F(a) + C = 0 ,$$

解得 $C = -F(a)$,即有

$$\int_a^x f(t)\mathrm{d}t = F(x) - F(a) ,$$

故

$$\int_a^b f(x)\mathrm{d}x = F(b) - F(a) .$$

公式表明,定积分的计算可简化为求原函数的问题,从而提供了定积分计算的一般方法.

例 2 求 $\int_a^b \cos x \mathrm{d}x$.

解 由 $\int \cos x \mathrm{d}x = \sin x + C$,知 $\sin x$ 是 $\cos x$ 的一个原函数,因此

$$\int_a^b \cos x \mathrm{d}x = \sin x \Big|_a^b = \sin b - \sin a .$$

余弦函数下的面积计算,是法国数学家 Gilles de Roberval 于 1635 年第一次提出的,被认为是一个需要大量灵感的极具挑战性的问题,其中用到了多个三角恒等变换及部分和的计算,到了 17 世纪 70 年代,牛顿-莱布尼茨公式出现,求解就变得轻松而简便.

例 3 求 $\int_0^1 \mathrm{e}^{2x+1}\mathrm{d}x$.

解 由 $\int \mathrm{e}^{2x+1}\mathrm{d}x = \frac{1}{2}\int \mathrm{e}^{2x+1}\mathrm{d}(2x+1) = \frac{1}{2}\mathrm{e}^{2x+1} + C$,知 $\frac{1}{2}\mathrm{e}^{2x+1}$ 是 e^{2x+1} 的一个原函数,因此

$$\int_0^1 \mathrm{e}^{2x+1}\mathrm{d}x = \frac{1}{2}\mathrm{e}^{2x+1}\Big|_0^1 = \frac{1}{2}(\mathrm{e}^3 - \mathrm{e}) .$$

例 4 求 $\int_{-1}^3 |2 - x|\mathrm{d}x$.

解 因为 $|2-x|=\begin{cases}2-x, & x\leqslant 2 \\ x-2, & x>2\end{cases}$,由性质 3,分区间积分,有

$$\int_{-1}^{3}f(x)\mathrm{d}x=\int_{-1}^{2}(2-x)\mathrm{d}x+\int_{2}^{3}(x-2)\mathrm{d}x$$

$$=\left(2x-\frac{1}{2}x^2\right)\Big|_{-1}^{2}+\left(\frac{1}{2}x^2-2x\right)\Big|_{2}^{3}$$

$$=4\frac{1}{2}+\frac{1}{2}=5.$$

例 5 设 $f(x)=\begin{cases}\sqrt{x}, & 0\leqslant x\leqslant 1 \\ \mathrm{e}^{-x}, & 1<x\leqslant 3\end{cases}$,求 $\int_{0}^{3}f(x)\mathrm{d}x$.

解 由性质 3,分区间积分,有

$$\int_{0}^{3}f(x)\mathrm{d}x=\int_{0}^{1}f(x)\mathrm{d}x+\int_{1}^{3}f(x)\mathrm{d}x$$

$$=\int_{0}^{1}\sqrt{x}\mathrm{d}x+\int_{1}^{3}\mathrm{e}^{-x}\mathrm{d}x$$

$$=\frac{2}{3}x^{\frac{3}{2}}\Big|_{0}^{1}-\mathrm{e}^{-x}\Big|_{1}^{3}$$

$$=\frac{2}{3}-\left(\frac{1}{\mathrm{e}^3}-\frac{1}{\mathrm{e}}\right)=\frac{2}{3}+\frac{\mathrm{e}^2-1}{\mathrm{e}^3}.$$

三、定积分的换元积分法

利用牛顿-莱布尼茨公式,我们可以直接将不定积分的换元积分法推至定积分.

定理 4.5 设 $f(x)$ 在 $[a,b]$ 上连续,令 $x=\varphi(t)$,如果

(1)$\varphi(t)$ 在区间 $[\alpha,\beta]$ 上有连续的导数 $\varphi'(t)$,

(2)当 t 从 α 变到 β 时,$\varphi(t)$ 从 $\varphi(\alpha)=a$ 单调地变到 $\varphi(\beta)=b$,

则有定积分的换元积分公式

$$\int_{a}^{b}f(x)\mathrm{d}x=\int_{\alpha}^{\beta}f[\varphi(t)]\varphi'(t)\mathrm{d}t.$$

证 如果 $\int f(x)\mathrm{d}x=F(x)+C$,则由不定积分的换元积分公式有

$$\int f[\varphi(t)]\varphi'(t)\mathrm{d}t=F[\varphi(t)]+C,$$

于是有

$$\int_{a}^{b}f(x)\mathrm{d}x=F(x)\Big|_{a}^{b}=F(b)-F(a)=F[\varphi(\beta)]-F[\varphi(\alpha)],$$

及

$$\int_{\alpha}^{\beta}f[\varphi(t)]\varphi'(t)\mathrm{d}t=F[\varphi(\beta)]-F[\varphi(\alpha)],$$

因此有

$$\int_{a}^{b}f(x)\mathrm{d}x=\int_{\alpha}^{\beta}f[\varphi(t)]\varphi'(t)\mathrm{d}t.$$

定理 4.5 表明,定积分在换元时积分变量和积分上下限的变换应同步进行,求积分的过程中不再需要将变量回代.

例 6 求 $\displaystyle\int_e^{e^2} \frac{1}{x\ln^2 x}dx$.

解 $u=\ln x$,则 $du=\dfrac{1}{x}dx$,且 $x=e$ 时,$u=1$,$x=e^2$ 时,$u=2$,于是

$$\int_e^{e^2} \frac{1}{x\ln^2 x}dx = \int_1^2 u^{-2}du = -u^{-1}\Big|_1^2 = \frac{1}{2}.$$

例 7 求 $\displaystyle\int_0^{\frac{\pi}{4}} \tan x dx$.

解 $u=\cos x$,则 $du=-\sin x dx$,且 $x=0$ 时,$u=1$,$x=\dfrac{\pi}{4}$ 时,$u=\dfrac{\sqrt{2}}{2}$,于是

$$\int_0^{\frac{\pi}{4}} \tan x dx = \int_0^{\frac{\pi}{4}} \frac{\sin x}{\cos x}dx = -\int_1^{\frac{\sqrt{2}}{2}} \frac{1}{u}du = -\ln u\Big|_1^{\frac{\sqrt{2}}{2}} = \frac{1}{2}\ln 2.$$

例 8 求 $\displaystyle\int_{-\frac{1}{5}}^{\frac{1}{5}} \sqrt{2-5x}dx$.

解 方法一. 设 $u=\sqrt{2-5x}$,即有 $x=\dfrac{2-u^2}{5}$,$dx=-\dfrac{2udu}{5}$,且 $x=-\dfrac{1}{5}$ 时,$u=\sqrt{3}$,$x=\dfrac{1}{5}$ 时,$u=1$. 于是

$$\int_{-\frac{1}{5}}^{\frac{1}{5}} \sqrt{2-5x}dx = \frac{2}{5}\int_1^{\sqrt{3}} u^2 du = \frac{2}{5}\cdot\frac{1}{3}u^3\Big|_1^{\sqrt{3}} = \frac{2}{15}(3\sqrt{3}-1).$$

方法二. 设 $u=-\sqrt{2-5x}$,即有 $x=\dfrac{2-u^2}{5}$,$dx=-\dfrac{2udu}{5}$,且 $x=-\dfrac{1}{5}$ 时,$u=-\sqrt{3}$,$x=\dfrac{1}{5}$ 时,$u=-1$,于是

$$\int_{-\frac{1}{5}}^{\frac{1}{5}} \sqrt{2-5x}dx = -\frac{2}{5}\int_{-1}^{-\sqrt{3}} u^2 du = -\frac{2}{5}\cdot\frac{1}{3}u^3\Big|_{-1}^{-\sqrt{3}} = \frac{2}{15}(3\sqrt{3}-1).$$

例 9 证明 $\displaystyle\int_{-a}^a f(x)dx = \int_0^a [f(x)+f(-x)]dx$.

证 由 $\displaystyle\int_{-a}^0 f(x)dx \xlongequal{x=-t} -\int_a^0 f(-t)dt = \int_0^a f(-x)dx$,从而有

$$左式 = \int_{-a}^0 f(x)dx + \int_0^a f(x)dx = \int_0^a f(-x)dx + \int_0^a f(x)dx = 右式.$$

由例 8 容易证明:

$$\int_{-a}^a f(x)dx = \begin{cases} 2\displaystyle\int_0^a f(x)dx, & 若 f(x) 为偶函数 \\ 0, & 若 f(x) 为奇函数 \end{cases}$$

利用对称性可以简化许多积分运算.

例 10 求 $\displaystyle\int_{-3}^3 (x+\sqrt{16-x^2})^2 dx$.

解 $\displaystyle\int_{-3}^3 (x+\sqrt{16-x^2})^2 dx = \int_{-3}^3 (x^2+2x\sqrt{16-x^2}+16-x^2)dx$

$$= \int_{-3}^{3} (16 + 2x\sqrt{16 - x^2}) \, dx$$

$$= \int_{-3}^{3} 16 \, dx = 96 .$$

其中由对称性, $\int_{-3}^{3} 2x\sqrt{16 - x^2} \, dx = 0$.

§4.4 定积分的应用

一、微元法

定积分概念的引入,具有很强的应用背景. 一般地说,在一个不规则变化或非均衡条件下,求某个物理量的总量 Q,如曲边梯形的面积、弯曲的曲线长度、变速直线运动的路程、变力情况下沿直线位移作功等. 如果总量能够任意分割为若干局部量,并在分割条件下,通过"以直代曲","以常量代替变量"等方法,将局部量用初等数学近似表示为 $f(x_i)\Delta x_i$ 的结构形式,均可以考虑应用定积分进行计算,并称 $f(x_i)\Delta x_i$ 为总量的**微元素**即**积分元素**,这种应用定积分计算总量 Q 的方法称为**微元法**.

微元法的基本步骤可以表述如下:

(1)若要在区间 $[a,b]$ 上求某个总量 Q,首先对区间 $[a,b]$ 进行分割,总量 Q 相应地被分割为若干局部量.

(2)简单起见,用区间 $[x,x+dx]$ 表示分割后的一个典型小区间,在该区间上,变可看作不变,曲线可看作直线,不均匀可看作均匀. 在此基础上,构造出总量 Q 的微元素 dQ,并表示为 $f(x)dx$ 的形式,即 $dQ = f(x)dx$.

(3)最后,我们可以给出总量 Q 的定积分算式:

$$Q = \int_a^b f(x) \, dx .$$

例1 求曲线 $y = f(x)$ 介于区间 $[a,b]$ 的曲线段长度.

解 将区间 $[a,b]$ 分割为若干小区间,并取典型小区间 $[x,x+dx]$. 如图 4—8 所示,在区间 $[x,x+dx]$ 上,对曲线 $y = f(x)$ 局部线性化,即用过点 $(x, f(x))$ 的切线近似代换曲线. 于是,利用勾股弦定理,可得到区间 $[x,x+dx]$ 上的曲线长度的微元素

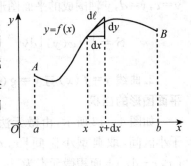

图 4—8

$$d\ell = \sqrt{(dx)^2 + (dy)^2} = \sqrt{1 + \left(\frac{dy}{dx}\right)^2} \, dx ,$$

从而得到曲线 $y = f(x)$ 介于区间 $[a,b]$ 的曲线段长度的计算公式

$$\ell = \int_a^b \sqrt{1 + [f'(x)]^2} \, dx .$$

例2 图 4—9 描绘的是介于平面 $x = a$, $x = b$ 之间的截面积为 $s(x)$ 的立体图形,求该立体体积.

解 将区间 $[a,b]$ 分割为若干小区间,相应的立体被各点处垂直 x 轴的平面切割成若干立体薄片. 取一典型小区间 $[x,x+\mathrm{d}x]$,小区间对应的立体薄片可近似看作高为 $\mathrm{d}x$,底面面积为 $s(x)$ 的小柱体,从而得到体积的微元素

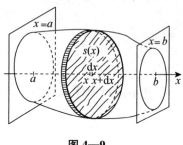

$$\mathrm{d}V = s(x)\mathrm{d}x ,$$

因此,立体体积为

$$V = \int_a^b s(x)\mathrm{d}x .$$

图 4—9

二、积分学的几何应用　平面图形的面积

1. 由曲线 $y=f(x)$,直线 $x=a,x=b$ 及 x 轴围成的平面图形的面积

由定积分的几何意义,当 $f(x) \geqslant 0$ 时,表示由曲线 $y=f(x)$,直线 $x=a,x=b$ 及 x 轴围成的曲边梯形的面积. 现在考虑更为一般的情况下由曲线 $y=f(x)$,直线 $x=a,x=b$ 及 x 轴围成的曲边梯形的面积.

如图 4—10 所示,将区间 $[a,b]$ 分割为若干小区间,取典型小区间 $[x,x+\mathrm{d}x]$,由微元法,该区间小曲边梯形可近似表示为以 $f(x)$ 的长度为高,以 $\mathrm{d}x$ 为底的矩形. 由于 $f(x)$ 的符号不确定,其大小用 $|f(x)|$ 表示. 从而,面积微元素为

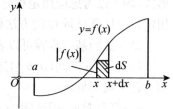

$$\mathrm{d}S = |f(x)|\mathrm{d}x,$$

因此有面积计算公式

$$S = \int_a^b |f(x)|\mathrm{d}x .$$

图 4—10

类似地,如图 4—11 所示,由曲线 $x=\varphi(y)$ 及直线 $y=c,y=d,y$ 轴围成的平面图形的面积公式为

$$S = \int_c^d |\varphi(y)|\mathrm{d}y$$

2. 曲线 $y=f(x)$ 与 $y=g(x)$ 在区间 $[a,b]$ 内围成的平面图形的面积

如图 4—12 所示,由微元法,将区间 $[a,b]$ 分割为若干小区间,取典型小区间 $[x,x+\mathrm{d}x]$,容易看到在区间 $[x,x+\mathrm{d}x]$ 上面积微元素为

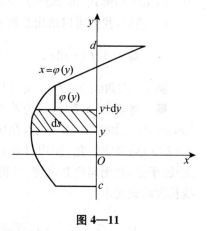

$$\mathrm{d}S = |f(x)-g(x)|\mathrm{d}x,$$

因此,有面积计算公式

$$S = \int_a^b |f(x)-g(x)|\mathrm{d}x .$$

图 4—11

类似地,对于图 4—13 形式的平面图形的面积,有计算公式

$$S = \int_c^d |\varphi(y) - \psi(y)| \, dy.$$

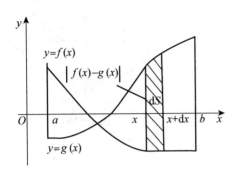

图 4—12

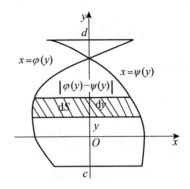

图 4—13

3. 更为复杂的平面图形面积

由多条函数曲线围成的平面图形的面积,最终可分割为若干简单图形的面积和的形式进行处理. 图 4—14 是由四条函数曲线 $y = f_1(x)$,$y = f_2(x)$,$y = f_3(x)$,$y = f_4(x)$ 围成的平面图形. 由微元法,在对 $[a,b]$ 作任意分割后,面积微元素有三种不同组合形式. 因此,由垂直 x 轴的直线 $x = a$,$x = b$,$x = c$,$x = d$ 将该平面图形分割为三块简单的平面图形. 于是,图形的总面积表示为三块面积之和,即

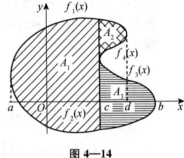

图 4—14

$$S = A_1 + A_2 + A_3$$
$$= \int_a^c [f_1(x) - f_2(x)] \, dx + \int_c^d [f_1(x) - f_4(x)] \, dx$$
$$+ \int_c^b [f_3(x) - f_2(x)] \, dx.$$

例 3 求曲线 $y = x^2 - 3x + 2$ 和 x 轴在 $[0,3]$ 上围成的平面图形的面积.

解 如图 4—15 所示,所求图形的面积为

$$S = \int_0^3 |x^2 - 3x + 2| \, dx$$
$$= \int_0^1 (x^2 - 3x + 2) \, dx - \int_1^2 (x^2 - 3x + 2) \, dx$$
$$+ \int_2^3 (x^2 - 3x + 2) \, dx$$
$$= \left(\frac{1}{3}x^3 - \frac{3}{2}x^2 + 2x \right) \Big|_0^1 - \left(\frac{1}{3}x^3 - \frac{3}{2}x^2 + 2x \right) \Big|_1^2 + \left(\frac{1}{3}x^3 - \frac{3}{2}x^2 + 2x \right) \Big|_2^3$$
$$= \frac{5}{6} + \frac{1}{6} + \frac{5}{6} = \frac{11}{6}.$$

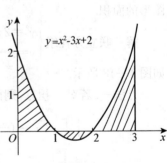

图 4—15

例 4 求椭圆 $\dfrac{x^2}{a^2}+\dfrac{y^2}{b^2}=1$ 所围图形的面积.

解 如图 4—16 所示,由 $\dfrac{x^2}{a^2}+\dfrac{y^2}{b^2}=1$,得

$$y=\pm\frac{b}{a}\sqrt{a^2-x^2}.$$

又由对称性,有

$$S=4\int_0^a\frac{b}{a}\sqrt{a^2-x^2}\mathrm{d}x$$

$$=\frac{4b}{a}\int_0^a\sqrt{a^2-x^2}\mathrm{d}x$$

$$=\frac{4b}{a}\cdot\frac{\pi a^2}{4}=\pi ab.$$

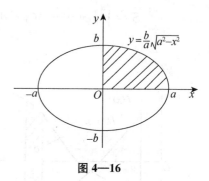

图 4—16

其中,积分 $\displaystyle\int_0^a\sqrt{a^2-x^2}\mathrm{d}x$ 表示半径为 a 的四分之一圆的面积. 当 $a=b=R$ 时,S 即为圆 $x^2+y^2=R^2$ 所围图形的面积计算公式.

例 5 求由曲线 $y=\sin x$,$y=\cos x$ 在 $[0,\pi]$ 上围成的图形的面积.

解 如图 4—17 所示,

$$S=\int_0^\pi|\sin x-\cos x|\mathrm{d}x$$

$$=\int_0^{\frac{\pi}{4}}(\cos x-\sin x)\mathrm{d}x+\int_{\frac{\pi}{4}}^\pi(\sin x-\cos x)\mathrm{d}x$$

$$=(\sin x+\cos x)\Big|_0^{\frac{\pi}{4}}-(\cos x+\sin x)\Big|_{\frac{\pi}{4}}^\pi$$

$$=\sqrt{2}-1+1+\sqrt{2}=2\sqrt{2}.$$

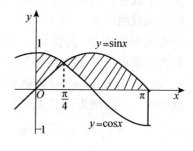

图 4—17

例 6 求由抛物线 $y^2=2x$ 与直线 $y=x-4$ 围成的平面图形的面积.

解 联立方程组 $\begin{cases}y^2=2x\\y=x-4\end{cases}$,解得交点 $(8,4)$,$(2,-2)$,如图 4—18 所示.

方法一. 若对 x 积分,则面积表示为两个积分的和,即

$$S=\int_0^2\big[\sqrt{2x}-(-\sqrt{2x})\big]\mathrm{d}x$$

$$+\int_2^8\big[\sqrt{2x}-(x-4)\big]\mathrm{d}x$$

$$=2\sqrt{2}\int_0^2\sqrt{x}\mathrm{d}x+\sqrt{2}\int_2^8\sqrt{x}\mathrm{d}x-\int_2^8x\mathrm{d}x+\int_2^8 4\mathrm{d}x$$

$$=2\sqrt{2}\cdot\frac{2}{3}x^{\frac{3}{2}}\Big|_0^2+\sqrt{2}\cdot\frac{2}{3}x^{\frac{3}{2}}\Big|_2^8-\frac{1}{2}x^2\Big|_2^8+24$$

$$=\frac{16}{3}+\frac{56}{3}-30+24=18.$$

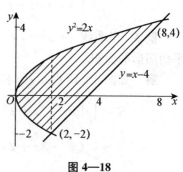

图 4—18

方法二. 若对 y 积分, 则有

$$S = \int_{-2}^{4} \left(y + 4 - \frac{1}{2}y^2 \right) \mathrm{d}y = \left(\frac{1}{2}y^2 + 4y - \frac{1}{6}y^3 \right) \Big|_{-2}^{4} = 18.$$

三、微分方程简介

微积分研究的对象是函数关系,但实际问题中往往得到的是这些函数相关联的导数或者微分之间的关系. 这些关系最终表示为一个含有未知函数及未知函数的导数或微分的方程, 称为微分方程. 微分方程是微分学和积分学知识的综合应用, 也是数学联系实际、应用于实际的重要途径和桥梁, 如今在人文社会科学的各学科领域已经有广泛应用. 本节只介绍用积分法求解微分方程的几个实例.

例 7 设某地区在 t 时刻的人口数量为 $p(t)$, 在没有人员迁入或迁出的自然状态下, t 时刻人口的增长率与人口基数 $p(t)$ 成正比, 即有等式

$$\frac{\mathrm{d}p(t)}{\mathrm{d}t} = kp(t),$$

其中常数 k 称为人口自然增长率. 等式含有未知函数和未知函数的一阶导数, 称为一阶微分方程. 将方程分离变量, 整理得微分式

$$\frac{\mathrm{d}p(t)}{p(t)} = k\mathrm{d}t,$$

两边积分, 得

$$\int \frac{1}{p(t)} \mathrm{d}p(t) = \int k\mathrm{d}t + C_1 \quad (C_1 \text{ 为常数}),$$

即得方程的通解

$$\ln|p(t)| = kt + C_1, \text{即 } p(t) = Ce^{kt} (C = e^{C_1}).$$

结果表明在无外界因素(无战争、无自然灾害、无迁移)的情况下, 人口将按指数(即几何级数)增长, 方程表述的群体增长定律, 称为马尔萨斯律.

例 8 研究表明, 消息传播速度与已知该消息的人数及尚未知道这个消息的人数成正比. 若某个消息在总数为 N 的人群中传播, 记 t 时刻知道这个消息的人数为 $p(t)$, 则有等式

$$\frac{\mathrm{d}p}{\mathrm{d}t} = \alpha p(N - p), \quad \alpha \text{ 为正常数}.$$

通常称为逻辑斯谛方程. 将方程分离变量, 整理得微分式

$$\frac{\mathrm{d}p}{p(N-p)} = \frac{1}{N} \left(\frac{1}{p} + \frac{1}{N-p} \right) \mathrm{d}p = \alpha \mathrm{d}t,$$

两边积分, 即得方程的通解

$$\ln \left| \frac{p}{N-p} \right| = \alpha N t + C_1 \quad (C_1 \text{ 为常数}).$$

又由 $\frac{p}{N-p} > 0$, 从而整理通解可得到

$$p(t) = \frac{CNe^{aNt}}{1 + Ce^{aNt}} \quad (C = e^{C_1}).$$

函数的图形如第一章图 1—8 所示,可以看到消息在开始一个阶段呈加速传播的态势,随后传播速度放慢,随着时间无限延伸,消息将传遍所有人群.

§4.5 无穷积分

我们知道,定积分是在积分区间有限和被积函数有界的条件下引入的,但实际应用和理论研究时常常要突破这两个限制,因此,需要对定积分概念作进一步推广.本节将重点介绍无穷区间内的积分.

定义 4.5 如果函数 $f(x)$ 在 $[a, +\infty)$ 上有定义,且对任意常数 $b(a < b)$,$f(x)$ 在 $[a, b]$ 上可积,则称

$$\int_a^{+\infty} f(x) \mathrm{d}x$$

为 $f(x)$ 在 $[a, +\infty)$ 上的**无穷积分**. 如果极限

$$\lim_{b \to +\infty} \int_a^b f(x) \mathrm{d}x$$

存在,则称无穷积分 $\int_a^{+\infty} f(x) \mathrm{d}x$ **收敛**,并定义极限值为该无穷积分的值,即

$$\int_a^{+\infty} f(x) \mathrm{d}x = \lim_{b \to +\infty} \int_a^b f(x) \mathrm{d}x,$$

否则称无穷积分 $\int_a^{+\infty} f(x) \mathrm{d}x$ **发散**.

类似地,可分别定义 $f(x)$ 在 $(-\infty, b]$,$(-\infty, +\infty)$ 上的无穷积分,即

$$\int_{-\infty}^b f(x) \mathrm{d}x = \lim_{a \to -\infty} \int_a^b f(x) \mathrm{d}x,$$

$$\int_{-\infty}^{+\infty} f(x) \mathrm{d}x = \lim_{a \to -\infty} \int_a^c f(x) \mathrm{d}x + \lim_{b \to +\infty} \int_c^b f(x) \mathrm{d}x,$$

其中 $\int_{-\infty}^{+\infty} f(x) \mathrm{d}x$ 收敛的充分必要条件是极限 $\lim_{a \to -\infty} \int_a^c f(x) \mathrm{d}x$ 和 $\lim_{b \to +\infty} \int_c^b f(x) \mathrm{d}x$ 都收敛.

由定义 4.5 知,无穷积分是在定积分基础上极限的推广,关键在于极限的收敛性. 在收敛条件下,无穷积分是一个数,具备与定积分相同的性质,可以比较大小,也可以利用换元积分法和对称性计算. 若 $F(x)$ 为 $f(x)$ 的一个原函数,无穷积分可简记为

$$\int_a^{+\infty} f(x) \mathrm{d}x = F(x) \Big|_a^{+\infty} = \lim_{x \to +\infty} F(x) - F(a),$$

$$\int_{-\infty}^b f(x) \mathrm{d}x = F(x) \Big|_{-\infty}^b = F(b) - \lim_{x \to -\infty} F(x),$$

$$\int_{-\infty}^{+\infty} f(x) \mathrm{d}x = F(x) \Big|_{-\infty}^{+\infty} = \lim_{x \to +\infty} F(x) - \lim_{x \to -\infty} F(x).$$

如图 4—19 所示,在收敛条件下,$\int_a^{+\infty} f(x)\mathrm{d}x$ 的几何意义是:由曲线 $y=f(x)$,直线 $x=a$ 及 x 轴在无穷远处相交围成的封闭平面图形的面积.

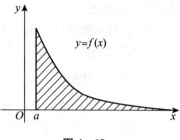

图 4—19

例 1 讨论无穷积分 $\int_{-\infty}^{+\infty} \dfrac{\mathrm{d}x}{x^2+2x+2}$ 的收敛性.

解 $\displaystyle\int_{-\infty}^{+\infty} \frac{\mathrm{d}x}{x^2+2x+2} = \int_{-\infty}^{+\infty} \frac{\mathrm{d}(x+1)}{(x+1)^2+1}$
$$= \int_{-\infty}^{0} \frac{\mathrm{d}(x+1)}{(x+1)^2+1} + \int_{0}^{+\infty} \frac{\mathrm{d}(x+1)}{(x+1)^2+1},$$

其中

$$\int_{-\infty}^{0} \frac{\mathrm{d}(x+1)}{(x+1)^2+1} = \lim_{a\to-\infty} \int_{a}^{0} \frac{\mathrm{d}(x+1)}{(x+1)^2+1}$$
$$= \arctan(0+1) - \lim_{a\to-\infty} \arctan(a+1)$$
$$= \frac{\pi}{4} - \left(-\frac{\pi}{2}\right) = \frac{3\pi}{4},$$

$$\int_{0}^{+\infty} \frac{\mathrm{d}(x+1)}{(x+1)^2+1} = \lim_{b\to+\infty} \int_{0}^{b} \frac{\mathrm{d}(x+1)}{(x+1)^2+1}$$
$$= \lim_{b\to+\infty} \arctan(b+1) - \arctan(0+1)$$
$$= \frac{\pi}{2} - \frac{\pi}{4} = \frac{\pi}{4}.$$

从而知无穷积分 $\int_{-\infty}^{+\infty} \dfrac{\mathrm{d}x}{x^2+2x+2}$ 收敛,且

$$\int_{-\infty}^{+\infty} \frac{\mathrm{d}x}{x^2+2x+2} = \frac{3\pi}{4} + \frac{\pi}{4} = \pi.$$

例 2 讨论无穷积分 $\int_{1}^{+\infty} \dfrac{\mathrm{d}x}{x^{\alpha}}$ 的敛散性.

解 当 $\alpha=1$ 时,$\displaystyle\int_{1}^{+\infty} \frac{\mathrm{d}x}{x} = \ln x \Big|_{1}^{+\infty} = \infty$.

当 $\alpha\neq 1$ 时,$\displaystyle\int_{1}^{+\infty} \frac{\mathrm{d}x}{x^{\alpha}} = \frac{1}{1-\alpha} x^{1-\alpha} \Big|_{1}^{+\infty} = \begin{cases} \infty, & 发散, \quad \alpha<1 \\ \dfrac{1}{\alpha-1}, & 收敛, \quad \alpha>1 \end{cases}$.

综上讨论,原积分当 $\alpha>1$ 时收敛,其值为 $\dfrac{1}{\alpha-1}$;当 $\alpha\leqslant 1$ 时发散.

习题四

1. 回答下列问题:

(1)已知函数 $f(x)$ 的一个原函数为 -1,则 $f(x)$ 的表达式是什么? $f(x)$ 全体原函数的

表达式又是什么?

(2)已知函数 $f(2x)$ 的一个原函数是 x^2,则 $f(x)$ 的表达式是什么?

(3)已知函数 $f(x)$ 的一个原函数为 e^{x^2},$f(x)$ 的导函数的表达式是什么?

(4)在不定积分 $\int e^{x^2}dx,\int e^{x^2}dt,\int e^{x^2}dx^2$ 中哪些是函数 e^{x^2} 的原函数?

(5)已知 $f(x)$ 的一个原函数为 0,则 $f(x)$ 的表达式是什么? $f(x)$ 的不定积分是什么?

2. 验证下列积分运算是否正确.

(1)$\int \dfrac{1}{1+x^2}dx = \arctan\dfrac{1}{x}+C$;

(2)$\int \sin 2x\,dx = \dfrac{1}{2}(\sin^2 x - \cos^2 x)+C$;

(3)$\int \dfrac{1}{x}dx = \ln 4x + C$;

(4)$\int x\cos x^2\,dx = \sin x^2 + C$.

3. 计算下列各题.

(1)$\int f'(x)dx$;

(2)$\int df(2x)$;

(3)$\dfrac{d}{dx}\left[\int f(x^2)dx\right]$;

(4)$d\left[\int f(\sin x)dx\right]$.

4. 计算下列不定积分.

(1)$\int \sqrt{x}\sqrt[3]{x}\,dx$;

(2)$\int (\sqrt[3]{x}+2)(x-3)dx$;

(3)$\int (\sqrt{x}+1)^2 dx$;

(4)$\int \dfrac{(t-1)^3}{t^2}dt$;

(5)$\int \dfrac{x^2}{1+x^2}dx$;

(6)$\int \dfrac{2^x+5^x}{10^x}dx$;

(7)$\int \tan^2 x\,dx$;

(8)$\int \cos^2 \dfrac{x}{2}dx$;

(9)$\int \dfrac{\cos 2x}{\sin^2 x\cos^2 x}dx$;

(10)$\int \dfrac{1+\sin 2x}{\sin x+\cos x}dx$.

5. 过点 $(-1,1)$,求作一条光滑曲线,使该曲线在点 $(x,f(x))$ 的切线斜率为 x^2.

6. 求下列不定积分.

(1)$\int \dfrac{x-3}{(x+1)^{10}}dx$;

(2)$\int 2xe^{x^2+1}dx$;

(3)$\int \dfrac{(2x+3)dx}{x^2+3x+16}$;

(4)$\int \dfrac{(x+1)dx}{x^2-2x+2}$;

(5)$\int \sin^3 x\cos x\,dx$;

(6)$\int \dfrac{\sin^3 x}{\sqrt{\cos x}}dx$;

(7)$\int \dfrac{1}{x^2}e^{-\frac{1}{x}}dx$;

(8)$\int (2x+1)e^{1-x-x^2}dx$;

(9)$\int x\sqrt{x^2-1}\,dx$;

(10)$\int x^2\sqrt[3]{x^3+a^3}\,dx$;

(11)$\int \dfrac{dx}{\sqrt{-x^2-2x}}$;

(12)$\int \dfrac{(2x+3)dx}{\sqrt{x^2+3x+3}}$;

$(13) \int \dfrac{\ln^3 x}{x} \mathrm{d}x;$ $(14) \int \dfrac{1+\ln x}{x} \mathrm{d}x.$

7. 利用定积分的几何意义计算下列积分值.

$(1) \displaystyle\int_1^2 (x+2)\mathrm{d}x;$ $(2) \displaystyle\int_{-a}^a \sqrt{a^2-x^2}\,\mathrm{d}x;$

$(3) \displaystyle\int_{-1}^1 \dfrac{x}{1+x^2}\mathrm{d}x;$ $(4) \displaystyle\int_{-1}^1 |x|\,\mathrm{d}x.$

8. 比较下列积分大小.

$(1) \displaystyle\int_0^{\frac{\pi}{2}} \sin x\,\mathrm{d}x$ 与 $\displaystyle\int_0^{\frac{\pi}{2}} x\,\mathrm{d}x;$ $(2) \displaystyle\int_1^3 x^2\,\mathrm{d}x$ 与 $\displaystyle\int_1^3 x^3\,\mathrm{d}x;$

$(3) \displaystyle\int_0^1 \mathrm{e}^{x^2}\,\mathrm{d}x$ 与 $\displaystyle\int_0^1 \mathrm{e}^x\,\mathrm{d}x;$ $(4) \displaystyle\int_1^{\mathrm{e}} \ln^2 x\,\mathrm{d}x$ 与 $\displaystyle\int_1^{\mathrm{e}} \ln x\,\mathrm{d}x.$

9. 利用定积分估计下列定积分的取值范围.

$(1) \displaystyle\int_0^2 (x^2-x)\mathrm{d}x;$ $(2) \displaystyle\int_1^3 \ln x\,\mathrm{d}x.$

10. 判断下列结论是否正确, 说明理由.

$(1) \displaystyle\int_a^b f(x)\mathrm{d}x$ 的几何意义是表示曲线 $y=f(x)$ 和 x 轴在区间 $[a,b]$ 上围成的曲边梯形的面积.

(2) 对任意常数 k, 等式 $\displaystyle\int_a^b kf(x)\mathrm{d}x = k\displaystyle\int_a^b f(x)\mathrm{d}x$ 成立.

(3) 由对称性, $\displaystyle\int_{-1}^1 \dfrac{1}{x^3}\mathrm{d}x = 0$.

(4) 由对称性, $\displaystyle\int_{-1}^1 \dfrac{1}{x^2}\mathrm{d}x = 2\displaystyle\int_0^1 \dfrac{1}{x^2}\mathrm{d}x = 0$.

11. 计算下列各题.

$(1) \dfrac{\mathrm{d}}{\mathrm{d}x}\displaystyle\int_0^1 \mathrm{e}^{\arctan x}\mathrm{d}x;$ $(2) \displaystyle\int_0^1 \dfrac{\mathrm{d}}{\mathrm{d}x}(\mathrm{e}^{\arctan x})\mathrm{d}x;$

$(3) \dfrac{\mathrm{d}}{\mathrm{d}x}\displaystyle\int_0^x (\mathrm{e}^{\arctan t})\mathrm{d}t;$ $(4) \dfrac{\mathrm{d}}{\mathrm{d}x}\displaystyle\int_0^t (\mathrm{e}^{\arctan x})\mathrm{d}x.$

12. 求下列函数的导数.

$(1) F(x) = \displaystyle\int_0^x \tan s^2\,\mathrm{d}s;$ $(2) F(x) = \displaystyle\int_0^{x^3} \dfrac{t}{\sqrt{1+t^3}}\mathrm{d}t;$

$(3) F(x) = \displaystyle\int_1^{\cos x} \sqrt{1-t^2}\,\mathrm{d}t;$ $(4) F(x) = \displaystyle\int_{\sqrt{x}}^0 \mathrm{e}^{t^2}\,\mathrm{d}t.$

13. 计算下列定积分.

$(1) \displaystyle\int_0^1 x\sqrt[3]{x}\,\mathrm{d}x;$ $(2) \displaystyle\int_{-1}^1 3^x\,\mathrm{d}x;$

$(3) \displaystyle\int_0^{\frac{\pi}{4}} \sec^2 x\,\mathrm{d}x;$ $(4) \displaystyle\int_0^{\frac{\sqrt{2}}{2}} \dfrac{1}{\sqrt{1-x^2}}\mathrm{d}x;$

$(5) \displaystyle\int_{-1}^1 \dfrac{1}{1+x^2}\mathrm{d}x;$ $(6) \displaystyle\int_0^{\pi} \sin x\,\mathrm{d}x.$

14. 求下列定积分.

(1) $\int_1^2 (\sqrt[3]{x}+1)^2 \,\mathrm{d}x$;

(2) $\int_0^a (\sqrt{a}+\sqrt{x})^2 \,\mathrm{d}x$;

(3) $\int_0^2 \dfrac{x^2+x-6}{x+3} \,\mathrm{d}x$;

(4) $\int_{-1}^1 \dfrac{3x^3+2x^2-7x+3}{x^2+1} \,\mathrm{d}x$;

(5) $\int_0^2 |x-1| \,\mathrm{d}x$;

(6) $\int_{-2}^2 \dfrac{x+|x|}{x^2+1} \,\mathrm{d}x$;

(7) $\int_{-a}^a (x+\sqrt{a^2-x^2})^2 \,\mathrm{d}x$;

(8) $\int_{-\frac{\pi}{2}}^{\frac{\pi}{2}} \sqrt{1-\cos^2 x} \,\mathrm{d}x$;

(9) $\int_0^\pi \sqrt{\sin^3 x - \sin^5 x} \,\mathrm{d}x$;

(10) $\int_0^1 x(1-x)^{11} \,\mathrm{d}x$;

(11) $\int_0^1 \dfrac{x}{(1+x)^3} \,\mathrm{d}x$;

(12) $\int_0^{\frac{\pi}{4}} \tan x \,\mathrm{d}x$;

(13) $\int_0^{\frac{\pi}{2}} \sin^2 x \cos x \,\mathrm{d}x$;

(14) $\int_1^3 x\sqrt{x^2-1} \,\mathrm{d}x$;

(15) $\int_{-2}^2 \sqrt{5-2x} \,\mathrm{d}x$;

(16) $\int_0^1 \dfrac{2x-3}{x^2-3x+3} \,\mathrm{d}x$;

(17) $\int_0^1 \mathrm{e}^{2x-1} \,\mathrm{d}x$;

(18) $\int_0^{\ln 2} \dfrac{\mathrm{e}^x}{\mathrm{e}^{2x}+1} \,\mathrm{d}x$;

(19) $\int_0^{\ln 2} \dfrac{1}{\mathrm{e}^x+1} \,\mathrm{d}x$;

(20) $\int_{\mathrm{e}}^{\mathrm{e}^2} \dfrac{1}{x\ln^3 x} \,\mathrm{d}x$;

(21) $\int_0^3 f(x)\,\mathrm{d}x$, 其中 $f(x)=\begin{cases} x+1, & x\geqslant 1 \\ \mathrm{e}^x, & x<1 \end{cases}$.

16. 求下列曲线围成的平面图形的面积.

(1) 由曲线 $y=x^2, y=2x-x^2$ 围成.

(2) 由直线 $y=x-1, y=2x+6$ 围成.

(3) 由 $y=|x|, y=x^2-2$ 围成.

(4) 由 $y^2=2x, y^2=4x-x^2$ 围成的最大的一块面积.

(5) 由 $y=\dfrac{1}{2}x^2, y=\dfrac{1}{1+x^2}$ 围成.

(6) 由 $y=\mathrm{e}^{-x}, y=1, x=1$ 围成.

17. 求下列函数在给定区间上的均值.

(1) $f(x)=\sin x, [0,\pi]$;

(2) $f(x)=x^2-3x+1, [1,3]$;

(3) $f(x)=\mathrm{e}^x+\mathrm{e}^{-x}, [-1,1]$;

(4) $f(x)=\dfrac{x}{x^2+1}, [0,3]$.

18. 根据牛顿冷却定律, 当物体在 t 时刻的温度 $T(t)$ 与周围环境温度 T_s 相差不大时, 物体的冷却速度与周围的温差 $T-T_s$ 成正比, 因此有方程

$$\frac{\mathrm{d}T}{\mathrm{d}t}=-k(T-T_s).$$

(1) 求解方程, 给出通解.

(2) 在室温为 20℃ 时, 将一瓶汽水放入冰箱, 冰箱内温度为 0℃, 10 分钟后, 汽水温度为

8℃,问再经过多少时间,汽水温度为1℃?

19.计算下列无穷积分.

(1) $\int_0^{+\infty} \dfrac{\mathrm{d}x}{x^2-2x+3}$;

(2) $\int_e^{+\infty} \dfrac{\mathrm{d}x}{x\ln^2 x}$;

(3) $\int_1^{+\infty} \dfrac{1}{x^2}\mathrm{e}^{\frac{1}{x}}\mathrm{d}x$;

(4) $\int_1^{+\infty} (2x-1)\mathrm{e}^{-x^2+x+1}\mathrm{d}x$.

20.讨论下列无穷积分的敛散性,在收敛情况下计算积分.

(1) $\int_0^{+\infty} \dfrac{\mathrm{d}x}{(x+1)^a}$;

(2) $\int_e^{+\infty} \dfrac{\mathrm{d}x}{x\ln^a x}$.

第五章

初等概率论

概率论是从数量上研究随机现象规律性的数学分支.它在自然科学、社会科学、技术科学以及管理科学中都有着广泛的应用.概率论的发展十分迅速,新的分支不断出现,现已成为近代数学中的一个重要组成部分.

本章主要介绍初等概率论的有关内容,如随机事件及其概率、随机变量及其分布以及随机变量的数字特征等.

§5.1 随机事件与概率

客观世界中,人们所观察到的现象大体上可以分为两种类型.一类现象是事前可以预知结果的,即在一定条件下,某一确定的现象必然会发生,或者根据它过去的状态,完全可以预知它将来的发展状态.我们称这一类型的现象为**确定性现象**,例如,在一个标准大气压下,纯净的水加热到 100℃时必然会沸腾;从 10 件产品(其中 2 件是次品,8 件是正品)中,任意地抽取 3 件进行检验,这 3 件产品绝不会全是次品;向上抛掷一枚硬币必然下落等都是确定性现象.这类现象的一个共同点是:事先可以断定其结果.

另一类现象是事前不能预知结果的,即使在相同的条件下重复进行试验时,每次所得到的结果也未必相同,或者即使知道它过去的状态,也不能肯定它将来的发展状态.我们称这一类型的现象为**随机现象**,即在一定条件下,具有多种可能发生的结果的现象.例如,从 10 件产品(其中 2 件是次品,8 件是正品)中,任取 1 件出来,可能是正品,也可能是次品;向上抛掷一枚硬币,落下以后可能是正面朝上,也可能是反面朝上;新出生的婴儿可能是男性,也可能是女性.这类现象的一个共同点是:事先不能预言多种可能结果中究竟出现哪一种.随机现象是偶然性与必然性的辩证统一,其偶然性表现在每一次试验前,都不能准确预言发生哪种结果;其必然性表现在相同条件下多次重复某一个试验时,其各种结果会表现出一定量的规律性,我们称之为**随机现象的统计规律性**.概率论就是一门研究随机现象统计规律性的数学分支,它从表面上看起来错综复杂的偶然现象中,揭示出潜在的必然性.概率论与数理统计在自然科学、工程技术和社会科学的众多领域中有着广泛而重要的应用.特别是近20年来,随着计算机的普及,概率统计在经济、管理、金融、保险、生物、医学等方面的应用更是得到了长足发展.

一、随机试验与随机事件

为了叙述方便,我们把对随机现象进行的一次观测或一次实验统称为它的一个试验.如果这个试验满足下面的两个条件:

(1)在相同的条件下可以重复进行,

(2)试验都有哪些可能的结果是明确不变的,但每次试验的具体结果在试验前是无法得知的,

那么我们就称它是一个**随机试验**,以后简称为**试验**. 一般用字母 E 表示.

在随机试验中,每一个可能出现的不再分解的最简单的结果称为随机试验的**基本事件**或**样本点**,用 ω 表示;而由全体基本事件构成的集合称为**基本事件空间**或**样本空间**,记为 Ω.

例1 设 E_1 为抛掷一枚匀称的硬币,观察正、反面出现的情况.记 ω_1 是出现正面,ω_2 是出现反面.于是 Ω 由两个基本事件 ω_1,ω_2 构成,即 $\Omega=\{\omega_1,\omega_2\}$.

例2 设 E_2 为掷一枚骰子,观察出现的点数.记 ω_i 为出现 $i(i=1,2,\cdots,6)$ 个点.于是有 $\Omega=\{\omega_1,\omega_2,\cdots,\omega_6\}$.

例3 设 E_3 为从10件产品(其中2件次品,8件正品)中任取3件,观察其中次品的件数.记 ω_i 为恰有 i 件次品 $(i=0,1,2)$,于是 $\Omega=\{\omega_0,\omega_1,\omega_2\}$.

例4 设 E_4 为在相同条件下接连不断地向一个目标射击,直到第一次击中目标为止,观察射击次数.记 ω_i 为射击 i 次 $(i=1,2,\cdots)$,于是 $\Omega=\{\omega_1,\omega_2,\cdots\}$.

例5 设 E_5 为某地铁站每隔5分钟有一列车通过,乘客对于列车通过该站的时间完全不知道,观察乘客候车的时间.记乘客的候车时间为 ω.显然有 $\omega\in[0,5)$,即 $\Omega=[0,5)$.

通过上面的几个例子可以看出,随机试验可以分成只有有限个可能结果(如 E_1,E_2,E_3)、有可列个可能结果(如 E_4)和有不可列个可能结果(如 E_5)三种情况.

应该说明的是,一个随机试验中样本点个数的确定都是相对试验目的而言的.例如,度量人的身高时,一般说来某一个区间中的任一实数都可以是一个样本点;但是如果度量身高只是为了表明乘客是否必须购买全票、半票或者免票,这时只需要考虑3个样本点就可以了.另外,一个随机试验的条件有的是人为的,有的是客观存在的(例如地震等).在后一种情况下,每当试验条件实现时,人们便会观测到一个结果 ω.虽然我们无法事先准确地说出试验的结果,但是能够指出它出现的范围 Ω.因此,我们所讨论的随机试验是有着十分广泛的含义的.

有了样本空间的概念,我们就可以来描述随机事件了.所谓的随机事件是样本空间 Ω 的一个子集,随机事件简称为事件,用字母 A,B,C 等表示,必要时可加上下标,如 A_1,A_2 等.因此,某个事件 A 发生当且仅当这个子集中的一个样本点 ω 发生,记为 $\omega\in A$.例如,在 E_2 这个试验中,记事件 $A_n=$"出现点数 n",$n=1,2,3,4,5,6$.显然,A_1,A_2,A_3,A_4,A_5,A_6 都是基本事件.除此之外,若记 $B=$"出现奇数点",$C=$"出现被3整除的点",则 B,C 也都是随机事件,其中事件 B 是由 A_1,A_3,A_5 这三个基本事件组成的,事件 C 是由 A_3,A_6 这两个基本

事件组成的.

由两个或两个以上基本事件组成的事件称为**复合事件**. 在 E_2 中, 事件 B 和 C 都是复合事件.

在一定条件下, 必然发生的事件称为**必然事件**, 用字母 U 或符号 Ω 表示. 例如, "掷一颗骰子, 出现点数大于零", "抛一枚硬币, 落下后正面向上或反面向上至少有一个发生", 都是必然事件. 在一定条件下, 必然不发生的事件称为**不可能事件**, 用字母 V 或符号 $\varnothing$ 表示. 例如, "掷一颗骰子, 出现点数大于 7", "抛一枚硬币, 落下后正面向上和反面向上同时发生", 都是不可能事件.

需要指出的是: 必然事件与不可能事件是每次试验之前都可以准确预知的, 因此它们不是随机事件, 但是为了讨论问题方便, 把它们都看成是特殊的随机事件, 即作为随机现象的两个极端情况.

二、事件的关系和运算

任何一个随机试验中总有许多随机事件, 其中有些比较简单, 有些则相当复杂. 为了从较简单的事件发生的规律中寻求较复杂的事件发生的规律, 需要研究同一试验的各种事件之间的关系和运算.

1. 事件的包含关系

若事件 A 发生必然导致事件 B 发生, 即 A 中的每一个样本点都包含在 B 中, 则称**事件 B 包含事件 A**, 或称**事件 A 包含于事件 B**, 记作 $B \supset A$ 或 $A \subset B$. 对任意事件 A, 有 $\varnothing \subset A \subset \Omega$.

我们用维恩(Venn)图对这种关系给出直观的说明. 图 5—1 中的长方形表示样本空间 Ω, 长方形内的每一点表示样本点, 圆 A 和 B 分别表示事件 A 和 B. 如图 5—1 所示, 圆 A 在圆 B 的里面, 表示事件 B 包含事件 A.

在例 2 中, 设 $A=\{\omega_2\}$, $B=\{$出现偶数点$\}$, 则 $B \supset A$.

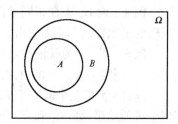

图 5—1

2. 事件的相等关系

若事件 A 包含事件 B, 且事件 B 包含事件 A, 则称**事件 A 与事件 B 相等**, 即 A 与 B 所含的样本点完全相同. 记作 $A=B$.

3. 事件的并(和)

设 A, B 为两个事件. 我们把至少属于 A 或 B 中一个的所有样本点构成的集合称为**事件 A 与 B 的并**或和, 记为 $A \cup B$ 或 $A+B$. 这就是说, 事件 $A \cup B$ 表示在一次试验中, 事件 A 与 B 至少有一个发生. 图 5—2 中的阴影部分表示 $A \cup B$.

事件和的概念可以推广到有限个或可列无穷多个事件.

事件 $A_1, A_2, \cdots, A_n$ 中至少有一个发生的事件 A 称为这 n 个事件 A_i $(i=1,2,\cdots,n)$ 的并(和), 记作

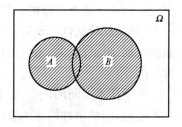

图 5—2

$$A = A_1 + A_2 + \cdots + A_n = \bigcup_{i=1}^{n} A_i \quad \left(\text{或 } A = \sum_{i=1}^{n} A_i\right).$$

事件 $A_1, A_2, \cdots, A_n, \cdots$ 中至少有一个发生的事件 A 称为 $A_i(i=1,2,\cdots)$ 的并(和),记作

$$A = A_1 + A_2 + \cdots + A_n + \cdots = \bigcup_{i=1}^{\infty} A_i \quad \left(\text{或 } A = \sum_{i=1}^{\infty} A_i\right).$$

4. 事件的交(积)

设 A, B 为两个事件,我们把同时属于 A 及 B 的所有样本点构成的集合称为**事件 A 与 B 的交或积**,记为 $A \cap B$ 或 $A \cdot B$,有时也简记为 AB. 这就是说,事件 $A \cap B$ 表示在一次试验中,事件 A 与 B 同时发生. 图 5—3 中的阴影部分表示 $A \cap B$.

事件积的概念可以推广到有限个或可列无穷多个事件.

事件 $A_1, A_2, \cdots, A_n$ 同时发生的事件 A 称为 $A_i(i=1,2,\cdots,n)$ 的交或积,记作 $A = \bigcap_{i=1}^{n} A_i \left(\text{或 } A = \prod_{i=1}^{n} A_i\right)$.

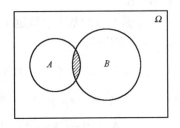

图 5—3

事件 $A_1, A_2, \cdots, A_n, \cdots$ 同时发生的事件 A 称为事件 $A_i(i=1,2,\cdots)$ 的积,记作 $A = \bigcap_{i=1}^{\infty} A_i \left(\text{或 } A = \prod_{i=1}^{\infty} A_i\right)$.

5. 事件的互不相容关系

设 A, B 为两个事件. 如果 $A \cdot B = \varnothing$,那么称**事件 A 与 B 是互不相容的(或互斥的)**. 也就是说,在一次试验中事件 A 与事件 B 不能同时发生. A 与 B 互不相容的直观意义为区域 A 与 B 不相交,如图 5—4 所示.

互不相容的概念可推广到两个以上事件:若 $A_i A_j = \varnothing$ $(i \neq j; i, j = 1, 2, \cdots)$,则称 $A_1, A_2, \cdots, A_n, \cdots$ 互不相容. 显然,任一随机试验中的基本事件都是互不相容的.

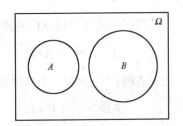

图 5—4

6. 事件的逆

对于事件 A,我们把不包含在 A 中的所有样本点构成的集合称为**事件 A 的逆(或 A 的对立事件)**,记为 $\bar{A}$. 也就是说,事件 $\bar{A}$ 表示在一次试验中事件 A 不发生. 图 5—5 中的阴影部分表示 $\bar{A}$. 我们规定它是事件的基本运算之一.

由于 A 也是 $\bar{A}$ 的对立事件,因此 A 与 $\bar{A}$ 互为对立事件. 由定义可知,两个对立事件一定是互不相容事件;但是,两个互不相容事件不一定是对立事件. 对立事件满足下列关系式:

$$\bar{\bar{A}} = A, \quad A\bar{A} = \varnothing, \quad A + \bar{A} = \Omega.$$

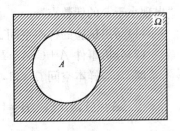

图 5—5

有了事件的三种基本运算我们就可以定义事件的其他运算. 例如,我们称事件 $A\bar{B}$ 为**事件 A 与 B 的差**,记为 $A - B$. 可见,事件 $A - B$ 是由包含于 A 而不包含于 B 的所有样本点构成的集合. 图 5—6 中的阴影部分表示 $A - B$.

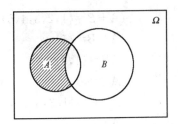

图 5—6

7. 完备事件组

若 n 个事件 $A_1, A_2, \cdots, A_n$ 互不相容,且它们的和是必然事件,则称事件 $A_1, A_2, \cdots, A_n$ 构成一个**完备事件组**. 它的实际意义是在每次试验中必然发生且仅能发生 $A_1, A_2, \cdots, A_n$ 中的一个事件. 当 $n=2$ 时, A_1 与 A_2 就是对立事件. 任一随机试验的全部基本事件构成一个完备事件组.

根据上面的基本运算定义,不难验证事件之间的运算满足以下的几个规律:

(1)交换律.

$$A+B=B+A, \quad AB=BA.$$

(2)结合律.

$$A+(B+C)=(A+B)+C, \quad A(BC)=(AB)C.$$

(3)分配律.

$$A(B+C)=AB+AC, \quad A+BC=(A+B)(A+C).$$

(4)对偶公式.

$$\overline{A+B}=\overline{A}\,\overline{B}, \quad \overline{AB}=\overline{A}+\overline{B}.$$

对偶公式还可以推广到多个事件的情况,例如,对于三个事件 A, B, C,我们有

$$\overline{A+B+C}=\overline{A}\,\overline{B}\,\overline{C},$$

上式表明:"至少有一个事件发生"的对立事件是"所有的事件都不发生";而

$$\overline{ABC}=\overline{A}+\overline{B}+\overline{C}$$

则表明:"所有事件都发生"的对立事件是"至少有一个事件不发生".

例 6 掷一颗骰子,观察出现的点数. 设 $A=$"出现奇数点", $B=$"出现点数小于 5", $C=$"出现小于 5 的偶数点".

(1)写出试验的样本空间 Ω 及事件 $A+B, A-B, AB, AC, A+\overline{C}, \overline{A+B}$;

(2)分析事件 $A+\overline{C}, A-B, B, C$ 之间的包含、互不相容及对立关系.

解 (1)样本空间 $\Omega=\{1,2,3,4,5,6\}$,则

$$A=\{1,3,5\}, \quad B=\{1,2,3,4\}, \quad C=\{2,4\}, \quad \overline{C}=\{1,3,5,6\}.$$

于是

$$A+B=\{1,2,3,4,5\},$$
$$A-B=\{5\},$$
$$AB=\{1,3\},$$
$$AC=\varnothing,$$
$$A+\overline{C}=\{1,3,5,6\},$$
$$\overline{A+B}=\{6\}.$$

(2)由(1)可知,包含关系有 $B \supset C, A+\overline{C} \supset A-B$;互不相容的有 $A+\overline{C}$ 与 C, $A-B$ 与 C;

事件 $A+\overline{C}$ 与 C 为对立事件.

例 7 向目标射击两次,用 A 表示事件"第一次击中目标",用 B 表示事件"第二次击中目标",试用 A,B 表示下列各个事件:

(1)只有第一次击中目标;

(2)仅有一次击中目标;

(3)两次都未击中目标;

(4)至少有一次击中目标.

解 显然,$\overline{A}$ 表示第一次未击中目标,$\overline{B}$ 表示第二次未击中目标.

(1)只有第一次击中目标隐含着第二次未击中目标,因此表示为 $A\overline{B}$.

(2)仅有一次击中目标意味着第一次击中目标而第二次未击中目标或者第一次未击中目标而第二次击中目标,因此表示为 $A\overline{B}+\overline{A}B$.

(3)两次都未击中目标显然可以表示为 $\overline{A}\,\overline{B}$.

(4)至少一次击中目标包括只有一次击中目标或两次都击中目标,因此可以表示为 $A\overline{B}+\overline{A}B+AB$.

至少一次击中目标也可以理解为第一次击中目标和第二次击中目标这两个事件至少有一个发生,因此可以表示为 $A+B$,从而有 $A+B=A\overline{B}+\overline{A}B+AB$.

又由于至少一次击中目标与两次都未击中目标互为对立事件,因此 $\overline{A+B}=\overline{A}\,\overline{B}$,正是对偶公式.

三、事件的频率与概率

对于一般的随机事件来说,虽然在一次试验中是否发生我们不能预先知道,但是如果我们独立地重复进行这一试验,就会发现不同的事件发生的可能性是有大小之分的. 这种可能性的大小是事件本身固有的一种属性,这是不以人们的意志为转移的. 例如,掷一枚骰子,如果骰子是匀称的,那么事件{出现偶数点}与事件{出现奇数点}的可能性是一样的;而{出现奇数点}这个事件要比事件{出现 3 点}的可能性更大. 为了定量地描述随机事件的这种属性,我们先介绍频率的概念.

定义 5.1 在一组不变的条件 S 下,独立地重复 n 次试验 E. 如果事件 A 在 n 次试验中出现了 μ 次,则称比值 μ/n 为在 n 次试验中事件 A 出现的**频率**,记为 $f_n(A)$,即

$$f_n(A)=\frac{\mu}{n},$$

其中 μ 称为**频数**.

例如,在抛掷一枚硬币时我们规定条件组 S 为:硬币是匀称的,放在手心中,用一定的动作垂直上抛,让硬币落在一个有弹性的平面上,等等. 当条件组 S 大量重复实现时,事件 $A=\{$出现正面$\}$ 发生的次数 μ 能够体现出一定的规律性. 例如,进行 50 次试验出现了 24 次正面. 这时

$$n=50,\quad \mu=24,\quad f_{50}(A)=24/50=0.48.$$

一般来说,随着试验次数的增加,事件 A 出现的次数 μ 约占总试验次数的一半,换句话说,事件 A 的频率接近于 $1/2$.

历史上,不少统计学家(例如皮尔逊(Pearson)等人)作过成千上万次抛掷硬币的试验,其试验记录如表5—1所示.

表5—1

试验者	试验次数 n	频数 m	频率 $f_n(A)$
德·摩根	2 048	1 061	0.518 1
蒲丰	4 040	2 048	0.506 9
费勒	10 000	4 979	0.497 9
皮尔逊	12 000	6 019	0.501 6
皮尔逊	24 000	12 012	0.500 5
维尼	30 000	14 994	0.499 8

可以看出,随着试验次数的增加,事件 A 发生的频率的波动性越来越小,呈现出一种稳定状态,即频率在 0.5 这个定值附近摆动.这就是频率的稳定性,它是随机现象的一个客观规律.

可以证明,当试验次数 n 固定时,事件 A 的频率 $f_n(A)$ 具有下面几个性质:

(1) $0 \leqslant f_n(A) \leqslant 1$;

(2) $f_n(U)=1$, $f_n(V)=0$;

(3) 若 $AB=V$, 则

$$f_n(A+B)=f_n(A)+f_n(B).$$

定义 5.2 在相同条件下,重复进行 n 次试验,事件 A 发生的频率 $f_n(A)$ 在某个常数 p 附近摆动,而且一般来说,随着 n 的增加,这种摆动幅度越来越小,称常数 p 为事件 A 的**概率**,记作 $P(A)$,即

$$P(A)=p.$$

上面介绍的概率的定义虽然比较直观,而且具有普遍性,但在理论上不够严密.因此,我们有必要采用数学抽象的方法,给出概率的一般初等化定义,提出一组关于随机事件概率的公理,使得后面的理论推导有依据.

定义 5.3 设 E 是一个随机试验,Ω 为它的样本空间,以 E 中所有的随机事件组成的集合为定义域,定义一个函数 $P(A)$(其中 A 为任一随机事件),且 $P(A)$ 满足以下三条公理,则称函数 $P(A)$ 为事件 A 的**概率**.

公理 1 $0 \leqslant P(A) \leqslant 1$.

公理 2 $P(\Omega)=1$.

公理 3 若 $A_1, A_2, \cdots, A_n, \cdots$ 两两互斥,则

$$P\left(\bigcup_{i=1}^{\infty} A_i\right) = \sum_{i=1}^{\infty} P(A_i).$$

由上面三条公理可以推导出概率的一些基本性质,例如:

性质 1(有限可加性) 设 $A_1, A_2, \cdots, A_n$ 两两互斥,则

$$P\left(\bigcup_{i=1}^{n} A_i\right) = \sum_{i=1}^{n} P(A_i).$$

证明 在公理 3 中,令 $A_{n+1}, A_{n+2}, \cdots$ 为不可能事件 V. 由 $P(V)=0$,于是

$$P\left(\bigcup_{i=1}^{n} A_i\right) = P\left(\bigcup_{i=1}^{\infty} A_i\right) = \sum_{i=1}^{\infty} P(A_i)$$

$$= \sum_{i=1}^{n} P(A_i) + \sum_{i=n+1}^{\infty} P(A_i)$$

$$= \sum_{i=1}^{n} P(A_i) + 0 = \sum_{i=1}^{n} P(A_i).$$

性质 2(加法定理) 设 A, B 为任意两个随机事件,则

$$P(A+B) = P(A) + P(B) - P(AB).$$

证明 先把 $A+B$ 表示成两个互斥事件 A 与 $B\overline{A}$ 的并,即

$$A+B = A + B\overline{A}.$$

由性质 1(取 $n=2$),有

$$P(A+B) = P(A+B\overline{A}) = P(A) + P(B\overline{A}).$$

又由于

$$B = BA + B\overline{A},$$

且 BA 与 $B\overline{A}$ 也是互斥的,由性质 1,有

$$P(B) = P(BA) + P(B\overline{A}),$$

即

$$P(B\overline{A}) = P(B) - P(AB).$$

将上式代入 $P(A+B) = P(A) + P(B\overline{A})$ 中,即得

$$P(A+B) = P(A) + P(B) - P(AB).$$

性质 3 设 A 为任意随机事件,则

$$P(\overline{A}) = 1 - P(A).$$

证明 因为 A 与 $\overline{A}$ 互逆,即 $A\overline{A}=V$ 且 $A+\overline{A}=U$,由性质 2,

$$P(A+\overline{A}) = P(A) + P(\overline{A}) - P(A\overline{A}) = P(A) + P(\overline{A}) - P(V)$$
$$= P(A) + P(\overline{A}).$$

另外,

$$P(A+\overline{A}) = P(U) = 1.$$

因而有

$$P(\overline{A}) = 1 - P(A).$$

性质 4 设 A, B 为两个任意的随机事件,若 $A \subset B$,则

$$P(B-A) = P(B) - P(A).$$

证明 当 $A \subset B$ 时,有

$$B = A + (B-A).$$

而 A 与 $B-A$ 互斥,由性质 1(令其中 $n=2$)得到

$$P(B) = P(A) + P(B-A),$$

即

$$P(B-A) = P(B) - P(A).$$

由于 $P(B-A) \geqslant 0$,可以推得,当 $A \subset B$ 时,

$$P(A) \leqslant P(B).$$

例 8 甲、乙二人进行射击,甲击中目标的概率是 0.8,乙击中目标的概率是 0.85,甲、乙同时击中目标的概率是 0.68. 求当甲、乙各射击一次时,目标未被击中的概率.

解 设事件 A 表示甲击中目标,事件 B 表示乙击中目标,事件 C 表示目标未被击中. 显然,事件 C 是事件 $A+B$ 的对立事件,因为

$$P(A+B) = P(A) + P(B) - P(AB) = 0.8 + 0.85 - 0.68 = 0.97,$$

所以

$$P(C) = 1 - P(A+B) = 0.03.$$

四、古典概型

上面我们给出了概率的定义,同时又提供了近似计算概率的一般方法. 在一些随机试验中,我们可以利用研究对象本身所具有的对称性,运用演绎的方法,直接计算事件的概率. 这类随机试验具有下面两个性质:

(1)试验的结果为有限个,即 $\Omega = \{\omega_1, \omega_2, \cdots, \omega_n\}$;

(2)每个结果出现的可能性是相同的,即

$$P(\omega_i) = P(\omega_j), \quad i, j = 1, 2, \cdots, n.$$

由于这类试验曾是概率论发展初期研究的主要对象,因此称为古典型试验. 在古典型随机试验中,如果事件 A 是由 n 个样本点中的 m 个组成的,那么事件 A 的概率为

$$P(A) = \frac{m}{n}, \tag{5.1}$$

并把利用这个关系式来讨论事件的概率的数学模型称为**古典概型**.

例 9 同时抛掷两枚硬币,求下落后恰有一枚正面向上的概率.

解 设 A 表示恰有一枚硬币正面向上的事件.

抛掷两枚硬币,等可能的基本事件有 4 个,即(正,正)、(正,反)、(反,正)、(反,反),而事件 A 由其中的 2 个基本事件(正,反)、(反,正)组成,故 $P(A) = \frac{1}{2}$.

例 10　设盒中有 5 只相同的玻璃杯,其中有 3 只正品,2 只次品.从中任取 2 只,求所取出的 2 只都是正品的概率.

解　这里任取 2 只是指 2 只玻璃杯同时被取出,5 只中每 2 只被取出的可能性相同.若将 5 只杯子编号为 1,2,3,4,5,前三个号代表正品,后两个号代表次品,于是从盒中每次任取 2 只的所有可能结果是

$$(1,2)\quad(1,3)\quad(1,4)\quad(1,5)\quad(2,3)$$
$$(2,4)\quad(2,5)\quad(3,4)\quad(3,5)\quad(4,5)$$

其中,(1,2)表示取出 1,2 号两只杯子,其余类推,因此基本事件总数 $n=10$.设 A 表示所取出的两只都是正品的事件,则事件 A 包含(1,2),(1,3),(2,3)三个基本事件,即 $m=3$,故 $P(A)=\dfrac{3}{10}$.

以上两例均采用列举基本事件的方法.这种方法直观、清楚,但较为烦琐.在多数情况下,由于基本事件的总数很大,这种方法实际上是行不通的,此时需要利用排列组合的知识解决这类问题.

例 11　有 10 件产品,其中 2 件次品,从中任取 3 件,求:

(1)这 3 件产品全是正品的概率;

(2)这 3 件产品恰有两件次品的概率.

解　设事件 A 表示 3 件全是正品,事件 B 表示恰有 2 件次品.从 10 件中取出 3 件,共有 C_{10}^3 种取法,即有 C_{10}^3 个等可能的基本事件.

(1)3 件产品全是正品的取法有 C_8^3 种,故

$$P(A)=\frac{C_8^3}{C_{10}^3}=\frac{56}{120}=\frac{7}{15};$$

(2)恰有 2 件次品的取法有 $C_2^2C_8^1$ 种,故

$$P(B)=\frac{C_2^2C_8^1}{C_{10}^3}=\frac{8}{120}=\frac{1}{15}.$$

例 12　一批产品共 50 件,其中 45 件合格品,从这批产品中任取 3 件,求其中有不合格品的概率.

解　方法一.设 A 表示所取的产品中有不合格品,A_i 表示取出的 3 件产品中恰有 i 件不合格品($i=1,2,3$),则 $A=A_1+A_2+A_3$,且 A_1,A_2,A_3 互不相容,所以

$$P(A)=P(A_1+A_2+A_3)=P(A_1)+P(A_2)+P(A_3)$$
$$=\frac{C_5^1C_{45}^2}{C_{50}^3}+\frac{C_5^2C_{45}^1}{C_{50}^3}+\frac{C_5^3}{C_{50}^3}=0.276.$$

方法二.事件 A 的对立事件 $\overline{A}$ 表示取出的 3 件产品都是合格品.

$$P(A)=1-P(\overline{A})=1-\frac{C_{45}^3}{C_{50}^3}=0.276.$$

§5.2 条件概率、乘法公式与全概公式

一、条件概率与乘法公式

1. 条件概率

在概率论中,我们不仅要研究某事件 A 发生的概率 $P(A)$,有时还需要考察在另一事件 B 已经发生的条件下,事件 A 发生的概率,为了与前者 $P(A)$ 相区别,称后者为在事件 B 发生的条件下事件 A 的**条件概率**,记为 $P(A|B)$. 称 $P(A)$ 为**无条件概率**.

例 1 盒中装有 16 个球,其中 10 个玻璃球,6 个金属球. 在玻璃球中有 3 个是黄色的,7 个是红色的;在金属球中有 2 个是黄色的,4 个是红色的. 现从盒中任取一个球,已知取到的是红色球,问此球是金属球的概率是多少?

解 记 $A=$"取到红色球",$B=$"取到金属球". 由古典概型的计算公式(5.1),容易求得 $P(A)=\dfrac{11}{16}$,$P(B)=\dfrac{6}{16}$. 样本空间 Ω 由 16 个基本事件组成.

现求在取到红色球的条件下,此球是金属球的概率,这个概率记为 $P(B|A)$,也可以使用式(5.1)计算. 由于附加了取到红色球的条件,因此这时只能考虑从红色球中去取. 共有 11 个红色球,其中 4 个金属球,于是 $P(B|A)=\dfrac{4}{11}$. 对于 5 个黄色球,即使其中有两个是金属球,也不在考虑之列. 此时的样本空间 Ω_1 仅由 11 个基本事件组成,即在事件 A 发生的条件下,原来的样本空间 Ω 被缩小了. 显然,$P(B|A)\neq P(B)$.

还可以使用另一种方法求 $P(B|A)$. 考虑 $P(AB)$,它是在原来的样本空间 Ω 中取到红色金属球的概率,由式(5.1)可得 $P(AB)=\dfrac{4}{16}$. 于是

$$\frac{P(AB)}{P(A)}=\frac{\dfrac{4}{16}}{\dfrac{11}{16}}=\frac{4}{11}=P(B|A).$$

对于一般的古典概型问题,上述关系式也成立. 事实上,设试验的基本事件总数为 n,事件 A 所包含的基本事件数为 $m(m>0)$,事件 AB 所包含的基本事件数为 k,则

$$P(B|A)=\frac{k}{m}=\frac{\dfrac{k}{n}}{\dfrac{m}{n}}=\frac{P(AB)}{P(A)}.$$

这样,就可以使用此关系式给出一般情况下条件概率的定义.

定义 5.4 对于两个随机事件 A 与 B,若 $P(B)>0$,则称

$$P(A|B)=\frac{P(AB)}{P(B)}$$

为事件 B 发生的条件下事件 A 的**条件概率**.

计算条件概率 $P(A|B)$ 有两种方法:

(1)在样本空间 Ω 中先计算 $P(AB)$，$P(B)$，再由条件概率的定义求得 $P(A|B)$.

(2)改变样本空间后，在新的样本空间 Ω_B 中，计算 A 发生的概率，即 $P(A|B)=P_{\Omega_B}(A)$.

例 2 一批产品中有 7 件正品、3 件次品，无放回地抽取两次，每次取一件，求：

(1)在第一次取到正品的条件下，第二次取到正品的概率；

(2)在第一次取到次品的条件下，第二次取到正品的概率.

解 设 A 表示第一次取到正品，B 表示第二次取到正品.

(1)原有 10 件产品，其中 7 件正品，第一次取到正品后，还有 9 件产品，其中 6 件正品，故

$$P(B|A)=\frac{6}{9}=\frac{2}{3};$$

(2)原有 10 件产品，其中 7 件正品，第一次取到次品后，还有 9 件产品，其中 7 件正品，故

$$P(B|\overline{A})=\frac{7}{9}.$$

2. 乘法公式

由条件概率的定义，可得出概率的乘法公式.

定理 5.1 设 $P(A)>0$，$P(B)>0$，则事件 A 与 B 之积 AB 的概率等于其中任一事件的概率乘以在该事件发生的条件下另一事件发生的概率，即

$$P(AB)=P(A)P(B|A),\tag{5.2}$$
$$P(AB)=P(B)P(A|B).\tag{5.3}$$

一般地，对于 n 个事件 $A_1,A_2,\cdots,A_n$，若相应的条件概率有定义，即作为条件的事件其概率大于零，则有

$$P(A_1A_2\cdots A_n)=P(A_1)P(A_2|A_1)P(A_3|A_1A_2)\cdots P(A_n|A_1A_2\cdots A_{n-1}).$$

例 3 已知 100 件产品中有 4 件次品，无放回地从中抽取两次，每次抽取 1 件. 求下列事件的概率：

(1)第一次取到次品，第二次取到正品；

(2)两次都取到正品；

(3)两次抽取中恰有一次取到正品.

解 设事件 A 表示第一次取到次品，B 表示第二次取到正品.

(1)第一次取到次品，第二次取到正品的概率即 $P(AB)$.

因 $P(A)=\frac{4}{100}>0$，第一次取到次品后不放回，则第二次是在 99 件中(96 件正品，3 件次品)任取一件，所以 $P(B|A)=\frac{96}{99}$. 由式(5.2)有

$$P(AB)=P(A)P(B|A)=\frac{4}{100}\times\frac{96}{99}=0.038\,8.$$

(2)两次都取到正品，即第一次取到正品($\overline{A}$)与第二次取到正品(B)这两个事件同时发

生,所求的概率即 $P(\overline{A}B)$.

因为

$$P(\overline{A})=1-P(A)=\frac{96}{100}, \quad P(B|\overline{A})=\frac{95}{99},$$

所以

$$P(\overline{A}B)=P(\overline{A})P(B|\overline{A})=\frac{96}{100}\times\frac{95}{99}=0.921\ 2.$$

（3）两次抽取中恰有一次取到正品,表示第一次取到次品而第二次取到正品（$A\overline{B}$）,或第一次取到正品而第二次取到次品（$\overline{A}B$）,这两个事件至少有一个发生,即 $AB+\overline{A}B$,而 AB 与 $\overline{A}B$ 互不相容,所以

$$\begin{aligned}P(AB+\overline{A}B)&=P(AB)+P(\overline{A}B)\\&=P(A)P(B|A)+P(\overline{A})P(\overline{B}|\overline{A})\\&=0.038\ 8+\frac{96}{100}\times\frac{4}{99}=0.077\ 6.\end{aligned}$$

例 4 某人射击 3 次,设第一次射击时击中目标的概率为 $\frac{2}{3}$;若第一次未击中目标,第二次射击时击中目标的概率为 $\frac{3}{5}$;若前两次均未击中目标,第三次射击时击中目标的概率为 $\frac{3}{10}$.求此人 3 次均未击中目标的概率.

解 设 A_i="第 i 次射击击中目标"（$i=1,2,3$）,B="3 次均未击中目标",则 $B=\overline{A}_1\overline{A}_2\overline{A}_3$,

$$P(B)=P(\overline{A}_1\overline{A}_2\overline{A}_3)=P(\overline{A}_1)P(\overline{A}_2|\overline{A}_1)P(\overline{A}_3|\overline{A}_1\overline{A}_2),$$

$$P(\overline{A}_1)=\frac{1}{3}, \quad P(\overline{A}_2|\overline{A}_1)=\frac{2}{5}, \quad P(\overline{A}_3|\overline{A}_1\overline{A}_2)=\frac{7}{10}.$$

从而 $\quad P(B)=\frac{1}{3}\times\frac{2}{5}\times\frac{7}{10}=\frac{7}{75}.$

二、全概公式与逆概公式

在计算比较复杂的事件的概率时,往往需要同时使用概率的加法公式与乘法公式.下面我们将利用这两个公式导出另外两个重要公式——全概公式与逆概公式,它们在概率论与数理统计中有着多方面的应用.

1. 全概公式

设事件 $A_1,A_2,\cdots,A_n$ 是一个完备事件组,即 $A_iA_j=V,P(A_i)>0$（$i\neq j;i,j=1,2,\cdots,n$）,并且

$$\bigcup_{i=1}^{n}A_i=U.$$

于是,对于任一事件 B 有

98

$$B = BU = \bigcup_{i=1}^{n} BA_i.$$

由于 $BA_i(i=1,2,\cdots,n)$ 也是两两互斥的,由概率的有限可加性,有

$$P(B) = \sum_{i=1}^{n} P(BA_i),$$

再利用乘法公式便得到

$$P(B) = \sum_{i=1}^{n} P(A_i) P(B \mid A_i), \tag{5.4}$$

我们称此公式为**全概公式**. 利用这个公式可以通过已知的简单事件的概率推算出未知的复杂事件的概率.

例5 市场上某种商品由三个厂家同时供货,第一个厂家的供应量为第二个厂家的 2 倍,第二、三两个厂家供应量相等,而且各厂产品的次品率依次为 2%,2%,4%. 求顾客任意选购的一件该种商品是次品的概率.

解 设事件 A_i 表示选购到第 i 个厂家的产品($i=1,2,3$),B 表示选购到次品,显然 A_1,A_2,A_3 为一个完备事件组,依题意有

$$P(A_1)=0.5, \quad P(A_2)=P(A_3)=0.25,$$
$$P(B|A_1)=0.02, \quad P(B|A_2)=0.02, \quad P(B|A_3)=0.04.$$

由全概公式,我们有

$$\begin{aligned}
P(B) &= \sum_{i=1}^{3} P(A_i) P(B \mid A_i) \\
&= 0.5 \times 0.02 + 0.25 \times 0.02 + 0.25 \times 0.04 \\
&= 0.025.
\end{aligned}$$

例6 三人同时向一架飞机射击. 设三人都射不中的概率为 0.09,三人中只有一人射中的概率为 0.36,三人中恰有两人射中的概率为 0.41,三人同时射中的概率为 0.14. 又设无人射中,飞机不会坠毁;只有一人击中时飞机坠毁的概率为 0.2;两人击中时飞机坠毁的概率为 0.6;三人射中时飞机一定坠毁. 求三人同时向飞机射击一次时飞机坠毁的概率.

解 设 $A_0 = \{$三人都射不中$\}$,$A_1 = \{$只有一人射中$\}$,$A_2 = \{$恰有两人射中$\}$,$A_3 = \{$三人同时射中$\}$,$B = \{$飞机坠毁$\}$. 显然有 $\sum_{i=0}^{3} A_i = U$,且 $A_iA_j = V(i \neq j; i,j = 0,1,2,3)$.

由题设可知

$$P(B|A_0)=0, \quad P(B|A_1)=0.2,$$
$$P(B|A_2)=0.6, \quad P(B|A_3)=1.$$

并且

$$P(A_0)=0.09, \quad P(A_1)=0.36,$$
$$P(A_2)=0.41, \quad P(A_3)=0.14.$$

利用全概公式便得到

$$P(B) = \sum_{i=0}^{3} P(A_i)P(B \mid A_i)$$
$$= 0.09 \times 0 + 0.36 \times 0.2 + 0.41 \times 0.6 + 0.14 \times 1$$
$$= 0.458.$$

2. 逆概公式

下面我们来介绍逆概公式.

设事件 $A_1, A_2, \cdots, A_n$ 为一个完备事件组,并且当其中一个事件发生时,事件 B 才发生. 当 $P(B) > 0$ 时,有

$$P(A_i \mid B) = \frac{P(A_iB)}{P(B)}.$$

再利用乘法公式与全概公式便得到逆概公式:

$$P(A_i \mid B) = \frac{P(A_i)P(B \mid A_i)}{\sum\limits_{j=1}^{n} P(A_j)P(B \mid A_j)} \quad (i = 1, 2, \cdots, n). \tag{5.5}$$

逆概公式又称为 Bayes(贝叶斯)公式,它在概率论与数理统计中有着多方面的应用. 设 $A_1, A_2, \cdots, A_n$ 是导致试验结果的各种"原因",我们称 $P(A_i)$ 为先验概率,它反映了各种"原因"发生的可能性的大小,一般是以往经验的总结,在这次试验前已经知道. 现在若试验产生了事件 B,这将有助于探讨事件发生的"原因". 我们把条件概率 $P(A_i \mid B)$ 称为后验概率,它反映了试验之后对各种"原因"发生的可能性大小的新认识.

例 7 某人乘火车、轮船、汽车、飞机来的概率分别为 0.3, 0.2, 0.1, 0.4. 若他乘火车、轮船、汽车来,迟到的概率分别是 0.2, 0.3 和 0.5,而乘飞机来则不会迟到. 结果他迟到了,问他乘火车来的概率是多少?

解 设事件 B 表示某人迟到了,事件 A_1 表示某人乘火车来,A_2 表示某人乘轮船来,A_3 表示某人乘汽车来,A_4 表示某人乘飞机来,显然 A_1, A_2, A_3, A_4 构成一个完备事件组,依题意有

$$P(A_1) = 0.3, \ P(A_2) = 0.2, \ P(A_3) = 0.1, \ P(A_4) = 0.4,$$
$$P(B \mid A_1) = 0.2, \quad P(B \mid A_2) = 0.3,$$
$$P(B \mid A_3) = 0.5, \quad P(B \mid A_4) = 0.$$

由逆概公式(5.5),有

$$P(A_1 \mid B) = \frac{P(A_1)P(B \mid A_1)}{\sum\limits_{i=1}^{4} P(A_i)P(B \mid A_i)}$$
$$= \frac{0.3 \times 0.2}{0.3 \times 0.2 + 0.2 \times 0.3 + 0.1 \times 0.5 + 0.4 \times 0}$$
$$= 0.353.$$

三、事件的独立性与伯努利概型

1. 事件的独立性

在一般情况下,事件 A 发生的概率随事件 B 是否发生而变化,即条件概率 $P(A|B)$ 与 $P(A)$ 不相等.但也有一些情况,事件 B 发生与否对事件 A 的发生没有影响,这时称事件 A 对事件 B 是独立的.

定义 5.5 若 $P(B)>0$,事件 A 发生的概率不受事件 B 发生与否的影响,即

$$P(A|B)=P(A),$$

则称事件 A,B **相互独立**,简称 A 与 B **独立**.

定理 5.2 设 $P(A)>0$,$P(B)>0$,则事件 A 与 B 独立的充分必要条件是两事件积的概率等于它们概率的乘积,即

$$P(AB)=P(A)P(B).$$

证明 **必要性** 若 A 与 B 独立,将 $P(A|B)=P(A)$ 代入乘法公式 $P(AB)=P(B)P(A|B)$,即得

$$P(AB)=P(A)P(B).$$

充分性 若 $P(AB)=P(A)P(B)$,由乘法公式

$$P(AB)=P(B)P(A|B), \quad P(B)>0.$$

于是这两式右端相等,即

$$P(A)P(B)=P(B)P(A|B),$$

所以

$$P(A)=P(A|B), \quad P(B)>0,$$

于是 A 与 B 独立.

推论 若 A 与 B 独立,则 A 与 $\overline{B}$,$\overline{A}$ 与 B,$\overline{A}$ 与 $\overline{B}$ 中的每一对事件都相互独立.

证明 欲证 A 与 $\overline{B}$ 独立,由定理 5.2 可知,只需证明

$$P(A\overline{B})= P(A)P(\overline{B}).$$

因为 $A=A\Omega=A(B+\overline{B})=AB+A\overline{B}$,且 AB 与 $A\overline{B}$ 互不相容,所以 $P(A)=P(AB)+P(A\overline{B})$,移项得 $P(A\overline{B})=P(A)-P(AB)$,由于 A 与 B 独立,即 $P(AB)=P(A)P(B)$,所以

$$P(A\overline{B})=P(A)-P(A)P(B)=P(A)[1-P(B)]=P(A)P(\overline{B}),$$

即 A 与 $\overline{B}$ 独立.

同理可证 $\overline{A}$ 与 B 独立,$\overline{A}$ 与 $\overline{B}$ 独立.

事件独立性的概念可以推广到任意有限个事件的情形.

定义 5.6 设 $A_1,A_2,\cdots,A_n$ 为 n 个事件,若对于任意正整数 $m(2\leqslant m\leqslant n)$ 以及 $1\leqslant i_1<i_2<\cdots<i_m\leqslant n$,都有

$$P(A_{i_1}A_{i_2}\cdots A_{i_m})=P(A_{i_1})P(A_{i_2})\cdots P(A_{i_m}),$$

则称事件 $A_1,A_2,\cdots,A_n$ 相互独立.

特别地,当 $n=3$ 时,若对于事件 A_1,A_2,A_3,

(1) $P(A_1A_2A_3)=P(A_1)P(A_2)P(A_3)$,

(2) $P(A_1A_2)=P(A_1)P(A_2)$,

(3) $P(A_1A_3)=P(A_1)P(A_3)$,

(4) $P(A_2A_3)=P(A_2)P(A_3)$,

都成立,则称事件 A_1,A_2,A_3 相互独立.

n 个事件 $A_1,A_2,\cdots,A_n$ 相互独立,有如下性质:

(1) $P(A_1A_2\cdots A_n)=P(A_1)P(A_2)\cdots P(A_n)$;

(2) $P\left(\sum_{i=1}^{n}A_i\right)=1-\prod_{i=1}^{n}P(\overline{A}_i)$.

在解决实际问题时,一般是根据问题的实际意义判断事件的独立性,而不是根据它的定义.

例 8 甲、乙二人同向某一目标射击,已知甲、乙击中目标的概率分别为 $0.7,0.6$,求目标被击中的概率和目标被击中一次的概率.

解 设 $A=$"甲击中目标",$B=$"乙击中目标",$C=$"目标被击中",$D=$"目标被击中一次",则有 $P(A)=0.7,P(B)=0.6,C=A+B,D=A\overline{B}+\overline{A}B$. 于是,我们有

$$P(C)=P(A+B)=P(A)+P(B)-P(AB),$$
$$P(D)=P(A\overline{B}+\overline{A}B)=P(A\overline{B})+P(\overline{A}B).$$

根据问题的实际意义,可知甲击中目标与乙击中目标互不影响,即可以认为事件 A 与事件 B 相互独立,因此 $P(AB)=P(A)P(B),P(A\overline{B})=P(A)P(\overline{B}),P(\overline{A}B)=P(\overline{A})P(B)$,故

$$P(C)=0.7+0.6-0.7\times0.6=0.88,$$
$$P(D)=0.7\times(1-0.6)+(1-0.7)\times0.6=0.46.$$

例 9 用高射炮射击飞机,若每门炮击中飞机的概率是 0.6,求:

(1) 用两门炮分别射击一次,击中飞机的概率是多少?

(2) 若欲以 99% 的把握击中飞机,问至少要配备多少门炮?

解 设事件 A 表示击中飞机,B_i 表示第 i 门炮击中飞机.

(1) 在同时射击时,B_1 与 B_2 相互独立,由于 $P(B_1)=P(B_2)=0.6$,故

$$P(A)=P(B_1+B_2)=1-P(\overline{B}_1\overline{B}_2)=1-P(\overline{B}_1)P(\overline{B}_2)=1-0.4\times0.4=0.84.$$

(2) 因为 $A=\sum_{i=1}^{n}B_i$,且 $B_1,B_2,\cdots,B_n$ 相互独立,故

$$P(A)=P\left(\sum_{i=1}^{n}B_i\right)=1-P\left(\overline{\sum_{i=1}^{n}B_i}\right)=1-P\left(\prod_{i=1}^{n}\overline{B}_i\right)=1-\prod_{i=1}^{n}P(\overline{B}_i),$$

其中 $P(\overline{B}_i)=1-0.6=0.4\ (i=1,2,\cdots,n)$,依题意 $P(A)=0.99$,故

$$0.99=1-0.4^n,$$

即

$$n = \frac{\lg(1-0.99)}{\lg 0.4} = \frac{-2}{-0.3979} \approx 5.026.$$

因此,至少需配备 6 门高射炮,才能使一次射击的命中率达 99%.

2. 伯努利概型

有了事件独立性的概念,我们就可以讨论试验的独立性. 一般来说,所谓试验 E_1 与 E_2 是独立的,是指 E_1 的结果的发生与 E_2 的结果的发生是独立的. 这里仅介绍一类最简单的重复独立试验——n 重伯努利(Bernoulli)试验.

在实际问题中,我们常常要做多次试验条件完全相同(即可以看成是一个试验的多次重复)并且相互独立(即每次试验中的随机事件的概率不依赖于其他各次试验的结果)的试验. 我们称这种类型的试验为**重复独立试验**. 例如,在相同的条件下独立射击就是重复独立试验;有放回地抽取产品等也是这种类型的试验. 而在每次试验中,我们往往只是对某个事件 A 是否发生感兴趣. 例如,在每次射击时,我们关心的是命中目标还是脱靶;在产品抽样检查时,我们注意的是抽到次品还是抽到合格品. 这种只有两个可能结果的试验称为伯努利试验. 进一步,如果我们重复进行 n 次独立的伯努利试验(这里的"重复"是指在每次试验中事件 A 出现的概率不变),那么我们称这种试验为 n 重伯努利试验.

下面我们讨论这类试验中的一种概率模型——二项概型. 先看一个例子.

例 10 某射手向同一目标连续射击三次,已知他每次命中目标的概率都是 p,试分析在三次射击中恰有 k 次($k=0,1,2,3$)命中的概率.

解 这是一个三重伯努利试验. 设事件 A_i 表示第 i 次射击命中目标,$\overline{A_i}$ 表示第 i 次射击未命中目标,$i=1,2,3$,则 $P(A_i)=p,P(\overline{A_i})=1-p$. 这个试验的所有基本事件为

$\overline{A_1}\overline{A_2}\overline{A_3}$(表示命中 0 次,有 C_3^0 个);

$A_1\overline{A_2}\overline{A_3},\overline{A_1}A_2\overline{A_3},\overline{A_1}\overline{A_2}A_3$(表示命中 1 次,有 C_3^1 个),

$A_1A_2\overline{A_3},A_1\overline{A_2}A_3,\overline{A_1}A_2A_3$(表示命中 2 次,有 C_3^2 个),

$A_1A_2A_3$(表示命中 3 次,有 C_3^3 个).

根据试验的独立性,以上列举的每个基本事件的概率都可计算出来,其中

$$P(\overline{A_1}\overline{A_2}\overline{A_3})=P(\overline{A_1})P(\overline{A_2})P(\overline{A_3})=p^0(1-p)^3,$$

$$P(A_1\overline{A_2}\overline{A_3})=P(\overline{A_1}A_2\overline{A_3})=P(\overline{A_1}\overline{A_2}A_3)=p(1-p)^2,$$

$$P(A_1A_2\overline{A_3})=P(A_1\overline{A_2}A_3)=P(\overline{A_1}A_2A_3)=p^2(1-p),$$

$$P(A_1A_2A_3)=p^3(1-p)^0.$$

若用 $p_3(k)$ 表示在三次射击中恰有 k 次命中目标的概率,则

$$p_3(0)=P(\overline{A_1}\overline{A_2}\overline{A_3})=C_3^0 p^0(1-p)^3,$$

$$p_3(1)=P(A_1\overline{A_2}\overline{A_3})+P(\overline{A_1}A_2\overline{A_3})+P(\overline{A_1}\overline{A_2}A_3)=C_3^1 p(1-p)^2,$$

$$p_3(2)=P(A_1A_2\overline{A_3})+P(A_1\overline{A_2}A_3)+P(\overline{A_1}A_2A_3)=C_3^2 p^2(1-p),$$

$$p_3(3)=P(A_1A_2A_3)=C_3^3 p^3(1-p)^0.$$

因此,在三次射击中恰有 k 次命中的概率可表示为

$$p_3(k) = C_3^k p^k (1-p)^{3-k} \quad (k=0,1,2,3).$$

将例 10 中三重伯努利试验的结论推广到 n 重伯努利试验的情形,便得如下定理.

定理 5.3(伯努利定理) 设在每次试验中事件 A 发生的概率均为 $P(A)=p(0<p<1)$,则在 n 重伯努利试验中,A 恰好发生 k 次的概率为

$$p_n(k) = C_n^k p^k (1-p)^{n-k} = C_n^k p^k q^{n-k},$$

其中 $q=1-p=P(\overline{A}),k=0,1,2,\cdots,n$.

例 11 在次品率为 0.1 的 100 件产品中有放回地连续取 4 次,每次取一件,求恰有 3 件次品的概率.

解 因为是放回抽样,每次抽取条件相同,故各次试验之间是独立、重复进行的,且每次试验只有取到次品或正品两个可能结果,因此这是四重伯努利试验,依题意有 $p=0.1$,$q=0.9$,由 $p_n(k)=C_n^k p^k q^{n-k}$ 得到

$$p_4(3) = C_4^3 p^3 q^{4-3} = C_4^3 \times 0.1^3 \times 0.9 = 0.0036.$$

§5.3 一维随机变量

为了进一步从数量上研究随机现象的统计规律性,建立起一系列有关的公式和定理,以便更好地分析、解决各种与随机现象有关的实际问题,有必要把随机试验的结果或事件数量化,即把样本空间中的样本点 ω 与实数(或复数)联系起来,建立起某种对应关系.

下面两节首先引入一维随机变量的概念,然后研究随机变量的分布问题,最后讨论一维随机变量的数字特征问题.

一、随机变量的概念

我们知道,对于随机试验来说,其可能结果不止一个.如果我们把试验结果用实数 X 来表示.这样一来就把样本点 ω 与实数 X 之间联系了起来,建立起了样本空间 Ω 与实数子集之间的对应关系 $X=X(\omega)$.

例 1 考察"抛掷一枚硬币"的试验,它有两个可能的结果:$\omega_1=\{$出现正面$\}$,$\omega_2=\{$出现反面$\}$.我们将试验的每一个结果用一个实数 X 来表示,例如,用"1"表示 ω_1,用"0"表示 ω_2.这样讨论试验结果时,就可以简单说成结果是数 1 或数 0.建立这种数量化的关系,实际上就相当于引入了一个变量 X,对于试验的两个结果 ω_1 和 ω_2,将 X 的值分别规定为 1 和 0,即

$$X = X(\omega) = \begin{cases} 1, & \text{当 } \omega = \omega_1 \text{ 时} \\ 0, & \text{当 } \omega = \omega_2 \text{ 时} \end{cases}.$$

可见这是样本空间 $\Omega=\{\omega_1,\omega_2\}$ 与实数子集 $\{1,0\}$ 之间的一种对应关系.

例 2 考察"射击一目标,第一次命中时所需射击次数"的试验.它有可列个结果:$\omega_i=\{$射击了 i 次$\}$,$i=1,2,\cdots$,这些结果本身是数量性质的.如用 X 表示所需射击的次数,就引入了一个变量 X,它满足

$$X=X(\omega)=i, \quad \text{当 } \omega=\omega_i \text{ 时 } (i=1,2,\cdots).$$

可见这是样本空间 $\Omega=\{\omega_1,\omega_2,\cdots\}$ 与自然数集 N 之间的一种对应关系.

例 3 考察"乘客候车时间"的试验,它有不可列个结果:$\omega\in[0,5)$. 这些结果本身也是数量性质的,如用 X 表示候车时间,就引入了一个变量 X,它满足

$$X=X(\omega)=\omega, \quad \omega\in[0,5).$$

可见这是样本空间 $\Omega=\{\omega:\omega\in[0,5)\}$ 与区间 $[0,5)$ 之间的一种对应关系.

由于试验结果具有随机性,因此通过对应关系 $X=X(\omega)$ 所确定的变量 X 的取值通常也是随机的,称之为随机变量. 下面我们给出随机变量的定义.

定义 5.7 在条件 S 下,随机试验的每一个可能的结果 ω 都用一个实数 $X=X(\omega)$ 来表示,且实数 X 满足:

(1) X 是由 ω 唯一确定的,

(2) 对于任意给定的实数 x,事件 $\{X\leqslant x\}$ 都是有概率的,

则称 X 为一**随机变量**. 随机变量一般用英文大写字母 X,Y,Z 等表示.

引入随机变量以后,随机事件就可以通过随机变量来表示. 例如,例 1 中的事件 $\{$出现正面$\}$ 可以用 $\{X=1\}$ 来表示;例 2 中的事件 $\{$射击次数不多于 5 次$\}$ 可以用 $\{X\leqslant5\}$ 来表示;例 3 中的事件 $\{$候车时间少于 2 分钟$\}$ 可以用 $\{X<2\}$ 来表示. 这样,我们就可以把对事件的研究转化为对随机变量的研究.

随机变量一般可分为离散型和非离散型两大类. 非离散型又可分为连续型和混合型. 由于在实际工作中我们经常遇到的是离散型和连续型的随机变量,因此下面我们将分别详细地讨论这两个类型的随机变量.

二、离散型随机变量的概率分布

定义 5.8 若随机变量 X 的正概率点(也称为取值)为至多可列个,则称 X 为**离散型随机变量**.

定义 5.9 设 X 为离散型随机变量,它的一切正概率点 $x_1,x_2,\cdots,x_k,\cdots$ 的概率,记为

$$P(X=x_k)=p_k, \quad k=1,2,\cdots, \tag{5.6}$$

称上式为随机变量 X 的**概率分布**,简称**分布**.

为了直观,有时也将一个离散型随机变量的分布用表格来表示(见表 5—2). 在这里,事件"$X=x_1$","$X=x_2$",$\cdots$,"$X=x_k$",$\cdots$ 构成一个完备事件组,因此,离散型随机变量 X 的概率分布式(5.6)具有下列基本性质:

(1) $p_k\geqslant0, k=1,2,\cdots$;

(2) $\sum\limits_k p_k=1$.

表 5—2   离散型随机变量概率分布表

x_i	x_1	x_2	$\cdots$	x_k	$\cdots$
p_i	p_1	p_2	$\cdots$	p_k	$\cdots$

例 4 掷一颗骰子,以 X 表示出现的点数,写出随机变量 X 的概率分布.

解 X 有 $1,2,3,4,5,6$ 共 6 个可能值.由于骰子是均匀材料制成的正六面体,因此每个点数出现的机会都相同,即有

$$P\{X=k\}=\frac{1}{6}, \quad k=1,2,\cdots,6.$$

若随机变量 X 的概率分布为

$$P\{X=x_k\}=\frac{1}{n}, \quad k=1,2,\cdots,n,$$

且当 $i\neq j$ 时,$x_i\neq x_j$,则称 X 服从**离散型均匀分布**.

下面我们来介绍几种常见的离散型随机变量的概率分布(以后简称为分布).

1. 两点分布

设随机变量 X 的分布为

$$P\{X=1\}=p, \quad P\{X=0\}=1-p \quad (0<p<1),$$

则称 X 服从参数为 p 的**两点分布**,两点分布又称为**伯努利分布**,记为 $X\sim B(1,p)$.

凡是只有两个基本事件的随机试验都可以确定一个服从两点分布的随机变量.如例 1 中的随机变量 $X\sim B(1,0.5)$.

2. 二项分布

设随机变量 X 的分布为

$$P(X=k)=C_n^k p^k q^{n-k} \quad (k=0,1,2,\cdots,n;0<p<1,\ q=1-p),$$

则称 X 服从参数为 n,p 的**二项分布**,记为 $X\sim B(n,p)$.

利用二项式定理,容易验证二项分布的概率值 p_k 满足:

$$\sum_{k=0}^{n} p_k = \sum_{k=0}^{n} C_n^k p^k q^{n-k} = (p+q)^n = 1^n = 1.$$

一般地,在 n 重伯努利试验中,事件 A 恰好发生 k 次 $(0\leqslant k\leqslant n)$ 的概率为

$$P_n(\mu=k)=C_n^k p^k q^{n-k}, \quad k=0,1,2,\cdots,n.$$

用 X 表示 n 重伯努利试验中事件 A 发生的次数,则 $X\sim B(n,p)$.

3. 泊松(Poisson)分布

设随机变量 X 的分布为

$$P(X=k)=\frac{\lambda^k}{k!}e^{-\lambda} \quad (k=0,1,2,\cdots,n,\cdots;\ \lambda>0),$$

则称 X 服从参数为 λ 的**泊松分布**,记为 $X\sim P(\lambda)$.

利用 e^x 的幂级数展开式,容易验证泊松分布的概率值 p_k 满足:

$$\sum_k p_k = \sum_{k=0}^{\infty} \frac{\lambda^k}{k!}e^{-\lambda} = e^{-\lambda}\sum_{k=0}^{\infty} \frac{\lambda^k}{k!} = e^{-\lambda}\cdot e^{\lambda} = 1.$$

服从泊松分布的随机变量是常见的.例如,放射性物质在某一段时间内放射的粒子数,

某容器内的细菌数,布的疵点数,某交换台的电话呼叫次数,一页书中印刷错误出现的个数,等等,都服从或近似服从泊松分布.

有关泊松分布的计算可以查附表 1.

例 5 某电话总机每分钟接到的呼叫次数服从参数为 5 的泊松分布,求

(1)每分钟恰好接到 7 次呼叫的概率;

(2)每分钟接到的呼叫次数大于 4 的概率.

解 设每分钟总机接到的呼叫次数为 X,则 $X \sim P(5)$,$\lambda = 5$.

(1)$P\{X=7\} = \dfrac{5^7 e^{-5}}{7!}$,由附表 1 可以查到,其值为 0.104 44.

(2)$P\{X>4\} = 1 - P\{X \leqslant 4\} = 1 - [P\{X=0\} + P\{X=1\} + P\{X=2\}$
$\qquad\qquad\qquad\qquad\qquad + P\{X=3\} + P\{X=4\}]$.

由附表 1 可以查到 $P\{X=0\}=0.006\,74$,$P\{X=1\}=0.033\,69$,$P\{X=2\}=0.084\,22$,$P\{X=3\}=0.140\,38$,$P\{X=4\}=0.175\,46$,从而 $P\{X>4\}=0.559\,51$.

我们知道,离散型随机变量 X 的取值是"不确定的",但是它具有一定的"概率分布".概率分布不仅明确地给出了 X 在点 x_i(即正概率点)处的概率,而且对于任意实数 $a < b$,事件 $\{a \leqslant X \leqslant b\}$ 发生的概率都可以由分布算出.这是因为事件

$$\{a \leqslant X \leqslant b\} = \bigcup_{a \leqslant x_i \leqslant b} \{X = x_i\},$$

于是由概率的可加性有

$$P\{a \leqslant X \leqslant b\} = \sum_{a \leqslant x_i \leqslant b} P\{X = x_i\}.$$

一般来说,对于实数集 **R** 中任一个区间 D,都有

$$P\{X \in D\} = \sum_{x_i \in D} P\{X = x_i\}.$$

例 6 袋中有 5 个黑球,3 个白球,每次抽取一个,不放回,直至取到黑球为止.记 X 为取到白球的数目,求随机变量 X 的概率分布,并计算 $P\{X \leqslant 1\}$.

解 X 可以取 0,1,2,3 等共 4 个值,事件"$X=0$"表示没有取到白球,即第一次就取到黑球,其概率为 5/8,而"$X=1$"表示在取到黑球之前取到一个白球,即总共抽取两次,第一次取到白球,第二次取到黑球,其概率 $P\{X=1\} = \dfrac{3}{8} \times \dfrac{5}{7} = \dfrac{15}{56}$,类似地,可计算出各有关概率值,其概率分布见表 5—3.

表 5—3   例 6 的概率分布表

X	0	1	2	3
p	$\dfrac{5}{8}$	$\dfrac{15}{56}$	$\dfrac{5}{56}$	$\dfrac{1}{56}$

$$P\{X \leqslant 1\} = P\{X=0\} + P\{X=1\} = \dfrac{5}{8} + \dfrac{15}{56} = \dfrac{25}{28}.$$

例7 某人投篮的命中率为 0.9，求在 10 次投篮中，

(1)恰有 4 次命中的概率；

(2)最多命中 8 次的概率；

(3)至少命中 2 次的概率.

解 设 X 表示在 10 次投篮中命中的次数，则

$$X \sim B(10, 0.9).$$

(1)依题意，恰有 4 次命中的概率为

$$P\{X=4\} = C_{10}^4 (0.9)^4 (0.1)^6 = 0.000\ 138.$$

(2)最多命中 8 次的概率为

$$P\{0 \leqslant X \leqslant 8\} = 1 - P\{X > 8\} = 1 - P\{X=9\} - P\{X=10\}$$
$$= 1 - C_{10}^9 (0.9)^9 (0.1)^1 - C_{10}^{10} (0.9)^{10} (0.1)^0 = 0.263\ 9.$$

(3)至少命中 2 次的概率为

$$P\{X \geqslant 2\} = 1 - P\{X < 2\} = 1 - P\{X=0\} - P\{X=1\}$$
$$= 1 - C_{10}^0 (0.9)^0 (0.1)^{10} - C_{10}^1 (0.9)^1 (0.1)^9 \approx 1.$$

三、连续型随机变量的概率密度

上面我们讨论了取值为至多可列个的离散型随机变量. 在实际问题中我们所遇到的更多的是另外一类变量，如某个地区的气温，某种产品的寿命，人的身高、体重，等等，它们的取值可以充满某个区间，这就是非离散型随机变量.

在非离散型随机变量中，最重要的也是实际工作中经常遇到的就是连续型随机变量. 对于连续型随机变量 X 来说，由于它的取值不是集中在有限个或可列个点上，考察 X 取值于一点的概率往往意义不大. 因此，只有确知 X 取值于任一区间上的概率（即 $P\{a < X < b\}$，其中 $a < b$ 为任意实数)，才能掌握它取值的概率分布. 为此引进下面的连续型随机变量的定义.

定义 5.10 对于随机变量 X，若存在非负的可积函数 $p(x)$，$-\infty < x < +\infty$，使得对于任意实数 $a, b(a < b)$，都有

$$P\{a < X < b\} = \int_a^b p(x) \mathrm{d}x,$$

则称 X 为**连续型随机变量**，称 $p(x)$ 为 X 的**概率分布密度函数**，简称概率密度或密度函数，简记为 $X \sim p(x)$.

X 的概率密度 $p(x)$ 具有下面两条性质：

(1) $p(x) \geqslant 0$, $x \in (-\infty, +\infty)$；

(2) $\int_{-\infty}^{+\infty} p(x) \mathrm{d}x = 1$.

凡满足上面两条性质的函数 $p(x)$，均可以做概率密度函数.

由定义 5.10 可知，对于任何实数 c，有 $P\{X=c\} = 0$. 由于连续型随机变量 X 取任意一个数值的概率都是零，因此当讨论连续型随机变量 X 在某个区间上的取值情况时，由于该区间是否包含端点不影响其概率的值，即

$$P\{a < X < b\} = P\{a \leqslant X < b\} = P\{a < X \leqslant b\} = P\{a \leqslant X \leqslant b\}.$$

由定积分的几何意义可知,连续型随机变量在某一区间上取值的概率等于其概率密度函数在该区间上的定积分,也就是该区间上概率密度函数的曲线与 x 轴所围成的曲边梯形的面积.

与离散型随机变量类似,对于实数集 $\boldsymbol{R}$ 中的任一区间 D,事件 $\{X \in D\}$ 的概率都可以由概率密度算出:

$$P\{X \in D\} = \int_D p(x)\mathrm{d}x.$$

例8 已知连续型随机变量 X 的概率密度为

$$f(x) = \begin{cases} ax + b, & 1 \leqslant x \leqslant 3 \\ 0, & \text{其他} \end{cases},$$

并且 X 在区间 $[2,3]$ 内取值的概率是它在区间 $[1,2]$ 内取值的概率的两倍.求系数 a 和 b 并计算 $P\{1.5 \leqslant X \leqslant 2.5\}$.

解 由概率密度的性质,有

$$\int_{-\infty}^{+\infty} f(x)\mathrm{d}x = \int_1^3 (ax + b)\mathrm{d}x = 4a + 2b = 1.$$

又因为 $P\{2 \leqslant X \leqslant 3\} = 2P\{1 \leqslant X \leqslant 2\}$,即

$$\int_2^3 (ax + b)\mathrm{d}x = 2\int_1^2 (ax + b)\mathrm{d}x,$$

所以,可得

$$a + 2b = 0.$$

解方程组

$$\begin{cases} 4a + 2b = 1 \\ a + 2b = 0 \end{cases},$$

得 $a = \dfrac{1}{3}, b = -\dfrac{1}{6}$,于是有

$$P\{1.5 \leqslant X \leqslant 2.5\} = \int_{1.5}^{2.5} \left(\frac{1}{3}x - \frac{1}{6}\right)\mathrm{d}x = \frac{1}{2}.$$

下面介绍几种常见的连续型随机变量的分布.

1. 均匀分布

设随机变量 X 的密度函数为

$$p(x) = \begin{cases} \dfrac{1}{b - a}, & a \leqslant x \leqslant b \\ 0, & \text{其他} \end{cases},$$

则称 X 服从参数为 a, b 的**均匀分布**,记为 $X \sim U(a,b)$. 均匀分布 X 的密度函数的图形见图

5—7. 可见，均匀分布是一种比较简单且常见的分布. 如例 3 中的 X 可视为参数是 0,5 的均匀分布.

如果随机变量 $X \sim U(a,b)$，那么对于任意的 c，$d(a \leqslant c < d \leqslant b)$，按概率密度定义，有

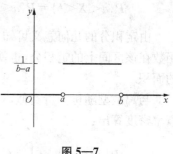

$$P\{c < X < d\} = \int_c^d p(x)\mathrm{d}x$$

$$= \int_c^d \frac{1}{b-a}\mathrm{d}x = \frac{d-c}{b-a}.$$

图 5—7

上式表明，X 在 (a,b)（即有正概率密度的区间）中任一个小区间上取值的概率与该区间的长度成正比，而与该小区间的位置无关，并且不难看出

$$\int_{-\infty}^{+\infty} p(x)\mathrm{d}x = \int_{-\infty}^a 0\mathrm{d}x + \int_a^b \frac{1}{b-a}\mathrm{d}x + \int_b^{+\infty} 0\mathrm{d}x = 1.$$

2. 指数分布

设随机变量 X 的密度函数为

$$p(x) = \begin{cases} \lambda \mathrm{e}^{-\lambda x}, & x \geqslant 0 \\ 0, & x < 0 \end{cases} \quad (\lambda > 0),$$

则称 X 服从参数为 λ 的**指数分布**，记为 $X \sim E(\lambda)$. 指数分布的密度函数 $p(x)$ 的图形见图 5—8. 不难看出

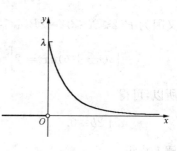

$$\int_{-\infty}^{+\infty} p(x)\mathrm{d}x = \int_{-\infty}^0 0\mathrm{d}x + \int_0^{+\infty} \lambda \mathrm{e}^{-\lambda x}\mathrm{d}x = 1.$$

例 9 设 $X \sim E(2)$，求 $P\{-1 \leqslant X \leqslant 4\}$，$P\{X < -3\}$ 以及 $P\{X \geqslant -10\}$.

图 5—8

解 由 $X \sim E(2)$，可知

$$p(x) = \begin{cases} 2\mathrm{e}^{-2x}, & x \geqslant 0 \\ 0, & x < 0 \end{cases},$$

于是

$$P\{-1 \leqslant X \leqslant 4\} = \int_{-1}^4 p(x)\mathrm{d}x = \int_{-1}^0 0\mathrm{d}x + \int_0^4 2\mathrm{e}^{-2x}\mathrm{d}x = 1 - \mathrm{e}^{-8};$$

$$P\{X < -3\} = \int_{-\infty}^{-3} p(x)\mathrm{d}x = \int_{-\infty}^{-3} 0\mathrm{d}x = 0;$$

$$P\{X \geqslant -10\} = \int_{-10}^{+\infty} p(x)\mathrm{d}x = \int_{-10}^0 0\mathrm{d}x + \int_0^{+\infty} 2\mathrm{e}^{-2x}\mathrm{d}x = 1.$$

3. 正态分布

设随机变量 X 的密度函数为

$$p(x) = \frac{1}{\sqrt{2\pi}\sigma}\mathrm{e}^{-\frac{(x-\mu)^2}{2\sigma^2}} \quad (-\infty < x < +\infty),$$

其中 μ,σ 为常数且 $\sigma>0$，则称 X 服从参数为 μ,σ^2 的**正态分布**，记为 $X\sim N(\mu,\sigma^2)$.

正态分布的密度函数 $p(x)$ 的图形（如图 5—9 所示）呈钟形. $p(x)$ 关于直线 $x=\mu$ 对称，在 $x=\mu\pm\sigma$ 处有拐点，在 $x=\mu$ 处达到最大值，且当 $x\to\pm\infty$ 时，$p(x)$ 的曲线以直线 $y=0$ 为渐近线. 当 μ 增大时曲线右移，当 μ 减小时曲线左移；当 σ 大时，曲线平缓，当 σ 小时，曲线陡峭（见图 5—10）. 特别地，称 $\mu=0,\sigma^2=1$ 的正态分布为标准正态分布，其密度函数为

$$p(x)=\frac{1}{\sqrt{2\pi}}e^{-\frac{x^2}{2}}\ (-\infty<x<+\infty).$$

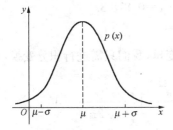

图 5—9

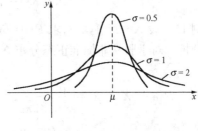

图 5—10

利用二重积分，我们可以证明

$$\int_{-\infty}^{+\infty}\frac{1}{\sqrt{2\pi}}e^{-\frac{x^2}{2}}\,\mathrm{d}x=1.$$

由此，只要作变换 $\dfrac{x-\mu}{\sigma}=t$ 即可，不难验证一般的正态概率密度也满足

$$\int_{-\infty}^{+\infty}p(x)\mathrm{d}x=\int_{-\infty}^{+\infty}\frac{1}{\sqrt{2\pi}\sigma}e^{-\frac{(x-\mu)^2}{2\sigma^2}}\,\mathrm{d}x=1.$$

现实世界中，大量的随机变量都服从或近似地服从正态分布. 例如，机械制造过程中所发生的误差、人的身高、海洋波浪的高度以及射击时弹着点对目标的横向偏差与纵向偏差，等等. 进一步的理论研究表明，一个变量如果受到了大量的随机因素的影响，各个因素所起的作用又都很微小，那么这样的变量一般都是服从正态分布的随机变量. 正态分布是最常见、最重要的分布，无论在理论研究还是实际应用中都具有特别重要的地位.

下面我们来讨论如何计算服从正态分布的随机变量在任一区间上取值的概率. 正态分布是最常用的分布，为计算方便，人们已经编制了正态分布分位数[1]表（见附表 2），其中

$$\int_{-\infty}^{u_p}\frac{1}{\sqrt{2\pi}}e^{-\frac{u^2}{2}}\,\mathrm{d}u=p$$

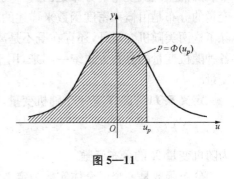

图 5—11

（见图 5—11）. 可见 $\displaystyle\int_{-\infty}^{u_p}\frac{1}{\sqrt{2\pi}}e^{-\frac{u^2}{2}}\,\mathrm{d}u=\Phi(u_p)$，即

---

[1]　设随机变量为 X，如果 x_p 使得 $P\{X\leqslant x_p\}=p$，其中 $0<p<1$，则称 x_p 为对应概率 p 的**分位数**.

标准正态分布函数在 u_p 的值. 由标准正态分布函数的性质可知, 表中只需列出 $u_p \geqslant 0$ 的值.

下面用实例来说明, 对于服从正态分布或服从标准正态分布的随机变量均能利用 $x \geqslant 0$ 时 $\Phi(x)$ 的值来计算其取值于任一区间的概率.

例 10 设 $X \sim N(0,1)$, 求 $P\{X < 2.35\}, P\{X < -1.25\}$ 以及 $P\{|X| < 1.55\}$.

解 $P\{X < 2.35\} = \Phi(2.35) \xrightarrow{\text{查表}} 0.990\,6$;

$$P\{X < -1.25\} = \Phi(-1.25) = 1 - \Phi(1.25) = 1 - 0.894\,4 = 0.105\,6;$$

$$P\{|X| < 1.55\} = P\{-1.55 < X < 1.55\} = \Phi(1.55) - \Phi(-1.55)$$
$$= 2\Phi(1.55) - 1 = 2 \times 0.939\,4 - 1 = 0.878\,8.$$

例 11 设 $X \sim N(1, 2^2)$, 求 $P\{0 < X \leqslant 5\}$.

分析 对于服从非标准正态分布 $N(\mu, \sigma^2)$ 的随机变量, 我们只需进行积分变换, 有

$$P\{\alpha < X < \beta\} = \int_{\alpha}^{\beta} \frac{1}{\sqrt{2\pi}\sigma} e^{-\frac{(x-\mu)^2}{2\sigma^2}} dx \xrightarrow{\text{令} t = \frac{x-\mu}{\sigma}} \int_{\frac{\alpha-\mu}{\sigma}}^{\frac{\beta-\mu}{\sigma}} \frac{1}{\sqrt{2\pi}} e^{-\frac{t^2}{2}} dt$$
$$= \Phi\left(\frac{\beta-\mu}{\sigma}\right) - \Phi\left(\frac{\alpha-\mu}{\sigma}\right).$$

查表即可求出此值.

解 这里 $\mu = 1, \sigma = 2, \beta = 5, \alpha = 0$, 有

$$\frac{\beta-\mu}{\sigma} = 2, \quad \frac{\alpha-\mu}{\sigma} = -0.5.$$

于是

$$P\{0 < X \leqslant 5\} = \Phi(2) - \Phi(-0.5)$$
$$= \Phi(2) - [1 - \Phi(0.5)]$$
$$= \Phi(2) + \Phi(0.5) - 1$$
$$= 0.977\,2 + 0.691\,5 - 1 = 0.668\,7.$$

四、随机变量的分布函数

离散型随机变量的分布是由其一切可能值和它取各个值的概率来描述的, 连续型随机变量的分布是由概率密度函数来描述的. 离散型和连续型是实际中最重要的两类变量. 但是除了这两类随机变量外, 还存在既不是离散型也不是连续型的随机变量. 分布函数是把描述各种随机变量的分布方式统一起来, 用于描述包括离散型和连续型在内的所有类型的随机变量.

定义 5.11 设 X 是一个随机变量, 称函数

$$F(x) = P\{X \leqslant x\}, \quad -\infty < x < +\infty$$

为随机变量 X 的**分布函数**.

分布函数是一个以全体实数为定义域, 以事件 $X \leqslant x$ 的概率为函数值的函数.

分布函数 $F(x)$ 具有以下基本性质:

(1) $0 \leqslant F(x) \leqslant 1$;

(2) $F(x)$ 是 x 的单调不减函数,即

当 $x_1 < x_2$ 时, $F(x_1) \leqslant F(x_2)$;

(3) $F(x)$ 在任一点 x_0 处至少右连续,即

$$\lim_{x \to x_0^+} F(x) = F(x_0);$$

(4) $F(-\infty) = \lim_{x \to -\infty} F(x) = 0$, $F(+\infty) = \lim_{x \to +\infty} F(x) = 1$.

由分布函数的定义,若随机变量 X 的分布函数已知,则 X 取各种值的概率可以很容易得出,如

$$P\{a < X \leqslant b\} = F(b) - F(a),$$
$$P\{X > a\} = 1 - P\{X \leqslant a\} = 1 - F(a).$$

1. 离散型随机变量的分布函数

若离散型随机变量 X 的概率分布为 $P\{X = x_k\} = p_k, k = 1, 2, \cdots$,则 X 的分布函数为

$$F(x) = P\{X \leqslant x\} = \sum_{x_k \leqslant x} p_k,$$

即 $F(x)$ 是 X 取小于或等于 x 的所有可能值的概率之和. 当 X 的取值为 $x_1 < x_2 < \cdots < x_k < \cdots$ 时,其分布函数可以写成分段函数的形式:

$$F(x) = \begin{cases} 0, & x < x_1 \\ p_1, & x_1 \leqslant x < x_2 \\ p_1 + p_2, & x_2 \leqslant x < x_3 \\ \cdots\cdots \end{cases}$$

例 12 设随机变量 X 的概率分布如表 5—4 所示. 求:

(1) X 的分布函数,并画出 $F(x)$ 的图形;

(2) 计算 $P\{X \leqslant -1\}, P\{2 < X \leqslant 2.5\}, P\{2 \leqslant X \leqslant 2.5\}$.

表 5—4   随机变量 X 的概率分布

x_i	-1	2	3
p_i	0.1	0.3	0.6

解 (1) 因为随机变量 X 的三个取值点将 $F(x)$ 的定义域 $(-\infty, +\infty)$ 分成了四个区间,所以必须逐段讨论.

当 $x < -1$ 时,X 在 $(-\infty, x]$ 内没有可能值,故 X 落在 $(-\infty, x]$ 内的概率为零,即

$$F(x) = P\{X \leqslant x\} = 0, \quad x < -1.$$

当 $-1 \leqslant x < 2$ 时,X 在 $(-\infty, x]$ 内只有一个可能值,$X = -1$,且 $P\{X = -1\} = 0.1$,故 X 落在 $(-\infty, x]$ 内的概率为 0.1,即

$$F(x) = P\{X \leqslant x\} = P\{X = -1\} = 0.1, \quad -1 \leqslant x < 2.$$

当 $2 \leqslant x < 3$ 时,X 在 $(-\infty, x]$ 内有两个可能值,$X = -1$ 及 $X = 2$,且 $P\{X = -1\} = 0.1$, $P\{X = 2\} = 0.3$,故 X 落在 $(-\infty, x]$ 内的概率为 $0.1 + 0.3 = 0.4$,即

$$F(x) = P\{X \leqslant x\} = P\{X = -1\} + P\{X = 2\} = 0.1 + 0.3 = 0.4, \quad 2 \leqslant x < 3.$$

当 $x \geqslant 3$ 时, X 落在 $(-\infty, x]$ 内的概率为 $0.1 + 0.3 + 0.6 = 1$, 即

$$F(x) = P\{X \leqslant x\} = P\{X = -1\} + P\{X = 2\} + P\{X = 3\}$$
$$= 0.1 + 0.3 + 0.6 = 1, \quad x \geqslant 3.$$

综上所述, $F(x)$ 为如下分段函数:

$$F(x) = \begin{cases} 0, & x < -1 \\ 0.1, & -1 \leqslant x < 2 \\ 0.4, & 2 \leqslant x < 3 \\ 1, & x \geqslant 3 \end{cases}.$$

图 5—12 是 $F(x)$ 的图形.

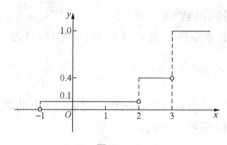

图 5—12

$(2) P\{X \leqslant -1\} = F(-1) = 0.1,$

$\quad P\{2 < X \leqslant 2.5\} = F(2.5) - F(2) = 0.4 - 0.4 = 0,$

$\quad P\{2 \leqslant X \leqslant 2.5\} = P\{2 < X \leqslant 2.5\} + P\{X = 2\} = 0.8.$

由例 12 可知, 离散型随机变量 X 的分布函数 $F(x)$ 是分段函数, 其图形为"阶梯"曲线, 在 X 的任意一个可能值 $x_k(k = 1, 2, \cdots)$ 处, $F(x)$ 有间断点, 其图形有一个跳跃, 而跳跃高度恰好等于 X 取 x_k 的概率 p_k.

2. 连续型随机变量的分布函数

设连续型随机变量 X 的概率密度为 $p(x)$, 则 X 的分布函数为

$$F(x) = P\{X \leqslant x\} = \int_{-\infty}^{x} p(t)\mathrm{d}t.$$

由上式我们可看出, 连续型随机变量的分布函数 $F(x)$ 在 $(-\infty, +\infty)$ 内是连续的. 如果我们对上式两边求导, 则在 $p(x)$ 的连续点 x 处有

$$p(x) = F'(x).$$

例 13 已知连续型随机变量 X 服从区间 $[a, b]$ 上的均匀分布, 求 X 的分布函数 $F(x)$.

解 由题意可知, X 的概率密度为

$$p(x) = \begin{cases} \dfrac{1}{b-a}, & a \leqslant x \leqslant b \\ 0, & \text{其他} \end{cases}.$$

当 $x < a$ 时，

$$F(x) = \int_{-\infty}^{x} f(t)\mathrm{d}t = \int_{-\infty}^{x} 0\mathrm{d}t = 0;$$

当 $a \leqslant x < b$ 时，

$$F(x) = \int_{-\infty}^{x} f(t)\mathrm{d}t = \int_{-\infty}^{a} 0\mathrm{d}t + \int_{a}^{x} \frac{1}{b-a}\mathrm{d}t = \frac{x-a}{b-a};$$

当 $x \geqslant b$ 时，

$$F(x) = \int_{-\infty}^{x} f(t)\mathrm{d}t = \int_{-\infty}^{a} 0\mathrm{d}t + \int_{a}^{b} \frac{1}{b-a}\mathrm{d}t + \int_{b}^{x} 0\mathrm{d}t = 1.$$

因此

$$F(x) = \begin{cases} 0, & x < a, \\ \dfrac{x-a}{b-a}, & a \leqslant x < b, \\ 1, & x \geqslant b. \end{cases}$$

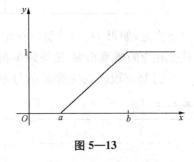

图 5—13

图 5—13 为 $F(x)$ 的图形，它是一条连续的曲线.

例 14 已知连续型随机变量 X 的分布函数为

$$F(x) = A + B\arctan x, \quad -\infty < x < +\infty.$$

(1)试确定系数 A 与 B；

(2)求 X 的概率密度；

(3)计算 $P\{-1 < X \leqslant \sqrt{3}\}$.

解 (1)由分布函数性质(4)，有

$$F(-\infty) = \lim_{x \to -\infty} F(x) = A - \frac{\pi}{2}B = 0,$$

$$F(+\infty) = \lim_{x \to +\infty} F(x) = A + \frac{\pi}{2}B = 1.$$

解方程组，可得 $A = \dfrac{1}{2}$，$B = \dfrac{1}{\pi}$.

(2) $p(x) = F'(x) = \dfrac{1}{\pi(1+x^2)}$，$x \in (-\infty, +\infty)$.

(3) $P\{-1 < X \leqslant \sqrt{3}\} = F(\sqrt{3}) - F(-1) = \dfrac{1}{\pi}[\arctan\sqrt{3} - \arctan(-1)] = \dfrac{7}{12}$.

五、随机变量函数的分布

在很多实际问题中，我们不仅关心随机变量的分布，而且还要讨论随机变量之间存在的函数关系以及这些函数的分布，即随机变量函数的分布.

设 $f(x)$ 是定义在随机变量 X 的一切可能取值 x 的集合上的函数，如果当 X 取值为 x 时，随机变量 Y 的取值为 $y = f(x)$，那么我们称 Y 是一维随机变量 X 的函数，记作

$Y=f(X)$. 例如,设一球体直径的测量值为 X,体积为 Y,则 Y 是 X 的函数: $Y=\dfrac{\pi}{6}X^3$. 下面我们将讨论如何根据 X 的分布来导出 $Y=f(X)$ 的概率分布.

1. 离散型随机变量函数的分布

设 X 是离散型随机变量,其概率分布为

X	x_1	x_2	$\cdots$	x_n	$\cdots$
$P(X=x_i)$	p_1	p_2	$\cdots$	p_n	$\cdots$

记 $y_i=f(x_i)(i=1,2,\cdots)$. 如果 $f(x_i)$ 的值都不相等,那么 Y 的概率分布为

Y	y_1	y_2	$\cdots$	y_n	$\cdots$
$P(Y=y_i)$	p_1	p_2	$\cdots$	p_n	$\cdots$

但是,如果 $f(x_i)$ 的值中有相等的,那么就把那些相等的值分别合并,并根据概率加法公式把相应的概率相加,便得到 Y 的分布.

例 15 设随机变量 X 的分布如表 5—5 所示. 求 $Y=X^2+1$ 的概率分布.

表 5—5

X	-2	-1	0	1	2
$P(X=x_i)$	$\dfrac{1}{5}$	$\dfrac{1}{5}$	$\dfrac{1}{5}$	$\dfrac{1}{10}$	$\dfrac{3}{10}$

解 由 $y_i=x_i^2+1(i=1,2,\cdots,5)$ 及 X 的分布,我们得到表 5—6.

表 5—6

X^2+1	$(-2)^2+1$	$(-1)^2+1$	0^2+1	1^2+1	2^2+1
$P(X=x_i)$	$\dfrac{1}{5}$	$\dfrac{1}{5}$	$\dfrac{1}{5}$	$\dfrac{1}{10}$	$\dfrac{3}{10}$

把 $f(x_i)=x_i^2+1$ 相同的值合并起来,并把相应的概率相加,便得到 Y 的分布,即

$$P\{Y=5\}=P\{X=-2\}+P\{X=2\}=\dfrac{1}{2},$$

$$P\{Y=2\}=P\{X=-1\}+P\{X=1\}=\dfrac{3}{10},$$

$$P\{Y=1\}=P\{X=0\}=\dfrac{1}{5}.$$

所以 Y 的概率分布如表 5—7 所示.

表 5—7

Y	5	2	1
$P(Y=y_i)$	$\dfrac{1}{2}$	$\dfrac{3}{10}$	$\dfrac{1}{5}$

2. 连续型随机变量函数的分布

设 X 是连续型随机变量, 其密度函数为 $p(x)$. 对于给定的一个其导函数是连续的函数 $f(x)$, 我们用分布函数的定义导出 $Y = f(X)$ 的分布.

为了讨论方便, 对于 X 有正概率密度的区间上的一切 x, 令

$$\alpha = \min_x\{f(x)\}, \quad \beta = \max_x\{f(x)\}.$$

对于 $\alpha > -\infty, \beta < +\infty$ 情形, 当 $y < \alpha$ 时, $\{f(X) \leqslant y\}$ 是一个不可能事件, 故 $F_Y(y) = P\{f(X) \leqslant y\} = 0$; 而当 $y \geqslant \beta$ 时, $\{f(X) \leqslant y\}$ 是一个必然事件, 故 $F_Y(y) = P\{f(X) \leqslant y\} = 1$. 这样, 我们可设 Y 的分布函数为

$$F_Y(y) = \begin{cases} 0, & y \leqslant \alpha \\ *, & \alpha < y < \beta. \\ 1, & y \geqslant \beta \end{cases}$$

对于 $\alpha = -\infty$ 或 $\beta = +\infty$ 的情形, 只要去掉相应区间上 $F_Y(y)$ 的表达式即可. 这里我们只需讨论 $\alpha < y < \beta$ 的情形, 根据分布函数的定义有

$$* = P\{Y \leqslant y\} = P\{f(X) \leqslant y\} = P\{X \in D_y\} = \int_{D_y} p(x)\mathrm{d}x,$$

其中 $D_y = \{x \mid f(x) \leqslant y\}$, 即 D_y 是由满足 $f(x) \leqslant y$ 的所有 x 组成的集合, 它可由 y 的值及 $f(x)$ 的函数形式解出. 根据 $p(y) = F_Y'(y)$, 并考虑到常数的导数为 0, 于是 Y 的概率密度为

$$p_Y(y) = \begin{cases} \left[\int_{D_y} p(x)\mathrm{d}x\right]_y', & \alpha < y < \beta \\ 0, & \text{其他} \end{cases}.$$

例 16 设随机变量 X 服从区间 $[0,1]$ 上的均匀分布, 求 $Y = X^2$ 的概率密度.

解 由于 $X \sim U(0,1)$, 则其概率密度为

$$p_X(x) = \begin{cases} 1, & x \in [0,1] \\ 0, & \text{其他} \end{cases}.$$

对于函数 $y = x^2$, 当 $x \in [0,1]$ 时,

$$\alpha = \min_x\{x^2\} = 0, \quad \beta = \max_x\{x^2\} = 1.$$

于是

$$F_Y(y) = \begin{cases} 0, & y \leqslant 0 \\ *, & 0 < y < 1. \\ 1, & y \geqslant 1 \end{cases}$$

当 $0 < y < 1$ 时,

$$\begin{aligned} F_Y(y) &= P\{Y \leqslant y\} = P\{X^2 \leqslant y\} = P\{|X| \leqslant \sqrt{y}\} \\ &= \int_{-\sqrt{y}}^{\sqrt{y}} p(x)\mathrm{d}x = \int_{-\sqrt{y}}^{0} 0\mathrm{d}x + \int_{0}^{\sqrt{y}} 1\mathrm{d}x = \sqrt{y}. \end{aligned}$$

由

$$p_Y(y) = F'(y) = (\sqrt{y})' = \frac{1}{2\sqrt{y}},$$

故随机变量 Y 的概率密度为

$$p_Y(y) = \begin{cases} \dfrac{1}{2\sqrt{y}}, & 0 < y < 1 \\ 0, & \text{其他} \end{cases}.$$

利用上述方法,当函数 $y = f(x)$ 为单调函数时,随机变量 Y 的概率密度可由下面的公式得到:

$$p_Y(y) = \begin{cases} p_X(f^{-1}(y)) \cdot |(f^{-1}(y))'|, & \alpha < y < \beta \\ 0, & \text{其他} \end{cases},$$

其中 $f^{-1}(y)$ 为 $f(x)$ 的反函数, $p_X(x)$ 为随机变量 X 的概率密度.

在例 16 中

$$f^{-1}(y) = \sqrt{y}, \quad (f^{-1}(y))' = (\sqrt{y})' = \frac{1}{2\sqrt{y}},$$

而当 $0 < y < 1$ 时, $0 < x < 1$,有

$$p_X(\sqrt{y}) = p_X(x) = 1.$$

由公式可得到 Y 的概率密度为

$$p_Y(y) = \begin{cases} 1 \cdot \dfrac{1}{2\sqrt{y}}, & 0 < y < 1 \\ 0, & \text{其他} \end{cases} = \begin{cases} \dfrac{1}{2\sqrt{y}}, & 0 < y < 1 \\ 0, & \text{其他} \end{cases}.$$

§5.4 随机变量的数字特征

随机变量的分布能完整地描述随机变量的统计规律性. 但在许多实际问题中,求出随机变量的分布是很困难的,事实上,也并不一定需要我们全面考察随机变量的变化情况,而只关心一些仅反映它分布的某些特征的综合指标. 例如,棉花纤维的长度是棉花质量的一个重要指标,在检验一批棉花质量时,我们关心的是该批棉花纤维的平均长度及纤维长度与平均长度的偏离情况. 显然,平均长度大、偏离程度小的棉花质量好. 对于棉花纤维长度这个随机变量,它的平均长度及偏离程度能描述它在某些方面的重要特征.

随机变量的这些特征数不仅在一定程度上可以简单地刻画出随机变量的基本性态,而且也可以用数理统计方法估计它们. 因此,研究随机变量的数字特征无论在理论上还是在实际中都有着重要的意义.

一、数学期望

1. 数学期望的定义

对于随机变量 X，要确定一个常数作为 X 取值的平均水平，不能只看它的取值，还应考虑到它取各不同值的概率大小.

例 1 从一批棉花中抽取 100 根纤维，测量它们的长度，其结果如表 5—8 所示，求所抽取的 100 根纤维的平均长度.

表 5—8 　　　　　　　　　　　一批棉花抽样测量结果

长度/厘米	3.5	4	4.5	5	5.5
频数	13	20	32	23	12

解 显然不能用 $3.5,4,4.5,5,5.5$ 的简单算术平均数作为这 100 根纤维的长度，而应如下计算

$$\frac{1}{100}(3.5\times13+4\times20+4.5\times32+5\times23+5.5\times12)\text{厘米}$$

$$=\left(3.5\times\frac{13}{100}+4\times\frac{20}{100}+4.5\times\frac{32}{100}+5\times\frac{23}{100}+5.5\times\frac{12}{100}\right)\text{厘米}=4.505\text{ 厘米}.$$

从计算中可以看到，纤维的平均长度是纤维长度与这些长度出现频率的乘积之和，即以频率为权数的加权算术平均数.

作为随机变量值的平均值，它是以其概率为权的加权平均，在概率论中称为随机变量的数学期望. 现在我们引入如下定义：

定义 5.12 设离散型随机变量 X 的概率分布为

$$P\{X=x_k\}=p_k, \quad k=1,2,\cdots,$$

我们把级数 $\sum\limits_{k} x_k p_k$ 称为 X 的**数学期望**，简称**期望**或**均值**，记作 $E(X)$，即

$$E(X)=\sum_k x_k p_k.$$

对于连续型随机变量 X，概率密度为 $p(x)$，由于 $p(x)\mathrm{d}x$ 的作用与离散型随机变量中的 p_k 类似，于是有下面定义.

定义 5.13 设连续型随机变量 X 的概率密度为 $p(x)$，我们把积分 $\int_{-\infty}^{+\infty} xp(x)\mathrm{d}x$ 称为 X 的数学期望，记作 $E(X)$，即

$$E(X)=\int_{-\infty}^{+\infty} xp(x)\mathrm{d}x.$$

由定义可知，数学期望是加权平均数这一概念在随机变量中的推广，它反映了随机变量取值的平均水平. 其统计意义就是对随机变量进行长期观测或大量观测后所得数值的理论平均数.

例 2 甲、乙二人射击,他们在相同的条件下进行射击,击中的环数分别记为 X,Y,概率分布如下:

$$P\{X=8\}=0.3, \quad P\{X=9\}=0.1, \quad P\{X=10\}=0.6,$$
$$P\{Y=8\}=0.2, \quad P\{Y=9\}=0.5, \quad P\{Y=10\}=0.3.$$

试比较二人谁的成绩好.

解 由离散型数学期望的定义,有

$$E(X)=8\times0.3+9\times0.1+10\times0.6=9.3,$$
$$E(Y)=8\times0.2+9\times0.5+10\times0.3=9.1.$$

因此,可以认为甲比乙的成绩好.

例 3 设连续型随机变量 X 的分布函数为

$$F(x)=\begin{cases} 0, & x\leqslant 3 \\ 1-\dfrac{27}{x^3}, & x>3 \end{cases}.$$

求 $E(X)$.

解 由于连续型随机变量的概率密度 $p(x)$ 在连续点处满足 $p(x)=F'(x)$,从而求得 X 的概率密度为

$$p(x)=\begin{cases} 0, & x\leqslant 3 \\ \dfrac{81}{x^4}, & x>3 \end{cases},$$

于是,有

$$E(X)=\int_{-\infty}^{+\infty}xp(x)\mathrm{d}x=\int_{3}^{+\infty}x\frac{81}{x^4}\mathrm{d}x=\left(-\frac{81}{2x^2}\right)\Big|_{3}^{+\infty}=\frac{9}{2}.$$

2. 几个常见分布的数学期望

(1)两点分布. 设 $X\sim B(1,p)$,即

$$P(X=1)=p, \quad P(X=0)=1-p \quad (0<p<1),$$

则

$$E(X)=1\times p+0\times(1-p)=p.$$

(2)二项分布. 设 $X\sim B(n,p)$,即

$$P(X=k)=\mathrm{C}_n^k p^k q^{n-k} \quad (0<p<1,q=1-p; k=0,1,2,\cdots,n).$$

则

$$E(X)=\sum_{k=0}^{n}k\mathrm{C}_n^k p^k q^{n-k}$$
$$=\sum_{k=1}^{n}k\frac{n!}{k!(n-k)!}p^k q^{n-k}$$

$$= np \sum_{k=1}^{n} \frac{(n-1)!}{(k-1)![(n-1)-(k-1)]!} p^{k-1} q^{(n-1)-(k-1)}$$
$$= np(p+q)^{n-1} = np.$$

(3)泊松分布. 设 $X \sim P(\lambda)$,即

$$P(X=k) = \frac{\lambda^k}{k!} e^{-\lambda} \quad (k=0,1,2,\cdots),$$

则

$$E(X) = \sum_{k=0}^{\infty} k \frac{\lambda^k e^{-\lambda}}{k!} = \lambda e^{-\lambda} \sum_{k=1}^{\infty} \frac{\lambda^{k-1}}{(k-1)!}$$

$$\xlongequal{\diamondsuit m=k-1} \lambda e^{-\lambda} \sum_{m=0}^{\infty} \frac{\lambda^m ①}{m!} = \lambda e^{-\lambda} e^{\lambda} = \lambda.$$

(4)均匀分布. 设 $X \sim U(a,b)$,则

$$E(X) = \int_{-\infty}^{+\infty} x p(x) \, \mathrm{d}x = \int_{a}^{b} x \frac{1}{b-a} \, \mathrm{d}x = \frac{a+b}{2}.$$

(5)指数分布. 设 $X \sim E(\lambda)$,则

$$E(X) = \int_{-\infty}^{+\infty} x p(x) \, \mathrm{d}x = \int_{0}^{+\infty} x \lambda e^{-\lambda x} \, \mathrm{d}x = \frac{1}{\lambda}.$$

(6)正态分布. 设 $X \sim N(\mu, \sigma^2)$,则

$$E(X) = \int_{-\infty}^{+\infty} x p(x) \, \mathrm{d}x = \int_{-\infty}^{+\infty} x \frac{1}{\sqrt{2\pi}\sigma} e^{-\frac{(x-\mu)^2}{2\sigma^2}} \, \mathrm{d}x$$

$$\xlongequal{\diamondsuit x-\mu=t} \int_{-\infty}^{+\infty} (t+\mu) \frac{1}{\sqrt{2\pi}\sigma} e^{-\frac{t^2}{2\sigma^2}} \, \mathrm{d}t$$

$$= \frac{1}{\sqrt{2\pi}\sigma} \int_{-\infty}^{+\infty} t e^{-\frac{t^2}{2\sigma^2}} \, \mathrm{d}t + \mu \int_{-\infty}^{+\infty} \frac{1}{\sqrt{2\pi}\sigma} e^{-\frac{t^2}{2\sigma^2}} \, \mathrm{d}t$$

$$= 0 + \mu = \mu.$$

3. 数学期望的性质

利用数学期望的定义可以证明下述性质对一切随机变量都成立.

性质 1 常量 C 的数学期望等于它自己,即

$$E(C) = C.$$

性质 2 常量 C 与随机变量 X 乘积的数学期望,等于常量 C 与这个随机变量的数学期望的积,即

$$E(CX) = CE(X).$$

---

① 这里利用了公式 $e^x = \sum_{n=0}^{\infty} \frac{x^n}{n!}$.

性质 3 随机变量和的数学期望,等于随机变量数学期望的和,即

$$E(X+Y)=E(X)+E(Y).$$

推论 有限个随机变量和的数学期望,等于它们各自数学期望的和,即

$$E\left(\sum_{i=1}^{n}X_i\right)=\sum_{i=1}^{n}E(X_i).$$

性质 4 设随机变量 X 与 Y 相互独立[①],则它们乘积的数学期望等于它们数学期望的积,即

$$E(X \cdot Y)=E(X) \cdot E(Y).$$

推论 有限个相互独立的随机变量乘积的数学期望,等于它们各自数学期望的积,即

$$E\left(\prod_{i=1}^{n}X_i\right)=\prod_{i=1}^{n}E(X_i).$$

4. 表示性定理

定理 5.4(表示性定理) 设 X 是随机变量,$Y=f(X)$,并且 $E[f(X)]$ 存在,则随机变量函数 $f(X)$ 的数学期望为

$$E[f(X)]=\begin{cases}\displaystyle\sum_{i=1}^{\infty}f(x_i)p_i, & \text{当 } X \text{ 为离散型时} \\ \displaystyle\int_{-\infty}^{+\infty}f(x)p(x)\mathrm{d}x, & \text{当 } X \text{ 为连续型时}\end{cases}.$$

这里要求上述级数与积分都是绝对收敛的.

例 4 设 $X \sim P(\lambda)$,求 $E(X^2)$.

解 考虑到 X 的分布律为

$$P(X=k)=\frac{\lambda^k \mathrm{e}^{-\lambda}}{k!} \quad (k=0,1,2,\cdots;\lambda>0),$$

函数 $f(X)=X^2$,由表示性定理有

$$E(X^2)=\sum_{k=0}^{\infty}k^2\frac{\lambda^k}{k!}\mathrm{e}^{-\lambda}=\sum_{k=1}^{\infty}(k-1+1)\frac{\lambda^k}{(k-1)!}\mathrm{e}^{-\lambda}$$
$$=\sum_{k=2}^{\infty}\frac{\lambda^{k-2}}{(k-2)!}\lambda^2\mathrm{e}^{-\lambda}+\sum_{k=1}^{\infty}\frac{\lambda^k}{(k-1)!}\mathrm{e}^{-\lambda}=\lambda^2+\lambda.$$

例 5 设 $X \sim U(a,b)$,求 $E(X^2)$.

解 由表示性定理有

$$E(X^2)=\int_{-\infty}^{+\infty}x^2p(x)\mathrm{d}x=\int_{a}^{b}\frac{x^2}{b-a}\mathrm{d}x=\frac{a^2+ab+b^2}{3}.$$

---

① 设 X,Y 是两个随机变量. 如果对于任意的 $a<b$, $c<d$,事件 $\{a<X<b\}$ 与 $\{c<Y<d\}$ 相互独立,则称随机变量 X 与 Y 是**相互独立**的.

二、方差

1. 方差的定义

随机变量的数学期望反映了随机变量取值的平均水平,它是随机变量的一个重要的数字特征. 为了能够对随机变量的变化情况作出更加全面、准确的描述,除了知道随机变量的数学期望外,还需了解随机变量的取值对其期望值的偏离程度.

例 6 甲、乙两种合成纤维,它们的纤维长度 X_1 和 X_2 的概率分布如表 5—9 所示. 试比较两种纤维的优劣.

表 5—9 　　　　　　　　　　纤维长度 X_1 和 X_2 的概率分布

X_1	3	3.5	4	4.5	5
p	0.2	0.2	0.2	0.2	0.2
X_2	2	3	4	5	6
p	0.2	0.2	0.2	0.2	0.2

解 由计算可知 $E(X_1) = E(X_2) = 4$,即两种纤维的平均长度相等. 仅用数学期望不能比较这两种纤维的优劣,但从各自的概率分布可以粗略地看到 X_1 的取值比 X_2 更集中于数学期望的附近.

为了定量地表示这种集中程度,我们自然希望用一个数值来表示随机变量取值与其数学期望偏差的大小. 显然 $X - E(X)$ 能表示随机变量 X 与其数学期望的"偏差"(也称离差),由于 X 随机取值,因此离差也是个随机变量,而且其值可正、可负. 若对 $X - E(X)$ 取平均值,则会因正、负相抵消而无法反映出离差的平均大小,但离差的平方 $[X - E(X)]^2$ 可以消除正、负符号的差别,因此取它的平均值 $E[X - E(X)]^2$ 可以刻画 X 取值与其数学期望 $E(X)$ 离差的平均大小. 若 $E[X - E(X)]^2$ 小,则表示 X 取值集中在 $E(X)$ 周围;反之,若 $E[X - E(X)]^2$ 大,则 X 在它的期望 $E(X)$ 周围取值分散. 由于

$$E[X_1 - E(X_1)]^2 = [(3-4)^2 + (3.5-4)^2 + (4-4)^2 + (4.5-4)^2 + (5-4)^2] \times 0.2$$
$$= 0.5,$$
$$E[X_2 - E(X_2)]^2 = [(2-4)^2 + (3-4)^2 + (4-4)^2 + (5-4)^2 + (6-4)^2] \times 0.2$$
$$= 2.$$

因此说明甲种纤维优于乙种纤维.

定义 5.14 设 X 是随机变量,若 $E[X - E(X)]^2$ 存在,则称 $E[X - E(X)]^2$ 为 X 的**方差**,记作 $D(X)$,即

$$D(X) = E[X - E(X)]^2.$$

方差的算术根 $\sqrt{D(X)}$ 称为 X 的**标准差**.

当 X 是离散型随机变量,其概率分布为

$$P\{X = x_k\} = p_k, \ k = 1, 2, \cdots$$

时,我们有

$$D(X) = \sum_k [x_k - E(X)]^2 p_k.$$

当 X 是连续型随机变量, 其概率密度为 $p(x)$ 时, 我们有

$$D(X) = \int_{-\infty}^{+\infty} [x - E(X)]^2 p(x) \mathrm{d}x.$$

在计算方差时, 使用下面的公式有时较为简便:

$$D(X) = E(X^2) - (E(X))^2,$$

即随机变量 X 的方差等于 X^2 的数学期望减去 X 数学期望的平方.

证明 由方差的定义和数学期望的性质, 有

$$\begin{aligned}
D(X) &= E(X - E(X))^2 \\
&= E[X^2 - 2XE(X) + (E(X))^2] \\
&= E(X^2) - 2E(X) \cdot E(X) + (E(X))^2 \\
&= E(X^2) - (E(X))^2.
\end{aligned}$$

于是我们得到了随机变量 X 的方差的计算公式

$$D(X) = E(X^2) - (E(X))^2.$$

例 7 设离散型随机变量 X 的概率分布为

$$P\{X=0\}=0.2, \quad P\{X=1\}=0.5, \quad P\{X=2\}=0.3,$$

求 $D(X)$.

解 $E(X) = 0 \times 0.2 + 1 \times 0.5 + 2 \times 0.3 = 1.1,$

$E(X^2) = 0^2 \times 0.2 + 1^2 \times 0.5 + 2^2 \times 0.3 = 1.7,$

$D(X) = 1.7 - 1.1^2 = 0.49.$

例 8 设连续型随机变量 X 的概率密度为

$$p(x) = \begin{cases} 2x, & 0 \leqslant x \leqslant 1 \\ 0, & \text{其他} \end{cases},$$

求 $D(X)$.

解 $E(X) = \int_0^1 2x^2 \mathrm{d}x = \dfrac{2}{3}, \quad E(X^2) = \int_0^1 2x^3 \mathrm{d}x = \dfrac{1}{2},$

$D(X) = \dfrac{1}{2} - \left(\dfrac{2}{3}\right)^2 = \dfrac{1}{18}.$

2. 几种常见分布的方差

(1) 两点分布. 设 $X \sim B(1, p)$, 已知 $E(X) = p$, 则

$$\begin{aligned}
D(X) &= E[X - E(X)]^2 = (1-p)^2 \cdot p + (0-p)^2 \cdot q \\
&= q^2 p + p^2 q = pq(p+q) = pq.
\end{aligned}$$

(2) 二项分布. 设 $X \sim B(n, p)$, 已知 $E(X) = np$, 根据数学期望的公式可以算出

$E(X^2)=n(n-1)p^2+np$,所以

$$D(X)=E(X^2)-(E(X))^2=npq.$$

(3)泊松分布. 设 $X\sim P(\lambda)$,已知 $E(X)=\lambda,E(X^2)=\lambda^2+\lambda$(见例4),所以

$$D(X)=E(X^2)-(E(X))^2=\lambda.$$

(4)均匀分布. 设 $X\sim U(a,b)$,已知 $E(X)=\dfrac{a+b}{2},E(X^2)=\dfrac{a^2+ab+b^2}{3}$(见例5),所以

$$D(X)=E(X^2)-(E(X))^2=\dfrac{(b-a)^2}{12}.$$

(5)指数分布. 设 $X\sim E(\lambda)$,已知 $E(X)=\dfrac{1}{\lambda}$,根据数学期望的性质可以算出 $E(X^2)=\dfrac{2}{\lambda^2}$,所以

$$D(X)=E(X^2)-(E(X))^2=\dfrac{1}{\lambda^2}.$$

(6)正态分布. 设 $X\sim N(\mu,\sigma^2)$,由方差的定义可以直接算出

$$D(X)=\int_{-\infty}^{+\infty}(x-\mu)^2\frac{1}{\sqrt{2\pi}\sigma}e^{-\frac{(x-\mu)^2}{2\sigma^2}}\mathrm{d}x$$

$$\xlongequal{\diamondsuit\, t=\frac{x-\mu}{\sigma}}\int_{-\infty}^{+\infty}\frac{\sigma^2}{\sqrt{2\pi}}t^2e^{-\frac{t^2}{2}}\mathrm{d}t$$

$$=\frac{\sigma^2}{\sqrt{2\pi}}\left(-t\,e^{-\frac{t^2}{2}}\Big|_{-\infty}^{+\infty}+\int_{-\infty}^{+\infty}e^{-\frac{t^2}{2}}\mathrm{d}t\right)$$

$$=0+\sigma^2\int_{-\infty}^{+\infty}\frac{1}{\sqrt{2\pi}}e^{-\frac{t^2}{2}}\mathrm{d}t=\sigma^2.$$

3. 方差的性质

利用方差的定义可以证明下述性质对一切随机变量都成立.

性质 1 常量 C 的方差等于零,即

$$D(C)=0.$$

性质 2 随机变量 X 与常量 C 的和的方差,等于这个随机变量的方差,即

$$D(X+C)=D(X).$$

性质 3 常量 C 与随机变量 X 乘积的方差,等于这个常量的平方与随机变量的方差的积,即

$$D(CX)=C^2D(X).$$

性质 4 设随机变量 X 与 Y 相互独立,则它们和的方差等于它们方差的和,即

$$D(X+Y)=D(X)+D(Y).$$

推论 有限个相互独立的随机变量和的方差,等于它们各自方差的和,即

$$D\left(\sum_{i=1}^{n} X_i\right) = \sum_{i=1}^{n} D(X_i).$$

性质 5 对于一般的随机变量 X 与 Y,则

$$D(X \pm Y) = D(X) + D(Y) \pm 2E[(X - E(X))(Y - E(Y))].$$

例 9 设 $X \sim B(n, p)$,试用方差性质计算 $D(X)$.

解 设 $X_i \sim B(1, p)$,且相互独立 $(i = 1, 2, \cdots, n)$,则

$$X = \sum_{i=1}^{n} X_i.$$

由于 $D(X_i) = pq$,根据性质 4 的推论

$$D(X) = D\left(\sum_{i=1}^{n} X_i\right) = \sum_{i=1}^{n} D(X_i) = npq.$$

例 10 设 X 的均值、方差都存在,且 $D(X) \neq 0$,求 $Y = \dfrac{X - E(X)}{\sqrt{D(X)}}$ 的均值与方差.

解
$$E(Y) = E\left(\frac{X - E(X)}{\sqrt{D(X)}}\right) = \frac{1}{\sqrt{D(X)}} E(X - E(X))$$
$$= \frac{1}{\sqrt{D(X)}}(E(X) - E(X)) = 0;$$

$$D(Y) = D\left(\frac{X - E(X)}{\sqrt{D(X)}}\right) = \frac{1}{D(X)} D(X - E(X))$$
$$= \frac{1}{D(X)}[D(X) + D(-E(X))] = \frac{D(X)}{D(X)} = 1.$$

例 11 设随机变量 X 的概率密度为

$$p(x) = \begin{cases} Ax^2 + Bx, & 0 < x < 1 \\ 0, & \text{其他} \end{cases},$$

又知 $E(X) = 1/2$,求:

(1) A 与 B 的值;

(2) $D(X)$.

解 (1) 由概率密度性质,有

$$\int_{-\infty}^{+\infty} p(x) \mathrm{d}x = \int_0^1 (Ax^2 + Bx) \mathrm{d}x = \frac{A}{3} + \frac{B}{2} = 1;$$

由数学期望的定义,有

$$\int_{-\infty}^{+\infty} xp(x) \mathrm{d}x = \int_0^1 x(Ax^2 + Bx) \mathrm{d}x = \frac{A}{4} + \frac{B}{3} = \frac{1}{2}.$$

从而得关于 A, B 的方程组,解之得 $A = -6, B = 6$.

126

(2)由表示性定理,有

$$E(X^2) = \int_0^1 x^2(6x - 6x^2)\mathrm{d}x = \frac{3}{10},$$

根据方差计算公式,得到

$$D(X) = E(X^2) - (E(X))^2 = \frac{3}{10} - \left(\frac{1}{2}\right)^2 = \frac{1}{20}.$$

4. 原点矩与中心矩

为了进一步描述随机变量的分布特征,除了用数学期望和方差外,有时还要用到随机变量的矩的概念. 矩是最广泛的一种数字特征,在概率论和数理统计中占有重要的地位. 最常用的矩有两种: 原点矩与中心矩.

定义 5.15 对于正整数 k,称随机变量 X 的 k 次幂的数学期望为 X 的 k 阶**原点矩**,记为 ν_k,即

$$\nu_k = E(X^k) \quad (k = 1, 2, \cdots).$$

于是,根据原点矩的定义,我们有

$$\nu_k = \begin{cases} \sum_i x_i^k p_i, & \text{当 } X \text{ 为离散型时} \\ \int_{-\infty}^{+\infty} x^k p(x)\mathrm{d}x, & \text{当 } X \text{ 为连续型时} \end{cases}.$$

定义 5.16 对于正整数 k,称随机变量 X 与 $E(X)$ 差的 k 次幂的数学期望为 X 的 k 阶**中心矩**,记为 μ_k,即

$$\mu_k = E(X - E(X))^k \quad (k = 1, 2, \cdots).$$

于是,根据 k 阶中心矩的定义,我们有

$$\mu_k = \begin{cases} \sum_i (x_i - E(X))^k p_i, & \text{当 } X \text{ 为离散型时} \\ \int_{-\infty}^{+\infty} (x - E(X))^k p(x)\mathrm{d}x, & \text{当 } X \text{ 为连续型时} \end{cases}.$$

由上述定义可知:

(1) X 的一阶原点矩就是 X 的数学期望,即

$$\nu_1 = E(X);$$

(2) X 的二阶中心矩就是 X 的方差,即

$$\mu_2 = D(X);$$

(3) X 的一阶中心矩为零,即

$$\mu_1 = E(X - E(X)) = 0;$$

(4) X 的二阶中心矩可用原点矩来表示,即

$$\mu_2 = \nu_2 - \nu_1^2.$$

习题五

1. 写出下列随机试验的样本空间 Ω：

(1) 同时掷两枚骰子，记录两枚骰子点数之和；

(2) 10 件产品中有 3 件是次品，每次从中取 1 件，取出后不再放回，直到 3 件次品全部取出为止，记录抽取的次数；

(3) 生产某种产品直到得到 10 件正品，记录生产产品的总件数；

(4) 将一尺之棰截成三段，观察各段的长度.

2. 设 A,B,C 是三个随机事件. 试用 A,B,C 表示下列各事件：

(1) 恰有 A 发生；

(2) A 和 B 都发生而 C 不发生；

(3) 所有这三个事件都发生；

(4) A,B,C 至少有一个发生；

(5) 至少有两个事件发生；

(6) 恰有一个事件发生；

(7) 恰有两个事件发生；

(8) 不多于一个事件发生；

(9) 不多于两个事件发生；

(10) 三个事件都不发生.

3. 试导出三个事件的概率加法公式.

4. 设 A,B,C 是三个随机事件，且 $P(A)=P(B)=P(C)=\dfrac{1}{4}$，$P(AB)=P(CB)=0$，$P(AC)=\dfrac{1}{8}$，求 A,B,C 至少有一个发生的概率.

5. 某产品 50 件，其中有次品 5 件. 现从中任取 3 件，求其中恰有 1 件次品的概率.

6. 从一副扑克牌的 13 张梅花中，有放回地取 3 次，求三张都不同号的概率.

7. 一口袋中有五个红球及两个白球，从口袋中取一球，看过它的颜色后就放回袋中，然后再从口袋中取一球. 设每次每个球取到的可能性都相同. 求

(1) 两次都取到红球的概率；

(2) 两次取到的球为一红一白的概率；

(3) 第一次取到红球，第二次取到白球的概率；

(4) 第二次取到红球的概率.

8. 从 5 副不同的手套中任取 4 只，求这 4 只都不配对的概率.

9. 一口袋中有两个白球，三个黑球，从中依次取出两个球，试求取出的两个球都是白球的概率.

10. 三个人独立地破译一个密码，他们能译出的概率分别为 $\dfrac{1}{5},\dfrac{1}{3},\dfrac{1}{4}$，求此密码能译出的概率.

11. 甲、乙二人同时向一架飞机射击,已知甲击中敌机的概率为 0.6,乙击中敌机的概率为 0.5,求敌机被击中的概率.

12. 某机械零件的加工由两道工序组成.第一道工序的废品率为 0.015,第二道工序的废品率为 0.02,假定两道工序出废品是彼此无关的,求产品的合格率.

13. 加工某一零件共需经过四道工序.设第一、二、三、四道工序的次品率分别是 2%,3%,5%,3%,假定各道工序是互不影响的,求加工出来的零件的次品率.

14. 一批零件共 100 个,其中有次品 10 个.每次从中任取一个零件,取出的零件不再放回去,求第一、二次取到的是次品,第三次才取到正品的概率.

15. 两台机床加工同样的零件,第一台出现废品的概率是 0.03,第二台出现废品的概率是 0.02.加工出来的零件放在一起,并且已知第一台加工的零件比第二台加工的零件多一倍,求任意取出的零件是合格品的概率;如果任意取出的零件经检查是废品,求它是由第二台机床加工的概率.

16. 发报台分别以概率 0.6 和 0.4 发出信号“·”和“—”.由于通信系统受到干扰,当发出信号“·”时,收报台未必收到信号“·”,而是分别以概率 0.8 和 0.2 收到信号“·”和“—”;同样,当发出信号“—”时,收报台分别以概率 0.9 和 0.1 收到信号“—”和“·”.求

(1)收报台收到信号“·”的概率;

(2)当收报台收到信号“·”时,发报台确实发出信号“·”的概率.

17. 盒中有 12 个乒乓球,其中有 9 个是新的.第一次比赛时从中任取 3 个,用后仍放回盒中,第二次比赛时再从盒中任取 3 个,求第二次取出的球都是新球的概率.又已知第二次取出的球都是新球,求第一次取到的都是新球的概率.

18. 设某人打靶,命中率为 0.6.现独立地重复射击 6 次,求至少命中两次的概率.

19. 设某种型号的电阻的次品率为 0.01,现在从产品中抽取 4 个,分别求出没有次品、有 1 个次品、有 2 个次品、有 3 个次品、全是次品的概率.

20. 某类电灯泡使用时数在 1 000 小时以上的概率为 0.2,求三个灯泡在使用 1 000 小时以后最多只坏一个的概率.

21. 袋内放有 2 个伍分、3 个贰分和 5 个壹分的钱币,任取其中 5 个,求钱币总额超过壹角的概率.

22. 一批产品共有 100 件,其中 90 件是合格品,10 件是次品,从这批产品中任取 3 件,求其中有次品的概率.

23. 某一企业与甲、乙两公司签订某物资长期供货关系的合同,由以前的统计得知,甲公司按时供货的概率为 0.9,乙公司能按时供货的概率为 0.75,两公司都能按时供货的概率为 0.7,求至少有一公司能按时供货的概率.

24. 一个电路上装有甲、乙两根保险丝,当电流超过一定值时,甲烧断的概率为 0.82,乙烧断的概率为 0.74,两根保险丝同时烧断的概率为 0.63,求至少烧断一根保险丝的概率.

25. 在某城市中,共发行三种报纸 A,B,C.在该城市的居民中,订购 A 的占 45%,订购 B 的占 35%,订购 C 的占 30%,同时订购 A 及 B 的占 10%,同时订购 A 及 C 的占 8%,同时订购 B 及 C 的占 5%,同时订购 A,B,C 的占 3%.试求下列百分率:

(1)只订购 A 的;

(2)只订购 A 及 B 的;

(3)只订购一种报纸的；

(4)正好订购两种报纸的；

(5)至少订购一种报纸的；

(6)不订购任何报纸的.

26.某车间有 10 台用电量各为 7.5 千瓦的机床,如果每台机床使用情况是相互独立的,且每台机床平均每小时开动 12 分钟,问全部机床用电量超过 48 千瓦的概率为多少?

27.箱中有一号袋 1 个,二号袋 2 个,一号袋中装 1 个红球、2 个黄球；每个二号袋中装 2 个红球、1 个黄球.今从箱中随机抽取一个袋,再从袋中随机抽取一个球,结果为红球,求这个红球来自一号袋的概率.

28.口袋中装有 5 个球,大小相同,其中 3 个白球、2 个黑球,有甲、乙两人依次从中各随机地抽取一球,抽取后不放回,设 A 表示甲抽取的是黑球,B 表示乙抽取的是黑球,求 $P(A)$ 与 $P(B)$.

29.某机床有 $\frac{1}{3}$ 的时间加工零件 A,其余时间加工零件 B,加工零件 A 时,停机的概率是 0.6,加工零件 B 时,停机的概率是 0.3,求此机床停机的概率.

30.设 A,B 为两个随机事件,若 $B \subset \overline{A}$,证明:$\overline{A} + \overline{B} = U$.

31.某产品 15 件,其中有次品 2 件.现从中任取 3 件,求抽得次品数 X 的概率分布,并计算 $P\{1 \leqslant X < 2\}$.

32.设某射手每次击中目标的概率是 0.7,现在连续射击 10 次.求击中目标次数 X 的概率分布及分布函数.

33.一口袋中有红、白、黄色球各五个.现从中任取四个,求抽得白球个数 X 的概率分布及分布函数.

34.设 X 服从泊松分布,且已知

$$P\{X=1\} = P\{X=2\},$$

求 $P\{X=4\}$.

35.设随机变量 X 的密度函数为

$$p(x) = \begin{cases} Cx, & 0 \leqslant x \leqslant 1 \\ 0, & \text{其他} \end{cases},$$

求:(1)常数 C;

(2)$P\{0.3 \leqslant X \leqslant 0.7\}$;

(3)$P\{-0.5 \leqslant X < 0.5\}$.

36.设 $X \sim N(10, 2^2)$,求 $P\{X > 10\}$ 和 $P\{7 \leqslant X \leqslant 15\}$.

37.设 $X \sim U(1,4)$,求 $P\{X \leqslant 5\}$ 和 $P\{0 \leqslant X \leqslant 2.5\}$.

38.设有 12 台独立运转的机器,在一小时内每台机器停转的概率均为 0.1,试求机器停转的台数不超过 2 的概率.

39.设某机器生产的螺栓的长度 $X \sim N(10.05, 0.06^2)$.按照规定 X 在范围 10.05 ± 0.12(cm)内为合格品,求螺栓不合格的概率.

40. 设 $p(x)=\begin{cases}2x\mathrm{e}^{-x^2}, & x\geqslant 0\\ 0, & x<0\end{cases}$,问 $p(x)$ 是否为某随机变量 X 的密度函数?

41. 设连续型随机变量 X 的密度函数为

$$p(x)=\begin{cases}\mathrm{e}^{-x}, & x\geqslant 0\\ 0, & x<0\end{cases},$$

求 X 的分布函数 $F(x)$.

42. 已知连续型随机变量 X 有概率密度,

$$p(x)=\begin{cases}kx+1, & 0\leqslant x\leqslant 2\\ 0, & 其他\end{cases},$$

求系数 k 及分布函数 $F(x)$,并计算 $P\{1.5<X<2.5\}$.

43. 已知 $X\sim N(20,0.04)$,求 c,使 $P\{|X-20|\leqslant c\}=0.95$.

44. 设 $X\sim N(\mu,\sigma^2)$,且概率密度为:

$$p(x)=\frac{1}{\sqrt{6\pi}}\mathrm{e}^{-\frac{x^2-4x+4}{6}}\quad(-\infty<x<+\infty).$$

(1)求 μ 和 σ^2;

(2)若已知 $\displaystyle\int_c^{+\infty}p(x)\mathrm{d}x=\int_{-\infty}^c p(x)\mathrm{d}x$,求 c 的值.

45. 设某射手每次射击命中目标的概率为 0.5,现在连续射击 10 次,求命中目标的次数 X 的概率分布.又设至少命中 3 次才可以参加下一步的考核,求此射手不能参加考核的概率.

46. 设 $X\sim E(2)$,求 $P\{-1\leqslant X\leqslant 4\}$,$P\{X<-3\}$ 以及 $P\{X\geqslant -10\}$.

47. 设随机变量 $X\sim U(2,5)$.现对 X 的取值情况进行三次独立观测.求至少有两次出现 X 的取值大于 3 的概率.

48. 设随机变量 X 具有概率密度

$$p(x)=\begin{cases}\dfrac{A}{\sqrt{1-x^2}}, & 当|x|<1 时\\ 0, & 当|x|\geqslant 1 时\end{cases}.$$

试确定常数 A,并求出 X 落在 $\left[-\dfrac{1}{2},\dfrac{1}{2}\right]$ 内的概率.

49. 设随机变量 X 的分布函数为

$$F(x)=\begin{cases}1-(1+x)\mathrm{e}^{-x}, & x\geqslant 0\\ 0, & x<0\end{cases},$$

试求相应的密度函数,并求 $P\{X\leqslant 1\}$,$P\{X>2\}$,$P\{1<X\leqslant 2\}$.

50. 设 X 的概率分布同第 32 题.求 $Y=(X-5)^2$ 的概率分布.

51. 对球的直径作测量,设其值均匀地分布在 $[a,b]$ 内.求其体积的密度函数.

52. 设随机变量 X 的分布函数为

$$F(x)=\begin{cases}1-\mathrm{e}^{-x}, & x>0\\0, & x\leqslant0\end{cases}.$$

(1)求 X 的密度函数 $p(x)$；

(2)求 $P\{X\leqslant2\},P\{X>3\}$.

53.设连续型随机变量 X 的分布函数为

$$F(x)=\begin{cases}0, & x\leqslant0\\Ax^2, & 0<x<1,\\1, & x\geqslant1\end{cases}$$

(1)求常数 A；

(2)求 X 的密度函数 $p(x)$；

(3)求 $P\{0.5<X<10\},P\{X\leqslant-1\},P\{X\geqslant2\}$.

54.设随机变量 X 的概率分布为

$$P\{X=k\}=\frac{1}{10}\quad(k=2,4,6,\cdots,18,20),$$

求 $E(X)$ 及 $D(X)$.

55.袋中有 5 个乒乓球,编号为 $1,2,3,4,5$,从中任取 3 个.以 X 表示取出的 3 个球中的最大编号,求 $E(X)$ 及 $D(X)$.

56.设随机变量 X 的密度函数为

$$p(x)=\begin{cases}2(1-x); & 0\leqslant x\leqslant1\\0, & \text{其他}\end{cases},$$

求 $E(X)$ 及 $D(X)$.

57.设随机变量 X 的密度函数为

$$p(x)=\frac{1}{2}\mathrm{e}^{-|x|}\quad(-\infty<x<+\infty),$$

求 $E(X)$ 及 $D(X)$.

58.设随机变量 X 的概率分布为

x_i	-2	-1	0	1	2
p_i	$\frac{1}{5}$	$\frac{1}{6}$	$\frac{1}{5}$	$\frac{1}{15}$	$\frac{11}{30}$

求 $E(X),D(X)$ 及 $E(X+3X^2)$.

59.设随机变量 X 的密度函数为

$$p(x)=\begin{cases}\mathrm{e}^{-x}, & x>0\\0, & x\leqslant0\end{cases},$$

求 $Y=\mathrm{e}^{-2X}$ 的数学期望.

60.对圆的直径作近似测量,其值均匀分布在区间 $[a,b]$ 上,求圆的面积的数学期望.

第六章

数理统计基础

数理统计是具有广泛应用的一个数学分支,它的任务之一就是根据实际观测到的随机试验的结果,对有关事件的概率或随机变量的分布、数字特征作出估计或推测. 统计推断是数理统计学的主要理论部分,它对于统计实践有指导性的作用. 统计推断的内容大致可分为两个方面: 参数估计与统计假设检验.

本章仅就数理统计的基本概念、参数估计、假设检验等问题作一简单的介绍,使读者对数理统计有个初步的了解.

§6.1　基本概念

在实际工作中,我们常常会遇到这样一些问题. 例如,通过对部分产品进行测试来研究一批产品的寿命,讨论这批产品的平均寿命是否不小于某数值 a. 又如,通过对某地区一部分人的测量了解该地区的全体男性成人的身高及体重的分布情况. 解决这类问题采用的是随机抽样法. 这种方法的基本思想是: 从所研究的对象的全体中抽取一小部分进行观察和研究,从而对整体进行推断. 由于随机抽样法是一种从局部推断整体的方法. 而局部是整体的一部分,因此局部的特性在某种程度上能够反映整体的特性,但又不能全面地准确无误地反映整体的特性. 这种方法包括两个方面: 一是抽样方法问题,即研究如何抽样,抽多少,怎样抽;另一个是统计推断的问题,即研究如何对抽查结果进行合理的分析,作出科学的推断,这就是数据处理问题. 数理统计学主要研究这两方面问题. 一般来说,我们必须根据数据处理的要求来设计抽样方案,因此,如何处理数据是一个更为基本的问题. 这就是我们下面重点讨论的统计推断内容: 参数估计与假设检验. 为此我们先来介绍几个基本概念.

一、总体与样本

在数理统计中,常把被考察对象的某一个(或多个)指标的全体称为**总体**(或**母体**);而把

133

总体中的每一个单元称为**样品**(或**个体**). 例如,一批产品的寿命(一个指标)是一个总体,而其中一个产品的寿命是一个样品. 又如某地区全体男性成人的身高与体重(两个指标)也是一个总体,而其中一个男性成人的身高与体重是一个样品. 从统计角度来看,一批产品的寿命构成的一个指标的集合自然有一个分布. 因此总体的分布可以看作是这个指标的分布. 如果这个指标可以用一个量来刻画(如产品的寿命),那么这个总体就是一元的;如果指标需要多个量来刻画(如男性成人的身高与体重),那么这个总体就是多元的. 在以后的讨论中,我们总是把总体看成一个具有分布的随机变量(或随机向量). 本章主要讨论一元总体的统计分析(称为一元统计分析).

我们把从总体中抽取的部分样品 $X_1, X_2, \cdots, X_n$ 称为**样本**. 样本中所含的样品数称为**样本容量**. 由于 $X_1, X_2, \cdots, X_n$ 是从总体中随机抽取出来的,并且通常样本容量相对于总体来说都是很小的,因此在抽取了一个样品以后可以认为总体的分布没有发生任何变化,而且每个样品的取值不受其他任何样品值的影响,也就是说它们之间是互相独立的. 综上所述,我们给出下面的定义.

定义 6.1　设总体 X 具有分布函数 $F(x)$,称 $X_1, X_2, \cdots, X_n$ 为一**简单随机样本**. 如果它们满足:

(1) $X_1, X_2, \cdots, X_n$ 相互独立,

(2) X_i 与 X 具有相同分布 $F(x)$,

则把在一次抽取后的 n 个具体数值,称为**样本值**,记作 $x_1, x_2, \cdots, x_n$.

在以下的讨论中为使叙述简练,我们对样本与样本值所使用的符号不再加以区别,也就是说我们赋予 $x_1, x_2, \cdots, x_n$ 双重意义:泛指任一次抽取的结果时,$x_1, x_2, \cdots, x_n$ 表示 n 个**随机变量**(样本);在具体的一次抽取之后,$x_1, x_2, \cdots, x_n$ 表示 n 个具体的**数值**(样本值).

二、样本函数与统计量

样本是进行统计推断的依据,但是在解决问题时,并不是直接利用样本,而是利用由样本计算出来的某些量,例如,

$$\bar{x} = \frac{1}{n}\sum_{i=1}^{n} x_i \quad \text{和} \quad S^2 = \frac{1}{n-1}\sum_{i=1}^{n}(x_i - \bar{x})^2$$

分别称为**样本均值**与(修正后的)**样本方差**. 它们都是样本 $x_1, x_2, \cdots, x_n$ 的函数(即随机变量的函数),也都是随机变量. 我们通过对这些样本函数的分析得出所需要的结论. 在上面给出的随机变量函数 $\bar{x}$ 和 S^2 中,由于它们不包含任何未知参数,所以我们称 $\bar{x}$ 和 S^2 都是统计量.

下面给出统计量的一般定义.

定义 6.2　设 $X_1, X_2, \cdots, X_n$ 是来自总体 X 的一个样本,$\varphi(X_1, X_2, \cdots, X_n)$ 是 $X_1, X_2, \cdots, X_n$ 的函数,若 φ 是连续函数,并且 φ 中不含有任何未知参数,则称 $\varphi(X_1, X_2, \cdots, X_n)$ 为一个**统计量**.

设 $x_1, x_2, \cdots, x_n$ 为总体 $N(\mu, \sigma^2)$ 的一个样本,容易证明样本函数

$$u \stackrel{\text{def}}{=\!=} \frac{\bar{x} - \mu}{\sqrt{\dfrac{\sigma^2}{n}}} \sim N(0, 1).$$

值得注意的是,当 μ 未知时,样本函数 u 中含有未知参数,故不能作为统计量. 如用指定的 μ_0 代替 μ,得到

$$U \stackrel{\text{def}}{=\!=} \frac{\overline{x} - \mu_0}{\sqrt{\dfrac{\sigma_0^2}{n}}},$$

这时它就变成了统计量,通常称为 U 统计量. 不过如果 μ_0 不是真参数时,这个统计量就不一定是服从 $N(0,1)$ 的统计量了. 在正态总体参数的假设检验中,我们将利用 U 与 u 之间的关系来建立检验准则.

三、抽样分布

由于统计量是总体样本 $X_1, X_2, \cdots, X_n$ 的一个 n 元函数. 如果总体 X 的分布已知,注意到 $X_1, X_2, \cdots, X_n$ 和 X 有相同的分布,于是我们可以得到统计量的分布.

统计量的分布称为**抽样分布**. 确定抽样分布是数理统计中的一个基本问题,但需要指出,确定抽样分布一般并不容易. 然而,对一些重要的特殊情况,例如正态总体,已经有了许多关于抽样分布的结论.

关于正态总体 X 的样本 $X_1, X_2, \cdots, X_n$ 的统计量的分布称为关于正态总体的抽样分布.

定理 6.1 设 $X_1, X_2, \cdots, X_n$ 是正态总体 $X \sim N(\mu, \sigma^2)$ 的样本,则样本平均值

$$\overline{X} = \frac{1}{n} \sum_{i=1}^{n} X_i \sim N\left(\mu, \frac{\sigma^2}{n}\right),$$

并且

$$u = \frac{\overline{X} - \mu}{\sqrt{\dfrac{\sigma^2}{n}}} \sim N(0,1).$$

证明 已知 $X_1, X_2, \cdots, X_n$ 相互独立,且 $X_i \sim N(\mu, \sigma^2)(i=1,2,\cdots,n)$. 我们知道,这样的 n 个随机变量之和服从正态分布:

$$\sum_{i=1}^{n} X_i \sim N(n\mu, n\sigma^2),$$

从而 $\overline{X}$ 也服从正态分布. 利用期望和方差的性质,得到

$$E(\overline{X}) = \frac{1}{n} E\left(\sum_{i=1}^{n} X_i\right) = \mu, \quad D(\overline{X}) = \frac{1}{n^2} D\left(\sum_{i=1}^{n} X_i\right) = \frac{\sigma^2}{n}.$$

因此我们有

$$\overline{X} \sim N\left(\mu, \frac{\sigma^2}{n}\right)$$

成立,并且

$$u \sim N(0,1).$$

四、样本的分布函数与样本的矩

我们知道,总体是一个具有分布的随机变量,而简单随机样本能够很好地反映总体的特性.如何利用样本 $x_1, x_2, \cdots, x_n$ 对总体 X 的分布函数作出估计与推断,这是我们所关心的问题.为此,我们引入样本分布函数.

设总体 X 的 n 个样本值可以按大小次序排列成

$$x_1 \leqslant x_2 \leqslant \cdots \leqslant x_n.$$

如果 $x_k \leqslant x < x_{k+1}$,则不大于 x 的样本值的频率为 $\dfrac{k}{n}$.因而函数

$$F_n(x) = \begin{cases} 0, & x < x_1 \\ \dfrac{k}{n}, & x_k \leqslant x < x_{k+1}, \quad (k=1,2,\cdots,n-1) \\ 1, & x \geqslant x_n \end{cases}$$

与事件 $\{X \leqslant x\}$ 在 n 次重复独立试验中的频率是相同的.我们称 $F_n(x)$ 为**样本的分布函数**或**经验分布函数**.

对于给定的一组样本值,$F_n(x)$ 满足分布函数的三个条件,因此它是一个分布函数.由于它是服从在各个样本值处概率均为 $\dfrac{1}{n}$ 的离散型分布的分布函数,故我们可以把它作为一般的分布函数来研究它的各阶矩.这些矩习惯上称为**样本矩**.

设 $x_1, x_2, \cdots, x_n$ 为总体的一组样本值,则对应的样本 k **阶原点矩**、样本的 k **阶中心矩**分别为

$$\hat{\nu}_k = \frac{1}{n} \sum_{i=1}^{n} x_i^k,$$

$$\hat{\mu}_k = \frac{1}{n} \sum_{i=1}^{n} (x_i - \bar{x})^k,$$

其中 $k=1,2,\cdots$.容易看出样本的一阶原点矩

$$\bar{x} = \hat{\nu}_1 = \frac{1}{n} \sum_{i=1}^{n} x_i$$

及样本的二阶中心矩

$$\widetilde{S}^2 = \hat{\mu}_2 = \frac{1}{n} \sum_{i=1}^{n} (x_i - \bar{x})^2 = \hat{\nu}_2 - (\hat{\nu}_1)^2$$

就是样本均值与样本方差.

需要指出的是,以上的讨论是在样本值 $x_1, x_2, \cdots, x_n$ 已经给定的前提下进行的.对于泛指的一次抽样,由于 $(x_1, x_2, \cdots, x_n)$ 是随机向量,故 $F_n(x)$(对任意固定的 x),$\hat{\nu}_k$,$\hat{\mu}_k$ 等都是随机变量 $x_1, x_2, \cdots, x_n$ 的函数,因而它们都是随机的,所以也可以讨论它们的分布、数学期望、方差、各阶矩等.

最后,根据上一章的结果"当试验次数 n 足够大时,可将事件发生的频率作为其概率的近似值"可知:当 n 很大时,把 $F_n(x)$ 作为总体 X 的分布函数 $F(x)$ 的一个近似,其效果是相当好的.

§6.2 参数估计

数理统计的基本问题之一就是根据样本所提供的信息,来把握总体或总体的某些特征,即根据样本对总体进行统计推断.当总体的分布类型已知,未知的只是它的一个或多个参数时,相应的统计推断称为参数统计推断,否则称为非参数统计推断.

参数推断中有两类主要问题:参数估计问题和参数假设检验问题.而参数估计又有点估计和区间估计之分.点估计有很多种方法,本节只介绍常用的两种方法——矩法和单参数的最大似然法;对于区间估计问题我们只是在正态总体中进行讨论.

一、点估计

定义 6.3 设总体 X 的分布函数 $F(x;\theta)$ 的形式已知,其中 θ 为一个未知参数,又设 x_1, $x_2,\cdots,x_n$ 为总体 X 的一个样本.我们构造一个统计量 $K=K(x_1,x_2,\cdots,x_n)$ 作为参数 θ 的估计,称统计量 K 为参数 θ 的一个**估计量**,并且当 $x_1,x_2,\cdots,x_n$ 为一组样本值时,则 $\hat{K}=K(x_1,x_2,\cdots,x_n)$ 就是 θ 的一个点**估计值**.

怎样构造这个估计量呢? 通常的办法是根据某种原则建立起估计量应满足的方程,然后再求解这个方程.下面我们来介绍两种点估计的方法:矩法与最大似然法.

1. 矩法

所谓的**矩法**就是利用样本各阶原点矩与相应的总体矩来建立估计量应满足的方程,从而求出未知参数估计量的方法.

设总体 X 的分布中包含未知参数 $\theta_1,\theta_2,\cdots,\theta_m$,则其分布函数可以表示成 $F(x;\theta_1,\theta_2,\cdots,\theta_m)$.显然它的 k 阶原点矩 $\nu_k=E(X^k)(k=1,2,\cdots,m)$ 中也包含了未知参数 $\theta_1,\theta_2,\cdots,\theta_m$,即 $\nu_k=\nu_k(\theta_1,\theta_2,\cdots,\theta_m)$.又设 $x_1,x_2,\cdots,x_n$ 为总体 X 的 n 个样本值,其样本的 k 阶原点矩为

$$\hat{\nu}_k=\frac{1}{n}\sum_{i=1}^{n}x_i^k \quad (k=1,2,\cdots,m).$$

这样,我们按照"当参数等于其估计量时,总体矩等于相应的样本矩"的原则建立方程,即有

$$\begin{cases} \nu_1(\hat{\theta}_1,\hat{\theta}_2,\cdots,\hat{\theta}_m)=\dfrac{1}{n}\sum_{i=1}^{n}x_i \\[2mm] \nu_2(\hat{\theta}_1,\hat{\theta}_2,\cdots,\hat{\theta}_m)=\dfrac{1}{n}\sum_{i=1}^{n}x_i^2 \\[1mm] \qquad\qquad\vdots \\[1mm] \nu_m(\hat{\theta}_1,\hat{\theta}_2,\cdots,\hat{\theta}_m)=\dfrac{1}{n}\sum_{i=1}^{n}x_i^m \end{cases}.$$

由上面的 m 个方程解出的 m 个未知参数 $(\hat{\theta}_1,\hat{\theta}_2,\cdots,\hat{\theta}_m)$ 即为参数 $(\theta_1,\theta_2,\cdots,\theta_m)$ 的矩估计量.

例 1 设总体 $X\sim U(a,b)$,求 a,b 的矩估计量.

解 我们知道，$E(X)=\dfrac{1}{2}(a+b)$，$D(X)=\dfrac{1}{12}(b-a)^2$. 由方程组

$$\begin{cases} \bar{x}=\dfrac{1}{2}(a+b) \\[2mm] \widetilde{S}^2=\dfrac{1}{12}(b-a)^2 \end{cases},$$

解得

$$\begin{cases} \hat{a}=\bar{x}-\sqrt{3}\widetilde{S} \\[2mm] \hat{b}=\bar{x}+\sqrt{3}\widetilde{S} \end{cases},$$

其中

$$\bar{x}=\frac{1}{n}\sum_{i=1}^{n}x_i, \quad \widetilde{S}=\sqrt{\frac{1}{n}\sum_{i=1}^{n}(x_i-\bar{x})^2}.$$

例 2 设总体 $X\sim N(\mu,\sigma_0^2)$，其中 σ_0^2 为已知数. 求 μ 的矩估计量.

解 我们知道，$E(X)=\mu$，由矩估计法便可直接得到

$$\hat{\mu}=\bar{x}.$$

2. 最大似然法

所谓的最大似然法就是当我们用样本的函数值估计总体参数时，应使得当参数取这些值时，所观测到的样本出现的概率为最大.

设总体 X 的概率密度为 $p(x;\theta)$，其中 θ 为未知参数. 又设 $x_1,x_2,\cdots,x_n$ 为总体的一个样本，称

$$L_n(\theta)=\prod_{i=1}^{n}p(x_i;\theta)$$

为样本的**似然函数**，简记为 L_n. 我们把 L_n 达到最大的 $\hat{\theta}$ 作为 θ 的估计量的方法称为**最大似然估计法**.

由于 $\ln x$ 是一个递增函数，所以 L_n 与 $\ln L_n$ 同时达到最大值. 我们称

$$\frac{\mathrm{d}\ln L_n}{\mathrm{d}\theta}\Big|_{\theta=\hat{\theta}}=0$$

为似然方程. 由微分学可知，由似然方程可以求出 $\hat{\theta}=\hat{\theta}(x_1,x_2,\cdots,x_n)$ 为 θ 的最大似然估计量.

容易看出，使得 L_n 达到最大的 $\hat{\theta}$ 也可以使这组样本值出现的可能性最大.

例 3 设总体 $X\sim N(\mu,\sigma_0^2)$，求 μ 的最大似然估计量.

解 我们知道，μ 的似然函数为

$$L_n(\mu,\sigma_0^2)=\prod_{i=1}^{n}\left[\frac{1}{\sqrt{2\pi}\sigma_0}\mathrm{e}^{-\frac{(x_i-\mu)^2}{2\sigma_0^2}}\right]=\frac{1}{(\sqrt{2\pi}\sigma_0)^n}\mathrm{e}^{-\frac{1}{2\sigma_0^2}\sum_{i=1}^{n}(x_i-\mu)^2}.$$

似然方程为

$$\frac{\mathrm{d}\ln L_n(\mu,\sigma_0^2)}{\mathrm{d}\mu}\bigg|_{\mu=\hat{\mu}} = \frac{1}{\sigma_0^2}\sum_{i=1}^{n}(x_i-\hat{\mu})=0,$$

解得

$$\hat{\mu} = \frac{1}{n}\sum_{i=1}^{n}x_i = \overline{x}.$$

可见,对于正态分布的参数 μ 来说,最大似然估计量与矩估计量完全相同. 但是对于其他一些分布,它们并不一样. 一般来说,用矩法估计参数较为方便,但当样本容量较大时,矩估计量的精度不如最大似然估计量高. 因此,最大似然法用得较为普遍.

二、估计量的优良性

我们知道,估计量是样本的函数,因此它也是一个随机变量. 由于样本值不同,因而所求得的估计值也不尽相同. 我们要确定同一个总体的不同估计量的好坏,不能只是根据某一次试验的样本值来衡量,而要看它在多次独立的重复试验中,在某种意义上能否与被估计参数的真值最接近. 下面我们介绍评价估计量优良性的两个标准.

1. 无偏性

在例 2、例 3 中,当我们把未知参数 μ 的估计量 $\hat{\mu}$ 取作 $\overline{x}$ 时,由于 $\overline{x}$ 是样本函数,因此 $\hat{\mu}$ 是一个随机变量. 但未知参数 μ 并不是随机变量,而是一个确定的常量. 可见,我们是在用随机变量 $\hat{\mu}$ 去估计常量 μ. 由于 $\hat{\mu}$ 的取值带有随机性,即有时会比 μ 大,有时会比 μ 小,因此为了得到比较理想的估计值 $\hat{\mu}$,我们自然希望 $\hat{\mu}$ 能以 μ 为中心,即希望 $\hat{\mu}$ 的数学期望等于未知参数的真值 μ. 这就是所谓的估计量的无偏性. 为此,我们有下面定义.

定义 6.4 设 $\hat{\theta}=\hat{\theta}(x_1,x_2,\cdots,x_n)$ 为未知参数 θ 的估计量. 若 $E(\hat{\theta})=\theta$,则称 $\hat{\theta}$ 为 θ 的**无偏估计量**.

例 4 设总体 X 的均值 $E(X)$ 存在,则其样本均值 $\overline{x}$ 是 $E(X)$ 的一个无偏估计量,即 $E(\overline{x})=E(X)$.

证明 由于样本中每一个 x_i 都与总体 X 具有相同的分布,因此有 $E(x_i)=E(X)(i=1,2,\cdots,n)$. 于是

$$E(\overline{x}) = E\left(\frac{1}{n}\sum_{i=1}^{n}x_i\right) = \frac{1}{n}\sum_{i=1}^{n}E(x_i) = \frac{1}{n}\sum_{i=1}^{n}E(X) = \frac{1}{n}nE(X) = E(X).$$

如果我们记

$$\overline{x}_k = \frac{1}{k}\sum_{i=1}^{k}x_i \quad (k=1,2,\cdots,n),$$

则

$$\overline{x}_1 = x_1, \quad \overline{x}_2 = \frac{1}{2}(x_1+x_2)$$

等都是 $E(X)$ 的无偏估计量.

例 5 设总体 X 的均值 $E(X)$ 与方差 $D(X)$ 都存在,则对于其样本方差 $\widetilde{S}^2$,有

$$E(\widetilde{S}^2) = \frac{n-1}{n} D(X).$$

证明 考虑到

$$D(\overline{x}) = D\left(\frac{1}{n}\sum_{i=1}^{n} x_i\right) = \frac{1}{n^2}\sum_{i=1}^{n} D(x_i) = \frac{1}{n^2} n D(X) = \frac{1}{n} D(X),$$

$$\sum_{i=1}^{n}(x_i - \overline{x})^2 = \sum_{i=1}^{n}(x_i^2 - 2x_i\overline{x} + \overline{x}^2) = \sum_{i=1}^{n} x_i^2 - 2\overline{x}\sum_{i=1}^{n} x_i + n\overline{x}^2$$

$$= \sum_{i=1}^{n} x_i^2 - 2\overline{x}n\overline{x} + n\overline{x}^2 = \sum_{i=1}^{n} x_i^2 - n\overline{x}^2 ;$$

以及

$$E(X^2) = D(X) + (E(X))^2,$$
$$E(\overline{x}^2) = D(\overline{x}) + (E(\overline{x}))^2.$$

于是,我们有

$$E(\widetilde{S}^2) = E\left[\frac{1}{n}\sum_{i=1}^{n}(x_i - \overline{x})^2\right] = \frac{1}{n} E\left(\sum_{i=1}^{n} x_i^2 - n\overline{x}^2\right)$$

$$= \frac{1}{n}\sum_{i=1}^{n} E(x_i^2) - E(\overline{x}^2) = E(X^2) - E(\overline{x}^2)$$

$$= D(X) + (E(X))^2 - [D(\overline{x}) + (E(\overline{x}))^2]$$

$$= D(X) + (E(X))^2 - \frac{1}{n} D(X) - (E(X))^2$$

$$= \frac{n-1}{n} D(X).$$

可见,$\widetilde{S}^2$ 不是方差 $D(X)$ 的无偏估计量. 如果我们令

$$S^2 = \frac{n}{n-1}\widetilde{S}^2 = \frac{1}{n-1}\sum_{i=1}^{n}(x_i - \overline{x})^2,$$

则有 $E(S^2) = D(X)$,即 S^2 为 $D(X)$ 的一个无偏估计量. 因此我们通常用 S^2 代替 $\widetilde{S}^2$ 作为 $D(X)$ 的估计量,并称 S^2 为修正样本方差,在以下的讨论中,也简称为样本方差,不过当 n 很大时,$\widetilde{S}^2$ 与 S^2 的差别不大,所以当 n 比较大时,也常用 $\widetilde{S}^2$ 作为 $D(X)$ 的估计量.

2. 有效性

上面我们给出了评价估计量优良性的一个标准,即"无偏性". 这里介绍另一个常用的标准,这就是"有效性". 在用 $\hat{\theta}$ 估计 θ 时,我们希望 $\hat{\theta}$ 与 θ 要尽可能地接近,亦即 $E(\hat{\theta} - \theta)^2$(称为 $\hat{\theta}$ 对 θ 的均匀误差)要尽量地小. 从方差公式

$$E(\hat{\theta} - \theta)^2 = D(\hat{\theta} - \theta) + [E(\hat{\theta} - \theta)]^2 = D(\hat{\theta}) + [E(\hat{\theta}) - \theta]^2$$

可以看出,当 $\hat{\theta}$ 是 θ 的无偏估计,即 $E(\hat{\theta}) = \theta$ 时,上式右端第二项为 0,因而 $\hat{\theta}$ 的均方误差 $E(\hat{\theta} - \theta)^2$ 就是方差 $D(\hat{\theta})$. 这就是说,当 $\hat{\theta}$ 是 θ 的无偏估计时,方差越小越好,即小者较为有

效. 在一般情况下, 我们有以下定义.

定义 6.5 设 $\hat{\theta}_1 = \hat{\theta}_1(x_1, x_2, \cdots, x_n)$ 和 $\hat{\theta}_2 = \hat{\theta}_2(x_1, x_2, \cdots, x_n)$ 是未知参数 θ 的两个无偏估计量. 若 $D(\hat{\theta}_1) < D(\hat{\theta}_2)$ ($\forall \theta \in \Theta$), 则称 $\hat{\theta}_1$ 比 $\hat{\theta}_2$ 有效.

例如, $\bar{x}_1 = x_1$ 与 $\bar{x}_2 = \dfrac{1}{2}(x_1 + x_2)$ 都是 $E(X)$ 的无偏估计量, 易见

$$D(\bar{x}_1) = D(X) > \frac{1}{2}D(X) = D(\bar{x}_2),$$

因此, 用 $\bar{x}_2$ 估计 $E(X)$ 比 $\bar{x}_1$ 有效.

三、区间估计

如果 $\hat{\theta} = \hat{\theta}(x_1, x_2, \cdots, x_n)$ 是未知参数 θ 的一个点估计, 那么一旦获得样本的观测值, 估计值就能给人们一个明确的数量概念, 这是很有用的. 但是点估计只是参数 θ 的一种近似值. 估计值本身既没有反映出这种近似的精确度, 也没有给出误差的范围. 为了弥补这些不足, 人们提出了另一种估计方法——区间估计. 区间估计要求根据样本给出未知参数的一个范围, 并保证真参数以指定的较大的概率属于这个范围.

1. 置信区间与置信度

设总体 X 含有一个待估的未知参数 θ. 如果我们从样本 $x_1, x_2, \cdots, x_n$ 出发, 找出两个统计量 $\theta_1 = \theta_1(x_1, x_2, \cdots, x_n)$ 与 $\theta_2 = \theta_2(x_1, x_2, \cdots, x_n)$ ($\theta_1 < \theta_2$), 使得区间 $[\theta_1, \theta_2]$ 以 $1 - \alpha$ ($0 < \alpha < 1$) 的概率包含这个待估参数 θ, 即

$$P\{\theta_1 \leqslant \theta \leqslant \theta_2\} = 1 - \alpha,$$

那么称区间 $[\theta_1, \theta_2]$ 为 θ 的**置信区间**, $1 - \alpha$ 为该区间的**置信度**(或**置信水平**). 因为样本是随机抽取的, 每次取得的样本值 $x_1, x_2, \cdots, x_n$ 是不同的, 由此确定的区间 $[\theta_1, \theta_2]$ 也不相同, 所以区间 $[\theta_1, \theta_2]$ 也是一个随机区间. 每个这样的区间或者包含 θ 的真值, 或者不包含 θ 的真值. 置信度 $1 - \alpha$ 给出了区间 $[\theta_1, \theta_2]$ 包含真值 θ 的可靠程度, 而 α 表示区间 $[\theta_1, \theta_2]$ 不包含真值 θ 的可能性. 例如若 $\alpha = 5\%$, 即置信度为 $1 - \alpha = 95\%$, 这时重复抽样 100 次, 则在得到的 100 个区间中包含 θ 真值的有 95 个左右, 不包含 θ 真值的仅有 5 个左右. 通常在工业生产和科学研究中都采取 95% 的置信度, 有时也取 99% 或 90% 的置信度. 一般来说, 在样本容量一定的情况下, 置信度给得不同, 置信区间的长短就不同, 置信度越高, 置信区间就越长. 换句话说, 希望置信区间的可靠性越大, 那么估计出的范围就越大, 反之亦然.

下面我们仅讨论正态总体在方差已知的情况下均值的区间估计问题.

2. 均值的区间估计

设 $x_1, x_2, \cdots, x_n$ 为总体 $X \sim N(\mu, \sigma^2)$ 的一个样本. 在置信度为 $1 - \alpha$ 下, 我们来确定 μ 的置信区间 $[\theta_1, \theta_2]$.

设方差 $\sigma^2 = \sigma_0^2$, 其中 σ_0^2 为已知数. 我们知道 $\bar{x} = \dfrac{1}{n}\sum\limits_{i=1}^{n} x_i$ 是 μ 的一个点估计, 并且知道包含未知参数 μ 的样本函数

$$u = \frac{\bar{x} - \mu}{\sigma_0 / \sqrt{n}}$$

服从标准正态分布. 因此,对于给定的置信度 $1-\alpha$,查正态分布分位数表(见附表 2),找出两个临界值 λ_1 与 λ_2,使得

$$P\{\lambda_1 \leqslant u \leqslant \lambda_2\} = 1-\alpha.$$

满足上式的临界值 λ_1,λ_2 由表中可以找出无穷多组. 不过一般我们总是取对称区间 $[-\lambda,\lambda]$,使

$$P\{|u| \leqslant \lambda\} = 1-\alpha,$$

即

$$P\left\{-\lambda \leqslant \frac{\bar{x}-\mu}{\sigma_0/\sqrt{n}} \leqslant \lambda\right\} = 1-\alpha.$$

将本书所附正态分布分位数表的构造

$$\int_{-\infty}^{u_p} \frac{1}{\sqrt{2\pi}} e^{-\frac{u^2}{2}} du = p$$

(即图 6—1 中的阴影部分)与 $P\{|u| \leqslant \lambda\} = 1-\alpha$(即图 6—2 中的阴影部分)比较,不难看出,确定 λ 值的方法是查 $p = 1-\dfrac{\alpha}{2}$,找出 u_p 的值以后把它代入不等式

$$-u_p \leqslant \frac{(\bar{x}-\mu)\sqrt{n}}{\sigma_0} \leqslant u_p,$$

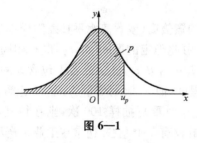

图 6—1

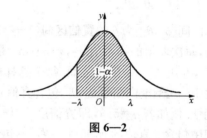

图 6—2

推得

$$\bar{x} - u_p \frac{\sigma_0}{\sqrt{n}} \leqslant \mu \leqslant \bar{x} + u_p \frac{\sigma_0}{\sqrt{n}}.$$

也就是说,随机区间

$$\left[\bar{x} - u_p \frac{\sigma_0}{\sqrt{n}},\ \bar{x} + u_p \frac{\sigma_0}{\sqrt{n}}\right] \tag{5.1}$$

以 $1-\alpha$ 的概率包含 μ.

例 6 已知幼儿的身高在正常情况下服从正态分布. 现从某一幼儿园 5～6 岁的幼儿中随机地抽查了 9 人,其身高分别为 $115,120,131,115,109,115,115,105,110$(厘米). 假设 5～6 岁幼儿身高总体的标准差 $\sigma_0 = 7$,在置信度为 95% 的条件下,试求出总体均值 μ 的置信区间.

解 已知 $\sigma_0 = 7, n = 9, \alpha = 0.05$. 由样本值算得

$$\bar{x} = \frac{1}{9}(115 + 120 + \cdots + 110) = 115.$$

查正态分布分位数表,得到临界值 $\lambda = 1.96$. 由式(5.1)得 μ 在置信度为 95% 下的置信区间为

$$\left[115 - 1.96 \times \frac{7}{\sqrt{9}}, \ 115 + 1.96 \times \frac{7}{\sqrt{9}} \right],$$

即 $[110.43, 119.57]$.

§6.3 假设检验

统计推断的另一类问题是对总体作出某种假设,然后根据所得到的样本,运用统计分析的方法进行检验.这就是假设检验问题.

一、假设检验的基本概念

1. 统计假设

我们把关于总体(分布、特征、相互关系等)的论断称为**统计假设**,记作 H. 例如,

(1)对某一总体 X 的分布提出某种假设,如 H: X 服从正态分布;或 H: X 服从二项分布;等等.

(2)对总体 X 的分布参数提出某种假设,如 H: $\mu = \mu_0$;或 H: $\mu \leqslant \mu_0$;或 H: $\sigma^2 = \sigma_0^2$;或 H: $\sigma^2 \leqslant \sigma_0^2$;等等(其中 μ_0, σ_0^2 是已知数,μ, σ^2 是未知参数).

(3)对两个总体 X 与 Y 提出某种假设,H: X, Y 具有相同的分布;H: X, Y 相互独立;等等.

统计假设一般可以分成参数假设与非参数假设两种.**参数假设**是指在总体分布类型已知的情况下,关于未知参数的各种统计假设;**非参数假设**是指在总体分布类型不确知或完全未知的情况下,关于它的各种统计假设.假如已知随机变量 $X \sim N(\mu, \sigma^2)$,其中参数 μ 和 σ^2 未知,那么统计假设 H: $\mu = 100$;或 H: $\sigma^2 = 1$;或 H: $\mu \leqslant 100$;或 H: $\sigma^2 \geqslant 1$ 都是参数假设.设 X, Y 为随机变量,统计假设 H: X 服从正态分布;H: X 与 Y 相互独立;等等都是非参数假设.本节只讨论一元正态总体的参数假设.

2. 统计假设检验

统计假设检验问题有两种提法.其一是只提出一个统计假设 H_0(称为**零假设**或**基本假设**)来进行检验.如果检验通不过,得到的结论为"H_0 不成立".其二是提出两个互不相容的假设 H_0 及 H_1(称为**对立假设**),仍然对 H_0 进行检验.但如检验通不过,得到的结论是"H_0 不成立,但 H_1 成立".前者称为显著性检验.以后我们将从另一种角度来讨论这两种统计假设检验.

不论在哪种统计检验中,所谓对 H_0 进行检验,就是建立一个准则来考核样本,如果样本值满足该准则,我们就接受 H_0,否则就拒绝 H_0.我们称这种准则为**检验准则**,或简称为**检验**.

一个样本值或者满足准则或者不满足,没有其他可能.所以一个检验准则本质上就是将样本可能取值的集合 D(统称为样本空间)划分成两个部分 V 与 $\bar{V}$,即

$$V \cap \bar{V} = \varnothing, \quad V \cup \bar{V} = D.$$

检验方法如下:当样本值 $(x_1, x_2, \cdots, x_n) \in V$ 时,认为假设 H_0 不成立,从而否定 H_0(若 H_1 存在,则判其成立,因此接受 H_1);相反,当 $(x_1, x_2, \cdots, x_n) \bar{\in} V$,即 $(x_1, x_2, \cdots, x_n) \in \bar{V}$ 时,认为 H_0 成立,从而接受 H_0(若 H_1 存在,则判其不成立,因此否定 H_1).通常我们称 V 为 H_0 的**否定域**,$\bar{V}$ 为 H_0 的**接受域**.

3. 两类错误

如果我们给出了某个检验准则,也就是给出了 D 的一个划分 V 与 $\bar{V}$.由于样本本身是具有随机性的,因此当我们通过样本进行判断时,还是有可能犯以下两类错误的:

(1)当 H_0 为真时,而样本值却落入了 V,按照我们规定的检验法则,应当否定 H_0.这时,我们把客观上 H_0 成立判为 H_0 不成立(即否定了真实的假设),称这种错误为**"以真当假"**的错误或第一类错误,记 $\tilde{\alpha}$ 为犯此类错误的概率,即

$$P\{否定\ H_0 | H_0\ 为真\} = \tilde{\alpha};$$

(2)当 H_1 为真时,而样本值却落入了 $\bar{V}$,按照我们规定的检验法则,应当接受 H_0.这时,我们把客观上 H_0 不成立判为 H_0 成立(即接受了不真实的假设),称这种错误为**"以假当真"**的错误或第二类错误,记为 $\tilde{\beta}$ 为犯此类错误的概率,即

$$P\{接受\ H_0 | H_1\ 为真\} = \tilde{\beta}.$$

在选定检验准则时,我们当然希望两类错误都少犯,即希望 $\tilde{\alpha}$ 与 $\tilde{\beta}$ 都要小.遗憾的是,当样本容量 n 固定时,建立 $\tilde{\alpha}$ 与 $\tilde{\beta}$ 都很小的检验准则一般是不可能的(就一般而论,$\tilde{\alpha}$ 小时 $\tilde{\beta}$ 就大,$\tilde{\beta}$ 小时 $\tilde{\alpha}$ 就大,因而不能做到 $\tilde{\alpha}$,$\tilde{\beta}$ 都很小).因此问题的正确提法是:在样本容量一定的情况下,给出允许犯第一类错误的一个上界 α,对于固定的 n 和 α 我们选择检验准则,使得在犯第一类错误的概率 $\tilde{\alpha}$ 不大于 α 的情况下,第二类错误出现的概率 $\tilde{\beta}$ 最小.我们称这种检验准则为**最优检验准则**.由于最优检验准则有时很难找到,甚至可能不存在,因此在一般情况下,我们只对第一类错误的概率 $\tilde{\alpha}$ 加以限制,而不考虑犯第二类错误的概率.在这种情况下,确定否定域 V 时只涉及原假设 H_0,而不涉及对立假设 H_1(在后面的讨论中,我们只给出 H_0).这种统计假设检验问题称为**显著性检验**问题.一般来说,显著性检验准则比较容易建立.

在显著性检验中,我们把允许犯第一类错误的上界 α 称为**显著性水平**或**检验水平**.

4. 否定域与检验统计量

如前所述,建立统计假设的检验准则本质上是要确定否定域 V.我们将会看到在多数情况下,一个好的统计检验准则,其否定域可以通过某个检验统计量 $K = K(x_1, x_2, \cdots, x_n)$ 来描述,即否定域 V 可表示为

$$V = \{(x_1, x_2, \cdots, x_n) | K(x_1, x_2, \cdots, x_n) \in R_\alpha\}.$$

即 $(x_1, x_2, \cdots, x_n) \in V$ 与 $K(x_1, x_2, \cdots, x_n) \in R_\alpha$ 是等价的.这里我们也称 R_α 为**否定域**,$\bar{R}_\alpha$ 为

相容域. 于是有

$$P\{K \in R_\alpha \mid H_0 \text{ 为真}\} = P\{(x_1, x_2, \cdots, x_n) \in V \mid H_0 \text{ 为真}\} = \tilde{\alpha},$$
$$P\{K \in \bar{R}_\alpha \mid H_1 \text{ 为真}\} = P\{(x_1, x_2, \cdots, x_n) \in \bar{V} \mid H_1 \text{ 为真}\} = \tilde{\beta}.$$

这样一来,我们便可以根据样本值来计算统计量 K 之值 $\hat{K}$,作出等价的判断:当 $\hat{K} \in R_\alpha$ 时,我们就否定 H_0;当 $\hat{K} \in \bar{R}_\alpha$ 时,我们就接受 H_0.

在上面的讨论中否定域 R_α 常以下面两种形式给出:一种是

$$R_\alpha = \{x \mid -\infty < x < \lambda_1 \text{ 或 } \lambda_2 < x < +\infty\},$$

我们把否定域是这种形式的检验叫做**双边检验**;另一种是

$$R_\alpha = \{x \mid \lambda < x < +\infty\},$$

或

$$R_\alpha = \{x \mid -\infty < x < \lambda\},$$

我们把否定域是这种形式的检验叫做**单边检验**.

5. 假设检验的基本思想

假设检验的统计思想是:概率很小的事件在一次试验中可以认为基本是不会发生的,即小概率原理. 根据上一章的讨论我们知道,在大量重复试验中事件出现的频率接近于它们的概率. 如果一个事件出现的概率很小,则在大量重复试验中它出现的频率也很小. 例如,某一事件出现的概率为 0.001,那么平均在 1 000 次重复试验中才可能出现一次. 因此,概率很小的事件在一次试验中几乎是不可能发生的. 于是我们把"小概率事件在一次试验中发生了"看成是不合理的现象.

为了检验一个假设 H_0 是否成立,我们就先假定 H_0 是成立的. 如果根据这个假定导致了一个不合理的事件发生,那就表明原来的假定 H_0 是不正确的,我们**拒绝接受** H_0;如果由此没有导出不合理的现象,则不能拒绝接受 H_0,我们称 H_0 是**相容**的.

这里所说的小概率事件就是事件 $\{K \in R_\alpha\}$,其概率就是检验水平 α,通常我们取 $\alpha = 0.05$,有时也取 0.01 或 0.10.

二、均值的假设检验

设 $x_1, x_2, \cdots, x_n$ 为总体 $X \sim N(\mu, \sigma^2)$ 的一个样本,在检验水平为 α 下,我们来检验它的均值 μ 是否与某个指定的取值有关.

设方差 $\sigma^2 = \sigma_0^2$,其中 σ_0^2 为已知数,检验假设 $H_0: \mu = \mu_0$,其中 μ_0 为已知数. 我们先来看一个例子.

例 1 已知滚珠直径服从正态分布. 现随机地从一批滚珠中抽取 6 个,测得其直径为 14.70,15.21,14.90,14.91,15.32,15.32(毫米). 假设滚珠直径总体分布的方差为 0.05,问这一批滚珠的平均直径是否为 15.25 毫米($\alpha = 0.05$)?

解 用 X 表示滚珠的直径,已知 $X \sim N(\mu, \sigma^2)$,其中 $\sigma^2 = 0.05$. 这是一个已知方差,检验均值的问题.

首先,提出零假设,写出基本假设 H_0 的具体内容. 这里我们要检验这批滚珠平均直径是否为 15.25，即 H_0：$\mu = 15.25$.

然后，选择一个统计量，即找一个（包括指定数值的）统计量，使得它在 H_0 成立的条件下与一个（包括总体的待检验参数的）样本函数有关. 这里我们选前面所给出（包括指定数值 15.25）的 U 统计量：

$$U = \frac{\bar{x} - 15.25}{\sigma_0 / \sqrt{n}}.$$

在 H_0 成立的条件下，U 与（包含总体的待检参数 μ 的）样本函数

$$u = \frac{\bar{x} - \mu}{\sigma_0 / \sqrt{n}}$$

都服从标准正态分布，即

$$U \xrightarrow{\text{在} H_0 \text{下}} u \sim N(0,1).$$

再由检验水平 $\alpha = 0.05$ 选择区域

$$R_\alpha = \{(-\infty, \lambda_1) \cup (\lambda_2, +\infty)\},$$

使得

$$P\{u \in (-\infty, \lambda_1)\} = P\{u \in (\lambda_2, +\infty)\} = \frac{\alpha}{2},$$

即

$$P\{u \in R_\alpha\} = \alpha.$$

可见这里 $\{u \in R_\alpha\}$ 是一个小概率事件.

由标准正态分布的对称性可知 $\lambda_2 = -\lambda_1 \xlongequal{\text{def}} \lambda$. 考虑到正态分布分位数表的构造（前面已介绍），令

$$p = 1 - \frac{\alpha}{2},$$

可以找出分位数. 这里的 $\alpha = 0.05$，根据 $p = 1 - \dfrac{0.05}{2} = 0.975$，查正态分布分位表（见附表 2）得到 $u_p = 1.96$，故否定域

$$R_\alpha = \{(-\infty, -1.96) \cup (1.96, +\infty)\}.$$

最后，由样本计算统计量 U 之值 $\hat{U}$，这里

$$\bar{x} = 15.06, \quad \hat{U} = \frac{15.06 - 15.25}{\sqrt{0.05}/\sqrt{6}} = -2.08.$$

于是我们可以做出判断：若 $\hat{U} \in R_\alpha$，则否定 H_0，否则认为 H_0 相容. 由于 $|\hat{U}| = 2.08 > 1.96$，即 $\hat{U} \in R_\alpha$，那么否定 H_0.

这说明所给的样本值竟使"小概率事件"发生了,这是不合理的.产生这个不合理现象的根源在于假定 H_0 是成立的,故应否定假设 H_0.换句话说,这批滚珠平均直径不是 15.25 毫米.

需要指出的是,这样的否定是强有力的.也就是说,如果进行了 100 次这样的否定,则从平均意义讲,有 95 次都是正确的.当然也可能会犯这样的错误:即把在客观上假设为正确的 H_0: $\mu=15.25$ 判为不成立.不过出现这种情况的可能性比较小,约为 5%.

在例 1 中,如果我们进一步问,这批滚珠的平均直径是否为 15 毫米($\alpha=0.05$)?按照上面步骤进行检验,最后得到 $|\hat{U}|=0.66\leqslant1.96$,这说明小概率事件没有发生.故可得以下结论: H_0: $\mu=15$ 是相容的,即通过这次检验没有发现滚珠的平均直径不等于 15 毫米.

下面我们讨论在方差已知的条件下对均值的另一种情况,即 H_0: $\mu\leqslant\mu_0$ 的检验.

例 2 问例 1 中的这批滚珠的平均直径是否小于等于 15.25 毫米($\alpha=0.05$)?

我们仍用 X 表示滚珠的直径,有 $X\sim N(\mu,\sigma^2)$,其中 $\sigma^2=0.05$.这也是一个已知方差,检验均值的问题.但是由于所提出的零假设是 H_0: $\mu\leqslant15.25$,从而使得所选取的统计量

$$U=\frac{\overline{x}-15.25}{\sigma_0/\sqrt{n}}$$

在 H_0: $\mu\leqslant15.25$ 成立的条件下,有不等式

$$\frac{\overline{x}-15.25}{\sigma_0/\sqrt{n}}\leqslant\frac{\overline{x}-\mu}{\sigma_0/\sqrt{n}}.$$

因此 U 与样本函数 $u=\dfrac{\overline{x}-\mu}{\sigma_0/\sqrt{n}}$ 有如下的关系:

$$U\leqslant u\sim N(0,1).$$

这样由检验水平 α,选择 $R_\alpha=\{\lambda,+\infty\}$,使得

$$P\{u\in R_\alpha\}=\alpha.$$

可见这里的 $\{u\in R_\alpha\}$ 是一个小概率事件.由正态分布分位数表,可令

$$p=1-\alpha,$$

由此找出 λ 值.这里的 $\alpha=0.05$,根据 $p=1-\alpha=0.95$ 查正态分布分位数表(见附表 2),得到 $u_p=1.65$.故否定域 $R_\alpha=(1.65,+\infty)$.由于样本函数 u 中含有总体未知参数 μ,所以无法算出 u 值.由上面分析可见,在 H_0 成立的条件下有

$$U\leqslant u,$$

因而

$$\{U>\lambda\}\subset\{u>\lambda\},$$

故

$$P\{U>\lambda\}\leqslant P\{u>\lambda\}=\alpha.$$

这表明事件 $\{U>\lambda\}$ 是概率较 α 更小的小概率事件. 由样本值 $x_1,x_2,\cdots,x_n$, 算出 $\hat{U}=-2.08$. 于是我们可以做出这样的判断: 若 $\hat{U}\in R_\alpha$, 则否定 H_0, 否则认为 H_0 相容. 本例中的 $\hat{U}=-2.08<1.65$, 则 $\hat{U}\bar{\in}R_\alpha$.

这说明小概率事件 $\{U>\lambda\}$ 没有发生, 即未发现什么不合理的现象. 这时我们不能否定 H_0, 故认为 H_0 相容. 换句话说没有发现滚珠平均直径不小于等于 15.25 毫米.

在实际工作中, 遇到这种相容的情形应如何对待假设 H_0 呢? 如果需要迅速地明确表态, 那么我们常常采取接受假设 H_0 的态度. 有时为了更慎重些, 暂不表态, 继续进行一些观察(即增加样本容量), 再进行检验. 当然, 在样本容量较大时, 不应该再不表态了.

我们把上面两种情况的检验方法加以总结和概括, 得到关于一元正态总体当方差已知时期望的检验程序:

(1)提出零假设, H_0: $\mu=\mu_0$(或 $\mu\leqslant\mu_0$);

(2)由样本值 $x_1,x_2,\cdots,x_n$ 计算统计量

$$U=\frac{\bar{x}-\mu_0}{\sqrt{\sigma_0^2/n}}$$

的数值 $\hat{U}$;

(3)对于检验水平 α 查正态分布分位数表 $p=1-\dfrac{\alpha}{2}$(或 $p=1-\alpha$)得到临界值 λ;

(4)将 $\hat{U}$ 与 λ 进行比较, 作出判断: 当 $|\hat{U}|>\lambda$(或 $\hat{U}>\lambda$)时否定 H_0, 否则认为 H_0 相容.

习题六

1. 设 $x_1,x_2,\cdots,x_n$ 是总体的一个样本. 试证

(1) $\hat{\mu}_1=\dfrac{1}{5}x_1+\dfrac{3}{10}x_2+\dfrac{1}{2}x_3$,

(2) $\hat{\mu}_2=\dfrac{1}{3}x_1+\dfrac{1}{4}x_2+\dfrac{5}{12}x_3$,

(3) $\hat{\mu}_3=\dfrac{1}{3}x_1+\dfrac{3}{4}x_2-\dfrac{1}{12}x_3$,

都是总体均值 μ 的无偏估计, 并比较哪一个最有效.

2. 设总体 X 服从参数为 λ 的指数分布, 求 λ 的最大似然估计.

3. 设某种电子元件的寿命服从指数分布. 现获得一组寿命数据为(单位:小时):

16,30,50,68,100,130,140,190,210,270,280,340,410,

450,520,620,800,1 100.

求平均寿命的矩估计值.

4. 某地去年每月因交通事故死亡的人数为 3,4,3,0,2,5,1,0,7,2,0,3. 又若由统计资料知, 死亡人数服从参数为 λ 的泊松分布, 求 λ 的矩估计值.

5. 由经验知道某种零件重量 $X\sim N(\mu,\sigma^2)$, $\mu=15$, $\sigma^2=0.05$. 技术革新后, 抽了 6 个样品, 测得重量(以克为单位)为

14.7，15.1，14.8，15.0，15.2，14.6.

已知方差不变，问平均重量是否为 15($\alpha=0.05$)？

6. 设某厂生产的一种钢索，其断裂强度 X（千克/平方厘米）服从正态分布 $N(\mu, 40^2)$. 从中选取一个容量为 9 的样本，得 $\bar{x}=780$ 千克/平方厘米. 能否据此认为这批钢索的断裂强度为 800 千克/平方厘米($\alpha=0.05$)？

附　表

　　　　　　　　　　泊松分布表

表中列出 $\sum\limits_{i=0}^{k} \dfrac{\lambda^i}{i!} e^{-\lambda}$ 的值

k \ λ	0.1	0.2	0.3	0.4	0.5	0.6	0.7	0.8
0	0.904 84	0.818 73	0.740 82	0.670 32	0.606 53	0.548 81	0.496 59	0.449 33
1	0.995 32	0.982 48	0.963 06	0.938 45	0.909 80	0.878 10	0.844 20	0.808 79
2	0.999 85	0.998 85	0.996 40	0.992 07	0.985 61	0.977 89	0.965 86	0.952 58
3	1.000 00	0.999 94	0.999 72	0.999 22	0.998 25	0.997 64	0.994 25	0.990 92
4		1.000 00	0.999 97	0.999 94	0.999 83	0.999 61	0.999 21	0.998 59
5			1.000 00	1.000 00	0.999 99	0.999 96	0.999 91	0.999 82
6						1.000 00	1.000 00	0.999 99	0.999 98
7							1.000 00	1.000 00

k \ λ	0.9	1.0	1.2	1.4	1.6	1.8	2.0
0	0.406 57	0.367 88	0.301 19	0.246 60	0.201 90	0.165 30	0.135 34
1	0.772 48	0.735 76	0.662 63	0.591 83	0.524 93	0.462 84	0.406 01
2	0.937 14	0.919 70	0.879 49	0.833 50	0.783 36	0.730 62	0.676 68
3	0.988 54	0.981 01	0.966 23	0.946 27	0.921 19	0.891 29	0.857 12
4	0.997 66	0.996 34	0.992 25	0.985 75	0.976 32	0.963 59	0.947 35
5	0.999 66	0.999 41	0.998 50	0.996 80	0.993 96	0.989 62	0.983 44
6	0.999 96	0.999 92	0.999 75	0.999 38	0.998 66	0.997 43	0.995 47
7	1.000 00	0.999 99	0.999 96	0.999 89	0.999 74	0.999 44	0.998 90
8		1.000 00	0.999 99	0.999 98	0.999 95	0.999 89	0.999 76
9			1.000 00	1.000 00	0.999 99	0.999 98	0.999 95
10					1.000 00	1.000 00	0.999 99
11							1.000 00

续前表

λ k	2.5	3.0	3.5	4.0	4.5	5.0
0	0.082 08	0.049 79	0.030 20	0.018 32	0.011 11	0.006 74
1	0.287 30	0.199 15	0.135 89	0.091 58	0.061 10	0.040 43
2	0.543 81	0.423 19	0.320 85	0.238 10	0.173 58	0.124 65
3	0.757 58	0.647 23	0.536 63	0.433 47	0.352 30	0.265 03
4	0.891 18	0.815 26	0.725 44	0.628 84	0.542 10	0.440 49
5	0.957 98	0.916 08	0.857 61	0.785 13	0.702 93	0.615 96
6	0.985 81	0.966 49	0.934 71	0.889 33	0.831 05	0.762 18
7	0.995 75	0.988 10	0.973 26	0.948 87	0.913 41	0.866 63
8	0.998 86	0.996 20	0.990 13	0.978 64	0.959 74	0.931 91
9	0.999 72	0.998 90	0.996 68	0.991 87	0.982 91	0.968 17
10	0.999 94	0.999 71	0.998 98	0.997 16	0.993 33	0.986 30
11	0.999 99	0.999 93	0.999 71	0.999 08	0.997 60	0.994 55
12	1.000 00	0.999 98	0.999 92	0.999 73	0.999 19	0.997 98
13		1.000 00	0.999 98	0.999 92	0.999 75	0.999 30
14			1.000 00	0.999 98	0.999 93	0.999 77
15				1.000 00	0.999 98	0.999 93
16					0.999 99	0.999 98
17					1.000 00	0.999 99
18						1.000 00

附表 2　　　　　　　　　　　　　　　　**正态分布分位数表**

$$\frac{1}{\sqrt{2\pi}}\int_{-\infty}^{u_p} e^{-u^2/2}\,\mathrm{d}u = p$$

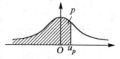

p	0.045	0.04	0.035	0.03	0.025	0.02	0.015	0.01	0.005	0.00	p
0.95	2.575 829	2.326 348	2.170 090	2.053 749	1.959 964	1.880 794	1.811 911	1.750 686	1.695 398	1.644 854	0.95
0.90	1.598 193	1.554 774	1.514 102	1.475 791	1.439 531	1.405 072	1.372 204	1.340 755	1.310 579	1.281 552	0.90
0.85	1.253 565	1.226 528	1.200 359	1.174 987	1.150 349	1.126 391	1.103 063	1.080 319	1.058 122	1.036 433	0.85
0.80	1.015 222	0.994 458	0.974 114	0.954 165	0.934 589	0.915 365	0.896 473	0.877 896	0.859 617	0.841 621	0.80
0.75	0.823 894	0.806 421	0.789 192	0.772 193	0.755 415	0.738 847	0.722 479	0.706 303	0.690 309	0.674 490	0.75
0.70	0.658 838	0.643 345	0.628 006	0.612 813	0.597 760	0.582 841	0.568 051	0.553 385	0.538 836	0.524 401	0.70
0.65	0.510 073	0.495 850	0.481 727	0.467 699	0.453 762	0.439 913	0.426 148	0.412 463	0.398 855	0.385 320	0.65
0.60	0.371 856	0.358 459	0.345 125	0.331 853	0.318 639	0.305 481	0.292 375	0.279 319	0.266 311	0.253 347	0.60
0.55	0.240 426	0.227 545	0.214 702	0.201 893	0.189 113	0.176 374	0.163 658	0.150 969	0.138 304	0.125 661	0.55
0.50	0.113 039	0.100 434	0.087 845	0.075 270	0.062 707	0.050 154	0.037 608	0.025 069	0.012 533	0	0.50
p	0.991	0.992	0.993	0.994	0.995	0.996	0.997	0.998	0.999	1.000	p
u_p	2.365 62	2.408 92	2.457 26	2.512 14	2.575 83	2.652 07	2.747 78	2.878 16	3.090 23	∞	u_p

习题答案与提示

习题一

1. (1)$A\bigcup B=\{a,b,c,d,e,f,h\}$

(2)$A\bigcap B=\{b,d\}$

(3)$A-B=\{a,c\}$

(4)$(A-B)+B=\{a,b,c,d,e,f,h\}$

2. $B=\varnothing$,当 n 为偶数时 $D=\varnothing$

3. (1)$(-7,1)$ (2)$[-3,3]$ (3)$[0,2)\bigcup(2,4]$ (4)$(0.5,+\infty)$

4. (1)、(2)、(3)、(4)、(6)函数不相同,(5)函数相同

5. (1)$(-1,1)$ (2)$(0,+\infty)$ (3)$\left[2k\pi-\dfrac{\pi}{2},2k\pi+\dfrac{\pi}{2}\right],k\in\mathbf{Z}$

(4)$(-\infty,1)\bigcup(1,+\infty)$ (5)$[-1,1)$ (6)$(-1,1]$

6. (1)$y=\dfrac{1}{x}-1,D_{f^{-1}}=(-\infty,0)\bigcup(0,+\infty)$ (2) $y=\log_3(x-1),D_{f^{-1}}=(1,+\infty)$

(3)$y=a^{\frac{x}{3}},D_{f^{-1}}=(-\infty,+\infty)$ (4)$y=\sqrt[3]{x+1}-1,D_{f^{-1}}=(-\infty,+\infty)$

(5)$y=\dfrac{1-10^x}{1+10^x},D_{f^{-1}}=(-\infty,+\infty)$

7. $f(0)=3,f(-1)=8,f(-x)=x^2+4x+3,f(x^2)=x^4-4x^2+3,f\left(\dfrac{1}{x}\right)=\dfrac{1}{x^2}-\dfrac{4}{x}+3$

8. $f(t)=\dfrac{1}{4}t^2+\mathrm{e}^t,f(\ln t)=\dfrac{1}{4}\ln^2 t+t,f(\sqrt{t})=\dfrac{1}{4}t+\mathrm{e}^{\sqrt{t}},f(t-1)=\dfrac{1}{4}(t-1)^2+\mathrm{e}^{t-1}$

9. $f(-1)=-3,f(x-1)=\begin{cases}(x-1)^2, & x\geqslant 1 \\ 2x-3, & x<1\end{cases}$

10. (1)在 **R** 上单调增加

(2)当 $0<a<1$ 时,单调减少,当 $1<a$ 时,单调增加.

(3)在 $[-1,1]$ 上单调增加

(4)在 $[0,+\infty)$ 上单调减少

(5)在 $(0,+\infty)$ 内单调增加

(6)在 R 上单调减少

11. (1)有界　　　　(2)有界　　　　(3)有界　　　　(4)有界

12. (1)奇函数　　　(2)偶函数　　　(3)偶函数　　　(4)非奇非偶函数

(5)奇函数　　　(6)偶函数

13. (1)是周期为 π 的周期函数　　　(2)是周期为 $\dfrac{2\pi}{3}$ 的周期函数

(3)是周期为 2π 的周期函数　　　(4)是周期为 2 的周期函数

14. (1)不正确　　　(2)不正确　　　(3)不正确　　　(4)不正确

(5)正确　　　　(6)正确

15. 略

16. (1)是初等函数　　(2)是初等函数　　(3)是初等函数　　(4)是初等函数

(5)不是　　　　(6)不是

17. (1) $y=\sqrt{u},u=3x-1$　　　　　　(2) $y=u^2,u=\sin v,v=2w-\lg 3,w=\lg x$

(3) $y=\lg u,u=x+v,v=\sqrt{w},w=x^2+1$　　(4) $y=e^u,u=\arctan v,v=\dfrac{1}{x}$

18. $f[f(x)]=x^4$,非单调,偶函数;$f[g(x)]=2^{2x}$,单调增加,非奇非偶函数;

$g[f(x)]=2^{x^2}$,非单调,偶函数;$g[g(x)]=2^{2^x}$,单调增加,非奇非偶函数

习题二

1. (1) $a_n=(-1)^n\dfrac{n}{(n+1)^2}$,收敛,且 $\lim\limits_{n\to\infty}a_n=0$

(2) $a_n=2+5(n-1)$,不收敛,可记为 $\lim\limits_{n\to\infty}a_n=\infty$

(3) $a_n=\left(-\dfrac{2}{3}\right)^{n-1}$,收敛,且 $\lim\limits_{n\to\infty}a_n=0$

(4) $a_n=\dfrac{\ln n}{\ln 2n}$,　收敛,且 $\lim\limits_{n\to\infty}a_n=1$

(5) $a_n=\dfrac{\cos^2 n}{2^n}$,收敛,且 $\lim\limits_{n\to\infty}a_n=0$

(6) $a_n=\dfrac{e^n-e^{-n}}{e^{n^2}-1}$,收敛,且 $\lim\limits_{n\to\infty}a_n=0$

2. (1)1　　　　　(2)0　　　　　(3)0　　　　　(4) $-\dfrac{1}{2}$

3. (1)正确　　　(2)正确　　　(3)正确　　　(4)不正确

4. (1)2　　　　　(2)0　　　　　(3)0　　　　　(4) $-\infty$　　　　　(5)2

(6)1   (7)1   (8)$\dfrac{\pi}{2}$ (9)$\dfrac{1}{2}$ (10)0

5. $\lim\limits_{x\to 0^-}f(x)=1$，$\lim\limits_{x\to 0^+}f(x)=-1$，$\lim\limits_{x\to 0}f(x)$ 不存在

6. 略

7. (1)当 $x\to 2$ 时，为无穷大量，$x\to\infty$ 时，为无穷小量

    (2)当 $x\to 0^-$ 时，为无穷大量，$x\to 0^+$ 时，为无穷小量

8. 当 $x\to 0$ 时，$\sqrt[5]{x}$，$100\sqrt[3]{x}$，x^3+2x，x^2 是无穷小量，x^2 最高阶，$\sqrt[5]{x}$ 最低阶

9. (1)不正确   (2)正确   (3)不正确   (4)不正确

    (5)正确   (6)不正确

10. (1)2   (2)0   (3)$\dfrac{\pi}{2}$ (4)$\dfrac{3}{2}$ (5)-2

    (6)5   (7)1   (8)$\sin 2$ (9)2   (10)$2\sqrt{2}$

    (11)∞ (12)$\dfrac{1}{12}$ (13)$2a$ (14)0   (15)0

    (16)$\dfrac{2^5}{3^{15}}$ (17)$\dfrac{1}{2}$ (18)0

11. (1)0   (2)0

12. (1)$\dfrac{n}{m}$ (2)2   (3)0   (4)1   (5)$\dfrac{1}{2}$

    (6)1   (7)0   (8)$\dfrac{1}{2}$ 提示：$\tan x-\sin x=\tan x(1-\cos x)$

13. (1)e^4 (2)e   (3)e^4 (4)2   (5)1

    (6)$\dfrac{1}{2}$ (7)1   (8)1

14. $t=\dfrac{\ln 2}{0.05}$（年）   提示：$A_t=ae^{0.05t}$

15. (1)连续   (2)不连续   (3)连续   (4)连续

16. (1)$(-\infty,-1)\bigcup(-1,0)\bigcup(0,+\infty)$ (2)$(-\infty,1]$

    (3)$(-\infty,0)\bigcup(0,+\infty)$ (4)$(-\infty,+\infty)$

    (5)$(-\infty,+\infty)$ (6)$(-\infty,+\infty)$

    (7)$(-\infty,1)\bigcup(1,+\infty)$ (8)$(-\infty,0)\bigcup(0,+\infty)$

    (9)$(-\infty,+\infty)$ (10)$(-\infty,+\infty)$

17. (1)$\dfrac{1}{4}$ (2)1   (3)0   (4)e   (5)0   (6)$\dfrac{1}{3}$

18. (1)不正确   (2)正确   (3)不正确   (4)正确

19. 提示：考虑 $f(x)=x^3-3x-1$ 在 $x=1,x=2$ 处的符号

20. 提示：考虑 $f(x)=e^x-3x$ 在相应区间端点处的符号

习题三

1. $k=-4$，切线为 $y=-4x-9$

2. (1) 2.5 单位时间,球升至最高,此时高度为 $y=62.5$

(2) $v(2)=10, y(2)=60; v(4)=-30, y(4)=40$

3. (1) -4 (2) -4 (3) $-\dfrac{2}{3}$ (4) -2

4. (1) $f'(0)$ 存在,且 $f'(0)=\dfrac{1}{2}$ (2) $f'(0)$ 存在,且 $f'(0)=0$

5. 证明略, $f'(x)=3x^2$

6. (1) $y'=\dfrac{3}{2}x^{\frac{1}{2}}+x^{-\frac{1}{2}}-\dfrac{1}{2}x^{-\frac{3}{2}}$ (2) $y'=\dfrac{4}{3}x^{\frac{1}{3}}+1-\dfrac{1}{3}x^{-\frac{2}{3}}$

(3) $y'=\dfrac{a}{c+d}$ (4) $y'=-\dfrac{1}{3x}+\dfrac{5}{3}x^{\frac{2}{3}}$

(5) $y'=\dfrac{2x^2+8x-5}{(x+2)^2}$ (6) $y'=2\arctan x\ln x+\dfrac{2x\ln x}{1+x^2}+2\arctan x.$

(7) $y'=2x\log_2|x|+\dfrac{x}{\ln 2}$ (8) $y'=0$

(9) $y'=e^x 2^x\ln(2e)$ (10) $y'=\dfrac{1}{2}\sec x\tan x-\csc x\cot x$

7. (1) $y'=2f(x)f'(x)$ (2) $y'=2xf'(x^2)$

(3) $y'=2f(x)f'(x)e^{f^2(x)}$ (4) $y'=-f'(x)\sin f(x)$

(5) $y'=\dfrac{-f'(x)}{[1+f(x)]^2}$ (6) $y'=\dfrac{1}{1+f^2(x)}f'(x)$

(7) $y'=\dfrac{1}{x}f'(\ln x)$ (8) $y'=\dfrac{1}{2\sqrt{x}}f'(\sqrt{x}+1)$

8. (1) $y'=20(x+2)^{19}$ (2) $y'=\dfrac{9x^2+2}{3\sqrt[3]{(3x^3+2x)^2}}$

(3) $y'=\left(1+\dfrac{1}{x}\right)e^{-\frac{1}{x}}$ (4) $y'=\sin x\ln x+x\cos x\ln x+\sin x$

(5) $y'=\dfrac{1+6x-x^2}{(x^2+1)^2}$ (6) $y'=-2^{-x}\ln 2-3^{-x}\ln 3-4^{-x}\ln 4$

(7) $y'=\dfrac{2}{1+x^2}$ (8) $y'=-\dfrac{|x|}{x^2\sqrt{x^2-1}}$

(9) $y'=-\sin 2x\csc^2(\sin^2 x)$ (10) $y'=x2^{2^x+1}\ln 2+2^{2^x+x}\ln^2 2$

9. 略   提示:利用复合函数求导法则

10. (1) $\dfrac{ds}{dt}\Big|_{t=1}=7\,200\pi(\text{cm/s})$

(2) $\dfrac{ds}{dt}\Big|_{t=3}=21\,600\pi(\text{cm/s})$

(3) $\dfrac{ds}{dt}\Big|_{t=5}=36\,000\pi(\text{cm/s})$,波纹面积变化率与时间 t 成正比.

11. (1) $y'=\dfrac{\sqrt{x^2+x}}{\sqrt[3]{x^3+2}}\left(\dfrac{2x+1}{2x^2+2x}-\dfrac{x^2}{x^3+2}\right)$ (2) $y'=\left[\prod_{k=1}^{10}(x-a_k)\right]\sum_{k=1}^{10}\dfrac{1}{x-a_k}$

(3) $y'=x^{x-1}\left(\ln x+1-\dfrac{1}{x}\right)$ (4) $y'=x^{2^x}e^{x^2}\left(2^x\ln 2\cdot\ln x+\dfrac{2^x}{x}+2x\right)$

156

12. $(1)\ y''=2\cos 2x$ \qquad $(2)\ y''=\dfrac{x-1}{x^2}$

$(3)\ y''=(2+4x^2)\mathrm{e}^{x^2}$ \qquad $(4)\ y''=\dfrac{x-1}{x^2}$

13. $(1)\ y^{(n)}=\begin{cases}0, & n>6\\ 6\cdot 5\cdot 4\cdots(6-n+1)x^{6-n}, & n\leqslant 6\end{cases}$ \qquad $(2)\ y^{(n)}=(-1)^n\mathrm{e}^{1-x}$

$(3)\ y^{(n)}=\dfrac{n!}{(1-x)^{n+1}}$ \qquad $(4)\ y^{(n)}=2^n\sin\left(\dfrac{n\pi}{2}+2x\right)$

14. $(1)\ \mathrm{d}y=\dfrac{1}{2}\sqrt{x}\,(5x+3)\mathrm{d}x$ \qquad $(2)\ \mathrm{d}y=\dfrac{2(a+b)}{3\sqrt[3]{x^5}}\mathrm{d}x$

$(3)\ \mathrm{d}y=\left(\ln\sqrt{x^2+1}+\dfrac{x^2}{x^2+1}\right)\mathrm{d}x$ \qquad $(4)\ \mathrm{d}y=\mathrm{e}^{x^2}(2x^2+1)\mathrm{d}x$

$(5)\ \mathrm{d}y=\mathrm{e}^x x^2(3\cos x-x\sin x)\mathrm{d}x$ \qquad $(6)\ \mathrm{d}y=\dfrac{\mathrm{e}^x}{1+\mathrm{e}^{2x}}\mathrm{d}x$

$(7)\ \mathrm{d}y=-\dfrac{1}{x^2}2^{\frac{1}{x}}\ln 2\,\mathrm{d}x$ \qquad $(8)\ \mathrm{d}y=\dfrac{1}{2x\sqrt{1+\ln x}}\mathrm{d}x$

$(9)\ \mathrm{d}y=\dfrac{1-\sin 2x}{2\cos^2 x}\mathrm{d}x$ \qquad $(10)\ \mathrm{d}y=\dfrac{x^2-2x}{(x-1)^2}\mathrm{d}x$

15. $(1)\ \mathrm{e}^{0.03}\approx 1.03$ \qquad $(2)\ \ln 1.003\approx 0.003$

$(3)\ \sin 29°\approx 0.484\,9$ \quad 提示：$1°\approx 0.01745$ 弧度

$(4)\ \sqrt[5]{31}\approx 1.987\,5$

16. 略.

17. (1)单调增区间为$(-\infty,0),(2,+\infty)$；单调减区间为$(0,2)$

(2)单调增区间为$(-\infty,-1),(3,+\infty)$；单调减区间为$(-1,3)$

(3)单调增区间为$(-\infty,-1),\left(\dfrac{7}{5},+\infty\right)$；单调减区间为$\left(-1,\dfrac{7}{5}\right)$

(4)单调增区间为$(0,+\infty)$；单调减区间为$(-\infty,0)$

(5)单调增区间为$(-\infty,-2),(2,+\infty)$；单调减区间为$(-2,0)$

(6)单调增区间为$(0,+\infty)$；单调减区间为$(-1,0)$

(7)单调增区间为$(-\infty,0),(0,+\infty)$；

(8)单调增区间为$(-\infty,+\infty)$

(9)单调增区间为$\left(\dfrac{3}{2},+\infty\right)$；单调减区间为$\left(-\infty,\dfrac{3}{2}\right)$

(10)单调增区间为$\left(\dfrac{1}{2},+\infty\right)$；单调减区间为$\left(0,\dfrac{1}{2}\right)$

18. (1)极大值为$f(-1)=4$，极小值为$f(3)=-28$

(2)极大值为$f\left(\dfrac{3}{4}\right)=\dfrac{5}{4}$，无极小值

(3)极小值为$f(0)=0$，无极大值

(4)极大值为$f(2)=4\mathrm{e}^{-2}$，极小值为$f(0)=0$

(5)极大值为$f(1)=\dfrac{1}{2}$，极小值为$f(-1)=-\dfrac{1}{2}$

(6)极小值为 $f(0)=1$,无极大值

19. (1)最大值 $f(-10)=132$,最小值 $f\left(\dfrac{3}{2}\right)=\dfrac{1}{4}$

(2)最大值 $f\left(\dfrac{\pi}{4}\right)=\sqrt{2}$,最小值 $f(0)=1$

(3)最大值 $f(-1)=8$,最小值 $f(2)=-19$

(4)最大值 $f(-5)=e^{8}$,最小值 $f(3)=1$

20. (1)不正确　　　(2)不正确　　　　(3)不正确　　　(4)不正确

21. 底面直径与高的比例为 $b:a$ 时造价最省

习题四

1. (1) $f(x)=0$, $F(x)=C$, C 为任意常数

(2) $f(x)=x$

(3) $f'(x)=(2+4x^2)e^{x^2}$

(4) $\displaystyle\int e^{x^2}\,dx$ 是函数 e^{x^2} 的原函数

(5) $f(x)=0$, $\displaystyle\int f(x)\,dx=C$

2. (1)不正确　　　(2)正确　　　　(3)正确　　　(4)不正确

3. (1) $\displaystyle\int f'(x)\,dx=f(x)+C$ 　　(2) $\displaystyle\int df(2x)=f(2x)+C$

(3) $\dfrac{d}{dx}\left[\displaystyle\int f(x^2)\,dx\right]=f(x^2)$ 　　(4) $d\left[\displaystyle\int f(\sin x)\,dx\right]=f(\sin x)\,dx$

4. (1) $\dfrac{6}{11}x^{\frac{11}{6}}+C$ 　　(2) $\dfrac{3}{7}x^{\frac{7}{3}}+x^2-\dfrac{9}{4}x^{\frac{4}{3}}-6x+C$

(3) $\dfrac{1}{2}x^2+\dfrac{4}{3}x^{\frac{3}{2}}+x+C$ 　　(4) $\dfrac{1}{2}t^2-3t+3\ln|t|+\dfrac{1}{t}+C$

(5) $x-\arctan x+C$ 　　(6) $-\left(\dfrac{1}{5}\right)^x\ln5-\left(\dfrac{1}{2}\right)^x\ln2+C$

(7) $\tan x-x+C$ 　　(8) $\dfrac{1}{2}x+\dfrac{1}{2}\sin x+C$

(9) $-(\cot x+\tan x)+C$ 　　(10) $\sin x-\cos x+C$

5. $y=\dfrac{1}{3}x^3+\dfrac{4}{3}$

6. (1) $-\dfrac{1}{8(x+1)^8}+\dfrac{4}{9(x+1)^9}+C$ 　　(2) $e^{x^2+1}+C$

(3) $\ln|x^2+3x+16|+C$ 　　(4) $\dfrac{1}{2}\ln|x^2-2x+2|+2\arctan(x-1)+C$

(5) $\dfrac{1}{4}\sin^4 x+C$ 　　(6) $\dfrac{2}{5}\sin^{\frac{5}{2}}x-2\sin^{\frac{1}{2}}x+C$

(7) $e^{-\frac{1}{x}}+C$ 　　(8) $-e^{1-x-x^2}+C$

(9) $\frac{1}{3}(x^2-1)^{\frac{3}{2}}+C$ (10) $\frac{1}{4}(x^3+a^3)^{\frac{4}{3}}+C$

(11) $\arcsin(x+1)+C$ (12) $2\sqrt{x^2+3x+3}+C$

(13) $\frac{1}{4}\ln^4 x+C$ (14) $\ln x+\frac{1}{2}\ln^2 x+C$

7. (1) $\frac{7}{2}$ (2) $\frac{1}{2}\pi a^2$ (3) 0   (4) 1

8. (1) $\int_0^{\frac{\pi}{2}}\sin x\,\mathrm{d}x \leqslant \int_0^{\frac{\pi}{2}}x\,\mathrm{d}x$ (2) $\int_1^3 x^2\,\mathrm{d}x \leqslant \int_1^3 x^3\,\mathrm{d}x$

(3) $\int_0^1 \mathrm{e}^{x^2}\,\mathrm{d}x \leqslant \int_0^1 \mathrm{e}^x\,\mathrm{d}x$ (4) $\int_1^{\mathrm{e}}\ln^2 x\,\mathrm{d}x \leqslant \int_1^{\mathrm{e}}\ln x\,\mathrm{d}x$

9. (1) $-\frac{1}{2}\leqslant \int_0^2(x^2-x)\,\mathrm{d}x \leqslant 6$ (2) $0\leqslant \int_1^3 \ln x\,\mathrm{d}x \leqslant 2\ln 3$

10. (1) 不正确   (2) 不正确   (3) 不正确   (4) 不正确

11. (1) 0   (2) $\frac{\pi}{4}$ (3) $\mathrm{e}^{\arctan x}$ (4) 0

12. (1) $F'(x)=\tan x^2$ (2) $F'(x)=\dfrac{3x^5}{\sqrt{1+x^3}}$

(3) $F'(x)=-\sin x|\sin x|$ (4) $F'(x)=-\dfrac{1}{2\sqrt{x}}\mathrm{e}^x$

13. (1) $\frac{3}{7}$ (2) $\frac{8}{3\ln 3}$ (3) 1   (4) $\frac{\pi}{4}$ (5) $\frac{\pi}{2}$ (6) 2

14. (1) $\frac{6\sqrt[3]{4}}{5}+3\sqrt[3]{2}+\frac{31}{10}$ (2) $\frac{17}{16}a^2$ (3) 2   (4) $4+\frac{\pi}{2}$ (5) 1

(6) $\ln 5$ (7) $2a^3$ (8) 2   (9) $\frac{4}{5}$ (10) $\frac{1}{156}$ (11) $\frac{1}{8}$

(12) $\frac{1}{2}\sqrt{2}$ (13) $\frac{1}{3}$ (14) $\frac{16}{3}\sqrt{2}$ (15) $\frac{26}{3}$ (16) $-\ln 3$ (17) $\frac{1}{2}(\mathrm{e}-\mathrm{e}^{-1})$

(18) $\arctan 2-\frac{\pi}{4}$ (19) $\ln \frac{4}{3}$ (20) $\frac{3}{8}$ (21) $\mathrm{e}+5$

16. (1) $\frac{1}{3}$ (2) $\frac{13}{3}$ (3) $\frac{20}{3}$ (4) $\frac{16}{3}+2\pi$ (5) $\frac{\pi}{2}-\frac{2}{3}$ (6) e^{-1}

17. (1) $\frac{2}{\pi}$ (2) $-\frac{2}{3}$ (3) $\mathrm{e}-\mathrm{e}^{-1}$ (4) $\frac{1}{6}\ln 10$

18. (1) $T(t)=(T_0-T_s)\mathrm{e}^{-kt}+T_s$.

(2) 再过 22.69 分钟,汽水温度降至 1℃.

19. (1) $\frac{1}{\sqrt{2}}\left(\frac{\pi}{2}+\arctan\frac{1}{\sqrt{2}}\right)$ (2) 1   (3) $\mathrm{e}-1$ (4) e

20. (1) 当 $\alpha>1$ 时收敛,且 $\int_0^{+\infty}\dfrac{\mathrm{d}x}{(x+1)^\alpha}=\dfrac{1}{1-\alpha}$,当 $\alpha\leqslant 1$ 时发散

(2) 当 $\alpha > 1$ 时收敛,且 $\int_e^{+\infty} \dfrac{dx}{x\ln^\alpha x} = \dfrac{1}{1-\alpha}$,当 $\alpha \leqslant 1$ 时发散

习题五

1. (1) $\Omega = \{2,3,\cdots,12\}$

   (2) $\Omega = \{3,4,\cdots,10\}$

   (3) $\Omega = \{10,11,\cdots\}$

   (4) 分别用 x,y,z 表示三段的长度,我们有
   $$\Omega = \{(x,y,z) \mid x>0, y>0, z>0, x+y+z=1\}$$

2. (1) $A\bar{B}\bar{C}$　(2) $AB\bar{C}$　(3) ABC　(4) $A+B+C$

   (5) $AB+BC+CA$(或 $AB\bar{C}+\bar{A}BC+A\bar{B}C+ABC$)

   (6) $A\bar{B}\bar{C}+\bar{A}B\bar{C}+\bar{A}\bar{B}C$

   (7) $AB\bar{C}+A\bar{B}C+\bar{A}BC$

   (8) $\bar{A}BC+A\bar{B}C+AB\bar{C}+\bar{A}\bar{B}C$(或 $\overline{AB+BC+CA}$)

   (9) $AB\bar{C}+A\bar{B}C+\bar{A}BC+A\bar{B}\bar{C}+\bar{A}B\bar{C}+\bar{A}\bar{B}C+\bar{A}\bar{B}\bar{C}$(或 $\overline{ABC}$)

   (10) $\bar{A}\bar{B}\bar{C}$(或 $\overline{A+B+C}$)

3. $P(A+B+C) = P(A)+P(B)+P(C)-P(AB)-P(AC)-P(BC)+P(ABC)$

4. $\dfrac{5}{8}$

5. $\dfrac{99}{392}$

6. $\dfrac{132}{169}$

7. (1) $\dfrac{25}{49}$　　(2) $\dfrac{20}{49}$　　(3) $\dfrac{10}{49}$　　(4) $\dfrac{5}{7}$

8. $\dfrac{8}{21}$

9. $\dfrac{1}{10}$

10. $\dfrac{3}{5}$

11. 0.8

12. 0.965 3

13. 0.124

14. 0.008 4

15. 0.973 3　　　0.25

16. (1) 0.52　　(2) $\dfrac{12}{13}$

17. 0. 145 8 $\quad \dfrac{5}{21}$

18. 0. 959 04

19. 0. 96 0. 039 0. 000 6 0 0

20. 0. 104

21. $\dfrac{1}{2}$

22. 0. 273 5

23. 0. 95

24. 0. 93

25. (1)30% (2)7% (3)73% (4)14% (5)90% (6)10%

26. $\displaystyle\sum_{k=7}^{10}\mathrm{C}_{10}^{k}\left(\dfrac{1}{5}\right)^{k}\left(\dfrac{4}{5}\right)^{10-k}$

27. $\dfrac{1}{5}$

28. $\dfrac{2}{5}$ $\quad\dfrac{2}{5}$

29. 0. 4

31. $P\{X=k\}=\mathrm{C}_{2}^{k}\mathrm{C}_{13}^{3-k}/\mathrm{C}_{15}^{3}\ (k=0,1,2)$

$\quad P\{1\leqslant X<2\}=\dfrac{12}{35}$

32. $P\{X=k\}=\mathrm{C}_{10}^{k}(0.7)^{k}(0.3)^{10-k}\ (k=0,1,\cdots,10)$

$$F(x)=\begin{cases}0, & x<0\\(0.3)^{10}, & 0\leqslant x<1\\(0.3)^{10}+10\times0.7\times(0.3)^{9}, & 1\leqslant x<2\\\vdots & \vdots\\1, & x\geqslant10\end{cases}$$

33. $P\{X=k\}=\mathrm{C}_{5}^{k}\mathrm{C}_{10}^{4-k}/\mathrm{C}_{15}^{4}\ (k=0,1,2,3,4)$

$$F(x)=\begin{cases}0, & x<0\\[2mm]\dfrac{2}{13}, & 0\leqslant x<1\\[3mm]\dfrac{2}{13}+\dfrac{40}{91}, & 1\leqslant x<2\\[3mm]\dfrac{2}{13}+\dfrac{40}{91}+\dfrac{30}{91}, & 2\leqslant x<3\\[3mm]\dfrac{2}{13}+\dfrac{40}{91}+\dfrac{30}{91}+\dfrac{20}{273}, & 3\leqslant x<4\\[3mm]1, & x\geqslant4\end{cases}$$

34. 0. 090 2

35. (1)$C=2$ (2)0. 4 (3)0. 25

36. $P\{X>10\}=0.5$ $P\{7\leqslant X\leqslant15\}=0.927$

37. $P\{X\leqslant 5\}=1$ $P\{0\leqslant X\leqslant 2.5\}=0.5$

38. 0.889 1

39. 0.045 5

40. 是

41. $F(x)=\begin{cases}1-\mathrm{e}^{-x}, & x\geqslant 0\\ 0, & x<0\end{cases}$

42. $k=\dfrac{1}{2}$ $F(x)=\begin{cases}0, & x<0\\ -\dfrac{1}{4}x^2+x, & 0\leqslant x<2\\ 1, & x\geqslant 2\end{cases}$

  $P\{1.5<X<2.5\}=0.062\ 5$

43. 0.392

44. $(1)\mu=2,\sigma^2=3$ $(2)C=2$

45. $X\sim B(10,0.5)$ 0.054 7

46. $1-\mathrm{e}^{-8}$ 0；1

47. $\dfrac{20}{27}$

48. $A=\dfrac{1}{\pi}$ $\dfrac{1}{3}$

49. $p(x)=\begin{cases}x\mathrm{e}^{-x}, & x\geqslant 0\\ 0, & x<0\end{cases}$

  $1-\dfrac{2}{\mathrm{e}}$ $\dfrac{3}{\mathrm{e}^2}$ $\dfrac{2}{\mathrm{e}}-\dfrac{3}{\mathrm{e}^2}$

50.

Y	0	1	4
p_i	$\mathrm{C}_{10}^5(0.7)^5(0.3)^5$	$\mathrm{C}_{10}^4(0.7)^4(0.3)^6$ $+\mathrm{C}_{10}^6(0.7)^6(0.3)^4$	$\mathrm{C}_{10}^3(0.7)^3(0.3)^7$ $+\mathrm{C}_{10}^7(0.7)^7(0.3)^3$
Y	9	16	25
p_i	$\mathrm{C}_{10}^2(0.7)^2(0.3)^8$ $+\mathrm{C}_{10}^8(0.7)^8(0.3)^2$	$\mathrm{C}_{10}^1(0.7)(0.3)^9$ $+\mathrm{C}_{10}^9(0.7)^9(0.3)$	$\mathrm{C}_{10}^0(0.3)^{10}+\mathrm{C}_{10}^{10}(0.7)^{10}$

51. $p(y)=\begin{cases}\dfrac{1}{b-a}\left(\dfrac{2}{9\pi}\right)^{\frac{1}{3}}y^{-\frac{2}{3}}, & \dfrac{\pi}{6}a^3\leqslant y\leqslant\dfrac{\pi}{6}b^3\\ 0, & \text{其他}\end{cases}$

52. $(1)p(x)=\begin{cases}\mathrm{e}^{-x}, & x>0\\ 0, & x\leqslant 0\end{cases}$ $(2)0.864\ 7$ 0.049 79

53. $(1)A=1$

  $(2)p(x)=\begin{cases}2x, & 0<x<1\\ 0, & \text{其他}\end{cases}$

  $(3)P\{0.5<X<10\}=0.75$ $P\{X\leqslant -1\}=0$ $P\{X\geqslant 2\}=0$

54. $E(X)=11$ $D(X)=33$

55. $E(X)=\dfrac{9}{2}$ $D(X)=\dfrac{9}{20}$

56. $E(X)=\dfrac{1}{3}$ $D(X)=\dfrac{1}{18}$

57. $E(X)=0$ $D(X)=2$

58. $E(X)=\dfrac{7}{30}$ $D(X)=\dfrac{2\,201}{900}$ $E(X+3X^2)=\dfrac{116}{15}$

59. $E(Y)=\dfrac{1}{3}$

60. $E(Y)=\dfrac{\pi}{12}(a^2+ab+b^2)$

习题六

1. $\hat{\mu}_2$ 最有效

2. $\hat{\lambda}=\dfrac{1}{\bar{x}}$

3. 318 小时

4. 2.5

5. 没有发现零件平均重量不是 15 克

6. 可以认为这批钢索的断裂强度为 800 千克/平方厘米

图书在版编目（CIP）数据

大学文科数学简明教程/严守权，姚孟臣编著．—北京：中国人民大学出版社，2013.11
21世纪大学公共数学系列教材
ISBN 978-7-300-18339-8

Ⅰ.①大… Ⅱ.①严…②姚… Ⅲ.①高等数学-高等学校-教材 Ⅳ.①O13

中国版本图书馆 CIP 数据核字（2013）第 257320 号

21 世纪大学公共数学系列教材
大学文科数学简明教程
严守权　姚孟臣　编著
Daxue Wenke Shuxue Jianming Jiaocheng

出版发行	中国人民大学出版社		
社　　址	北京中关村大街 31 号	**邮政编码**	100080
电　　话	010 - 62511242（总编室）	010 - 62511770（质管部）	
	010 - 82501766（邮购部）	010 - 62514148（门市部）	
	010 - 62515195（发行公司）	010 - 62515275（盗版举报）	
网　　址	http://www.crup.com.cn		
经　　销	新华书店		
印　　刷	北京昌联印刷有限公司		
规　　格	185 mm×260 mm　16 开本	**版　次**	2013 年 12 月第 1 版
印　　张	11.25 插页 1	**印　次**	2019 年 7 月第 3 次印刷
字　　数	267 000	**定　价**	21.00 元